普通高等教育农业农村部"十七五"规划教材（编号：NY-1-0100）

新自动化——从信息化到智能化

机电一体化技术与应用

主　编　齐　龙　傅隆生
参　编　冯　骁　邢　航　尹选春　吴双龙　王　宇
　　　　田文斌　杨秀丽　褚　璇　李　辉

机械工业出版社

机电一体化技术是综合机械、电子、计算机、信息、传感检测、伺服传动、自动控制以及材料、能源、环境等技术的系统工程技术，其应用范围越来越广。

本书从系统工程的观点出发，首先介绍了机电一体化系统的基本概念，然后着重论述了机电系统的数学建模、典型器件原理、典型技术应用等关键性问题。通过本书的学习，可以使读者掌握机电一体化的基本知识、关键技术和典型应用，帮助读者建立机电一体化技术的基本概念和知识结构，并为后续机电一体化系统设计、开发和应用奠定基础。

本书共分9章，第1章为机电一体化概述；第2章为机电一体化系统数学建模；第3章为机电一体化系统自动控制技术；第4章为机电一体化系统检测技术；第5章为机电一体化驱动系统；第6章为机电一体化系统计算机控制技术；第7章为机电一体化系统通信技术；第8章为机电一体化系统抗干扰技术；第9章为机电一体化系统工程实例。

本书以通俗易懂的语言、生动有趣的图片、贴近生活生产的实例，讲述机电一体化的相关技术。此外，本书设置了阅读材料，增加了本书的实用性。本书内容丰富、完整，包含新的技术和科研成果，可作为高等院校机电一体化、机械电子工程、电气自动化、机械设计制造及其自动化、工业工程、农业机械化及其自动化等相关专业的教材或教学参考书，也可供有关工程技术人员参考。

图书在版编目（CIP）数据

机电一体化技术与应用/齐龙，傅隆生主编 . —北京：机械工业出版社，2024. 1

（新自动化：从信息化到智能化）

ISBN 978-7-111-74585-3

Ⅰ.①机… Ⅱ.①齐…②傅… Ⅲ.①机电一体化 Ⅳ.①TH-39

中国国家版本馆 CIP 数据核字（2024）第 028914 号

机械工业出版社（北京市百万庄大街22号 邮政编码100037）

策划编辑：罗 莉　　　　　　责任编辑：罗 莉
责任校对：张爱妮 张昕妍　　　封面设计：鞠 杨
责任印制：邓 博

北京盛通数码印刷有限公司印刷

2024 年 5 月第 1 版第 1 次印刷

184mm×260mm · 18.5 印张 · 456 千字

标准书号：ISBN 978-7-111-74585-3

定价：68.00 元

电话服务　　　　　　　　　　网络服务

客服电话：010-88361066　　机 工 官 网：www.cmpbook.com

　　　　　010-88379833　　机 工 官 博：weibo.com/cmp1952

　　　　　010-68326294　　金 书 网：www.golden-book.com

封底无防伪标均为盗版　　机工教育服务网：www.cmpedu.com

前　言

"机电一体化"是一个广义的名词，它完美地结合了机械、电子、电气、软件工程、信息系统、通信、控制和人工智能，是一种新的理念和思维方式，提供综合解决问题的途径和新的设计思想，并贯穿于全局的系统分析与综合之中。"机电一体化系统"是机、电、光、热、磁、生物等广义系统的统称。"机电一体化技术"的工程属性是将机械、电子、计算机、信息、控制以及材料、能源等技术有机结合在一起，形成一个综合性高新群体技术。

本书从系统工程的观点出发，着重讨论机电一体化系统理论、数学建模、典型技术及系统分析、设计等关键性问题。本书按照机电一体化系统的主要功能模块进行内容编排，使机电一体化系统五大组成要素（机械本体、动力部分、测试传感部分、执行机构、控制及信息单元）和四大原则（接口耦合、运动传感、信息控制、能量转换）的特点得到了充分展示。按照机电一体化的高性能化、智能化、系统化、微（轻）型化的发展趋势，本书较好地解决了理论性、先进性、系统性和实用性问题。

本书取材合适，深度适宜，符合认知规律；内容翔实、题材新颖、图文并茂，既注重了基础理论、基本概念的阐述，也考虑了实际工程应用实例和先进技术以及最新科研成果的介绍，深挖知识模块的思想价值，在文字叙述上力求简洁、通俗易懂，引入微课视频内容，推进信息技术与教育教学的深度融合。全书结构严谨，层次分明，内容循序渐进，叙述清楚，便于教学，也便于自学；应用实例比较典型、易懂，可供实际应用参考；精选例题、习题，利于拓宽读者的知识面和培养读者的实际应用能力。

本书和同类书相比，具有以下特色。

1）深挖提炼关于机械、传感器、执行装置、控制系统等机电一体化系统中各知识模块所蕴含的思想价值和精神内涵；拓展内容的深度、广度，增加知识性、人文性，突出价值引导。

2）充分应用现有信息技术，除以文字形式系统阐述理论知识外，增加了动画、微课、视频等多种形式的资源，以推进信息技术与教育教学的深度融合，形成表现力丰富的新形态图书。

3）删减陈旧内容，增加近年来机电一体化新技术内容。在通信方面，增加无线网络通信内容；在控制策略方面，增加人工智能控制内容；在传感器方面，增加新型传感器内容；在执行装置方面，增加新型执行装置内容；增加农业机电一体化产品案例。

本书由华南农业大学、西北农林科技大学、中国农业大学、东北农业大学、仲恺农业工程学院和广州市永合祥自动化设备科技有限公司联合编写完成。第1章由齐龙编写，第2章由冯骁编写，第3章由齐龙、邢航编写，第4章由傅隆生、尹选春编写，第5章由吴双龙编写，第6章由王宇编写，第7章由田文斌编写，第8章由杨秀丽编写，第9章由褚璇、李辉编写，全书由齐龙校稿、统稿。

本书在编写过程中，参考了一些同类著作和有关资料，得到了许多老师们的帮助，在此特向有关作者表示衷心感谢。限于编者水平，书中难免存在错误与不妥之处，恳请使用本书的读者提出宝贵意见及建议。编者邮箱：qilong@scau.edu.cn。

编　者

二维码清单

（续）

名称	二维码	页码	名称	二维码	页码
6.5.1 PLC 基本知识		197	6.5.4 状态转移图及编程方法		206
6.5.3 PLC 编程基础（一）		200	9.3.2 双排称重系统		274
6.5.3 PLC 编程基础（二）		201			

目　录

机电一体化概述

1.1 机电一体化的概念

机电一体化是一门跨学科的综合性技术，是一门交叉学科。机电一体化（Mechanotronics）又称为机械电子学（Mechatronics），是机械学（Mechanics）和电子学（Electronics）的组合。机电一体化一词最早出现在 1971 年日本杂志《机械设计》的副刊上。1981 年 3 月，日本机械振兴协会经济研究所将其定义为"机电一体化是在机械的主功能、动力功能、信息处理功能和控制功能上引入微电子技术（Microelectronics Technology），并将机械装置与电子装置用相关软件有机结合而构成的系统的总称"。1996 年，该词被"WEBSTER"大辞典收录，意味着不仅"Mechatronics"一词得到了世界各国学术界和企业界的认可，而且机电一体化的思想也被世人所接受。

20 世纪 90 年代，国际机器理论与机构联合会（International Federation for the Theory of Machines and Mechanism，IFToMM）成立了机电一体化技术委员会（Technical Committee on Mechatronics），该技术委员会给出的定义是"机电一体化是精密机械工程、电子控制和系统思想在产品设计和制造过程中协同结合"。美国 IEEE/ASME 把机电一体化定义为"在工业产品和过程的设计和制造中，机械工程和电子与智能计算机控制的协同集成"。

目前，较为普遍的提法是日本机械振兴协会经济研究所于 1981 年对机电一体化概念所做的解释。

在机电一体化技术中，机械工程学（Mechanical Engineering）、电子工程学（Electronics Engineering）、控制工程学（Control Engineering）和信息工程学（Information Engineering）综合交叉，

这些学科与技术共同支撑着机电一体化系统，如图1-1所示。

机电一体化产品在现实生活中随处可见，具有操作轻便，运行稳定，工作可靠的特点。在机电一体化技术发展之初，这些产品是由机械结构实现运动的纯机械装置。随着电子与信息技术的发展，这些产品与电子、信息技术结合之后，形成了机电装置，如图1-2所示。这些产品大体分为三类：

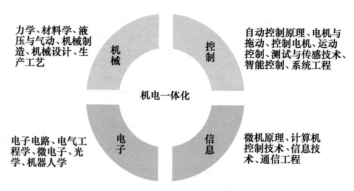

图1-1 机电一体化系统学科构成图

（1）仅由机械结构实现某运动或功能，变为通过与电子技术结合实现同样运动或功能的装置。如机械式钟表发展为石英钟表，手动照相机发展为自动照相机等。

（2）由人工判断和操作，变为由机器判断操作或实现无人操作的设备。如银行自动柜员机、邮局自动分拣机、无人仓库出库机等。

（3）由人工值守操控，变为按照程序实现灵活运动的设备。如人工电话接转升级为程控电话，传统机床升级为数控机床等。

图1-2 常见机电一体化产品

1.2 机电一体化产品的分类

随着科技的发展及人类对美好生活的向往，机电一体化产品在军事、工农业生产、日常生活中随处可见，种类繁多且仍在不断发展，可从以下4个方面进行分类。

1. 按机电一体化产品的功能原理分类

数控机械类：其特点为执行机构是机械装置，如数控机床、工业机器人、发动机控制系统、自动洗衣机、自动作业农业机械等。

电子设备类：其特点为执行机构是电子装置，如电火花加工机床、超声波缝纫机、电子血压计、电子秤、激光测量仪等。

机电结合类：其特点为执行机构是机械和电子装置的有机结合，如自动探伤机、形状识别装置和CT扫描仪（Electronic Computer X-ray Tomography Technique，电子计算机X射线断层扫描技术，简称CT）、自动售货机等。

电液伺服类：其特点是执行机构为液压驱动的机械装置，控制机构为接收电信号的液压伺服阀，如机电一体化的液压伺服装置等。

信息控制类：其主要特点为执行机构的动作全由所接收的信息控制，如电报机、录像机、录音机、复印机、传真机等办公自动化设备。

2. 按产品技术的系统化程度分类

大型成套设备：包括火力、水力发电设备，核电站，冶金，矿山，石化设备等。

数控机械：包括数控机床、柔性制造系统（Flexible Manufacturing System，FMS）、计算机集成制造系统（Computer Integrated Manufacturing System，CIMS）、工业机器人、智能机器人、印刷机械、食品及包装机械、农业机械、塑料加工机械等。

仪器仪表：包括工艺过程自动检测与控制系统、精密科学仪器和试验设备、智能化仪器仪表、电子监护仪、生理记录仪、超声成像仪、康复体疗仪器、X 射线诊断仪、CT 等。

办公自动化系统：包括复印机、传真机、打印机、绘图仪、自动化管理系统等。

3. 按产品的服务对象领域分类

根据产品的服务对象领域不同，机电一体化产品可分为工业生产类、农业生产类、运输包装类、储存销售类、社会服务类、家庭日用类、科研仪器类、国防武器类以及其他用途类。

4. 按机、电技术的结合程度分类

根据产品机、电技术的结合程度，机电一体化产品可分为功能附加型、功能替代型、机电融合型。

1.3 机电一体化系统的基本组成要素

机电一体化系统基本组成要素随着机电一体化技术的发展而不断完善，是在机械传动与控制系统的基础上发展起来的。公元前 14~前 11 世纪，我国古代用以计时的漏壶属于早期的机械传动与控制系统，如图 1-3 所示；西汉时期，智慧的祖先发明了计算里程的计量工具——记道车，东汉时期，张衡在记道车的基础上，利用齿轮咬合原理，研制了记里鼓车，如图 1-4 所示的记里鼓车实物模型图和图 1-5 所示的记里鼓车结构图，该车可实现自动记录车行驶的里数（距离）。

图 1-3 我国古代自动计时用漏壶

试分析记里鼓车的自动工作原理。

可见，早期的机械传动与控制系统属于纯机械控制，是通过直接改变相关元件的几何参

a) 宋代记里鼓车实物模型图　　　　　b) 汉代记里鼓车示意图　　　　　c) 张衡

图 1-4　记里鼓车

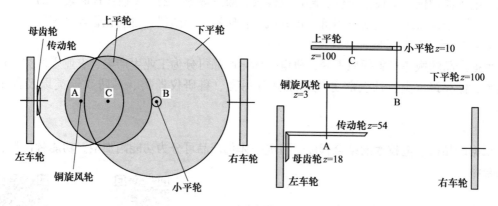

图 1-5　记里鼓车结构示意图

数而改变相关元件的动作状态，从而控制执行元件的运动状态，然后通过传动机构的转换，使直接工作部件达到预期要求，工作原理示意图如图 1-6 所示。

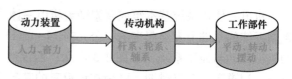

图 1-6　机械传动与控制系统工作原理示意图

在液压与气动技术发展之后，在纯机械控制的基础上增加了阀门类控制开关和液、气执行元件，使系统控制起来更加精巧，且容易实现，其工作原理示意图如图 1-7 所示。

图 1-7　机械/气动/液压传动与控制系统工作原理示意图

随着电气控制技术的推广，在系统中增加了电器开关或继电器来控制电动机或液、气动元件的电路，使其产生相应的动作，最终完成系统的工作要求，如图 1-8 所示。

随着电子技术、控制技术、信息技术的不断成熟，并逐渐向传统机械系统渗透，机电一体化系统又应用了微处理器、传感器、通信等技术，使其功能有了质的飞跃。现代机电一体化系统的控制原理示意图如图 1-9 所示。

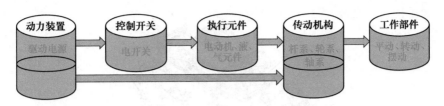

图 1-8　机电一体化电气传动与控制系统基本原理示意图

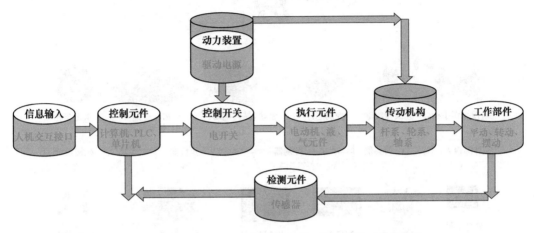

图 1-9　机电一体化现代传动与控制系统工作原理示意图

由此可知，一个完善的机电一体化系统，包含机械单元、执行机构单元、动力与驱动单元、控制及信息处理单元、检测单元五个基本要素。各组成要素的性能越好，功能越强，且各组成要素之间配合越协调，产品的性能和功能越好。

以插秧机电动底盘为例，分析机电一体化系统的组成要素及其功能，如图 1-10 所示。典型的机电一体化系统由机械单元、动力与驱动单元、执行机构单元、控制及信息处理单元和检测单元 5 个部分组成。

1. 机械单元

机械单元是机电一体化系统的本体，各组成要素均以本体为骨架进行合理布局。机械本体单元（Mechanical Unit）包括机械传动装置和机械结构装置，机械本体单元的主要功能是使系统的各组成单元、零部件按照一定的空间和时间关系安置在一定的位置上，并保持特定的关系。机械本体单元主要包括机身、机架、传动元件（Transmission Component）、执行元件（Executing Component）、连接紧固元件等。若将整个机电系统比作一个人体，则机械单元相当于人体的运动器官，如图 1-10 所示。

2. 动力与驱动单元

动力与驱动单元（Servo Drive Unit）是能量形式转换部件，将输入的各种形式的能量转换为机械能，为系统提供动力，在控制信息的作用下，驱动各执行机构完成各种动作和功能，有气动、电动和液压等不同的驱动方式。其中，电动驱动主要包括伺服元件及其驱动，伺服驱动一般可采用位置、速度和力矩三种控制方式，主要应用于高精度的定位系统。伺服元件主要包括步进电动机、伺服电动机，如 1-10 所示的驱动电动机、转向电动机，它相当于人体的肌肉。

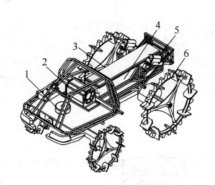

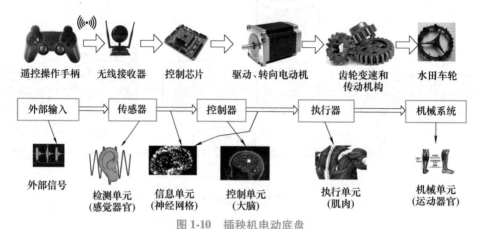

图 1-10　插秧机电动底盘

1—转向电动机　2—动力电动机　3—动力电池　4—电池仓　5—电动挂接　6—水田轮

3. 执行机构单元

执行机构是运动部件，一般采用机械、电磁、电液等机构。

4. 控制及信息处理单元

控制及信息处理单元（Control Unit）包括微型计算机（Microcomputer）、可编程序逻辑控制（PLC）、逻辑电路、接口（Interface）等，是机电一体化系统的核心部分，如图 1-10 所示的控制芯片等。该单元采集各传感器的检测信息和外部输入信息，然后对这些信息进行储存、分析、判断、决策等处理，根据处理结果，发出相应的控制指令给执行机构单元或驱动单元，以达到控制的目的；有的机电一体化系统同时以一定的形式将信息显示出来，或实现人-机交互。控制单元相当于人体的大脑。

5. 检测单元

检测单元（Detecting Unit）主要包括各类传感器、变送器等，主要功能是对系统运行中的本身和外界环境的各种参数及状态物理量进行检测，生成相应的可识别电信号，传输到控制及信息处理单元（Control Unit），如图 1-10 所示的无线接收器，检测单元相当于人体感觉器官。

1.4　机电一体化系统的接口

在上述单元中，控制及信息处理单元的功能必须与外部设备相互联系才能实现，由于控制及信息处理单元与外部设备之间的信号不兼容、速度不匹配等原因，通常需要在控制及信息处理单元与外部设备之间设置接口，以实现外部设备与控制及信息处理单元之间的信息交换和通信。

接口就是控制及信息处理单元与外部设备的连接元件，是控制及信息处理单元与外部设备进行信息交换的中转站。接口完成以下工作：执行控制及信息处理单元的命令，返回外部设备的状态，进行数据缓冲、设备寻址、信号转换、数据宽度与格式转换等。

在机电一体化系统中，各组成要素和它们各自内部各环节之间都遵循接口耦合、能量转换、信息控制、运动传递的原则，称之为四大原则。

1. 接口耦合

1）变换：两个需要进行信息交换和传输的环节之间，由于信息模式不同（数字量与模拟量、串行码与并行码、电压与电流、交流与直流等），无法直接实现信息或能量的交换，通过接口完成信息或能量的统一。

2）放大：在两个信号强度相差悬殊的环节间，经接口放大，达到能量的匹配。

3）耦合：变换和放大后的信号在环节间能可靠、快速、准确地交换，必须遵循一致的时序、信号格式和逻辑规范。接口应保证信息的逻辑控制功能，使信息按规定模式进行传递。

2. 能量转换

能量转换包含了执行器、驱动器的不同类型能量的最优转换方法与原理。

3. 信息控制

在软、硬件的保证下，控制及信息处理单元完成数据采集、分析、判断、决策，以达到信息控制的目的。对于智能化程度高的系统，还包含了知识获取、推理机制及知识自学习等以知识驱动为主的信息控制。

4. 运动传递

运动传递是指各组成要素之间不同类型运动的变换与传输以及以运动控制为目的的优化。

采用四大原则使各组成要素连接成一个有机整体，由于控制及信息处理单元的预期信息导引，使各功能单元有目的地协调一致运动，从而形成机电一体化系统工程。

1.5 机电一体化系统的相关技术

系统论、信息论、控制论是机电一体化的理论基础，微电子技术、精密机械技术是它的技术基础，是多学科融合的技术密集型系统工程。共性关键性技术包括机械技术、计算机与信息处理技术、自动控制技术、传感与检测技术、伺服传动技术、接口技术、系统技术等。

1. 机械设计与制造技术

机械技术是机电一体化的基础。随着高新技术引入机械行业，机械技术面临新的挑战和变革。在机电一体化产品中，机械技术不再是单一地完成系统间的连接，而是着眼于如何与机电一体化技术相适应，利用其他高新技术来更新概念，实现结构、材料、性能以及功能的变更，以满足减少质量、缩小体积、提高精度、提高刚度、改善性能和增加功能的要求。

在机械制造的机电一体化系统中，经典的机械理论与工艺应借助于计算机辅助技术，同时采用人工智能与计算机集成制造技术等，形成新一代的先进制造技术。先进制造技术是以提高综合效益为目的，以人为主体，以计算机技术为支柱，综合应用信息、材料、能源、环保等高新技术以及现代系统管理技术，研究并改造传统制造过程作用于产品整个生命周期的所有适用技术的总称。是一个相对的概念，随着历史进程的发展，其包含的内容与含义会发生变化，目前来看，柔性化、集成化、智能化和综合自动化是现代制造系统的发展方向。这里原有的机械技术以知识和技能的形式存在，如计算机辅助工艺规程编制（CAPP）是目前CAD/CAM 系统研究的瓶颈，其关键问题在于如何将各行业、企业、技术人员中的标准、习惯和经验进行表达和陈述，从而实现计算机的自动工艺设计与管理。

2. 计算机与信息处理技术

计算机与信息处理技术是在微电子技术基础上发展起来的，机电一体化系统与纯机械系统的最大差别在于信息处理能力，计算机应用及信息处理技术已成为促进机电一体化技术发展和变革的最活跃因素。在机电一体化系统中利用微处理器处理信息，以便高效地实现信息的交换、存取、运算、判断和决策等。计算机技术包括计算机的软件技术和硬件技术、网络与通信技术、数据技术等。在机电一体化系统中，计算机信息处理部分指挥整个系统的运行，信息处理是否正确、及时，直接影响到系统工作的质量和效率。

3. 传感与检测技术

传感与检测装置是系统的感受器官，它与信息系统的输入端相连并将检测到的信息输送到信息处理部分。传感与检测是实现自动控制、自动调节的关键环节，它的功能越强，系统的自动化程度越高，精度越高，系统的性能越好。

现代工程技术要求传感器能快速、精确地获取信息，并能经受各种严酷环境的考验。与计算机技术相比，传感器的发展显得缓慢，难以满足技术发展的要求。不少机电一体化装置不能达到满意的效果或无法实现设计的关键原因在于没有合适的传感器。因此大力开展传感器的研究对于机电一体化技术的发展具有十分重要的意义。

4. 软件技术

机电一体化系统的功能主要是在软件控制下实现。系统中的人机界面、动力模块的伺服控制、动力模块间的协调控制、系统功能的决策控制等，都需要用控制器中的软件来实现，甚至某些硬件模块的功能也需要用硬件描述语言等软件工具来设计和实现。

5. 通信技术

在功能复杂的机电一体化系统中，不但有着多个动力驱动单元，而且还有着众多的传感器，因而信息处理系统需要同时与众多的传感器和驱动器通信，以保证系统的正常运行。这就需要在信息处理系统、动力驱动系统和传感器系统三者之间建立起一种有效的通信机制。机电一体化系统中采用现场总线技术实现各单元之间的通信。现场总线从本质上讲是一种串行总线，它可以将所有的信息部件用一条总线串联起来，利用高速串行通信实现对系统的实时监测和控制。

6. 伺服传动技术

伺服传动包括电动、气动、液压等各种类型的传动装置，由微型计算机通过接口与这些传动装置相连接，控制它们的运动，带动工作机械作回转、直线以及其他各种复杂的运动。伺服传动技术是直接执行操作的技术，在机电一体化系统中，电动传动装置占据主要地位，其中，伺服系统是实现电信号到机械动作的转换装置或部件，对系统的动态性能、控制质量和功能具有决定性的影响。常见的伺服驱动系统有电液马达、脉冲液压缸、步进电动机（Stepper Motor）、直流伺服电动机（DC Servo-motor）和交流伺服电动机（AC Servo-motor）等。由于变频技术的发展，交流伺服驱动技术取得突破性进展，为机电一体化系统提供了高质量的伺服驱动单元，极大地促进了机电一体化技术的发展。

7. 自动控制技术

机电一体化系统具有信息采集和处理功能，系统借助于自动控制技术对所获信息进行处理，实现工作目标。自动控制技术范围很广，主要包括：在基本控制理论的指导下，对具体控制装置或控制系统进行设计；对设计的系统应用计算机仿真技术进行仿真，根据仿真结果进行现场调试；现场调试使系统稳定运行，各项性能指标达到要求，正常投入运行。自动控制技术的主要内容包括控制理论、模型和算法。控制对象种类繁多，控制技术内容极其丰富，如高精度定位控制、速度控制、自适应控制、自诊断控制、直校正控制、补偿控制、解耦控制以及人工智能、专家系统、模糊控制、人工神经网络控制等。随着微型计算机的广泛应用，自动控制技术越来越多地与计算机控制技术联系在一起，成为机电一体化中十分重要的关键技术。

8. 接口技术

接口技术是实现系统各个单元有机连接的保证。接口包括电气接口、机械接口、人机接口等。电气接口实现系统间电信号的连接；机械接口则完成机械与机械部分、机械与电气装置部分的连接；人机接口提供了人与系统间的信息交互界面。

9. 系统技术

系统技术是以整体的概念组织、应用多种相关技术，从全局角度和系统目标出发，将总体分解成相互有机联系的若干功能单元，再以功能单元为子系统进行二次分解，生成功能更为单一和具体的子功能与单元。这些子功能和单元同样可以继续逐层分解，直到能够找出一个可实现的技术方案。

为了设计出具有较强竞争能力的机电一体化系统，系统总体设计除了考虑优化设计外，还包括可靠性设计、标准化设计、系列化设计以及造型设计等。

1.6　机电一体化系统的特点

1. 结构简单，操作方便

机电一体化技术改变了以往靠机械传动链连接各个相关动作部分的驱动方式，通常采用伺服电动机或用电力电子器件来驱动机械系统，从而缩短甚至取消了机械传动链，简化了机械结构，如图 1-11 所示的汽车动力系统示意图。另外，由于半导体与集成电路（Integrated Circuit，IC）技术的提高和液晶技术的发展，使得控制装置和测量装置可以做成原来质量和体积的几分之一甚至几十分之一。机电一体化技术使得操作人员能够灵活方便地按需控制和改变生产操作程序，机电一体化装置或系统各个相关传动机构的动作及功能协调关系，可由预设的程序一步一步地由电子控制系统指挥，如数控机床、FMS 等。有的还可实现操作全自动化，如工业机器人、数控高速钻床等。有些更高级的机电一体化系统，还可通过被控对象的数学模型以及根据任何时刻外界各种参数的变化情况，随机自动寻求最佳工作程序、动作程度和快慢以及协调关系，以实现最优化工作及最佳操作，例如微机控制的热连轧机钢板测厚自控系统、电梯群控系统、智能机器人等。

图 1-11　汽车动力系统示意图

2. 速度快，精度高

半导体和集成电路的飞速发展，促使了大规模集成（Large Scale Integrated，LSI）电路和超大规模集成（Very Large Scale Integrated，VLSI）电路的使用，电路高度集成，处理和响应速度也迅速提高，充分满足了实际应用的需要，推动了超精密加工技术的进步，使其与高精度加工和精密运动控制相适应。

机械传动链的简化，避免了机械运动引起的误差，同时采用闭环控制（Closed-Loop Control）来补偿机械系统的误差，提高了系统精度。机电一体化系统采用了电子技术，反馈控制水平大为提高并能进行高速处理，可通过自动控制系统按预设量精准完成各种动作，又可通过控制系统自行诊断、校正、补偿因各种干扰因素造成的误差，达到单纯机械方式所不能实现的工作精度。

3. 可靠性高

激光和电磁应用技术的发展使传感器和驱动控制器等装置已从接触式过渡到了非接触式，避免了原来机械式接触存在的泄漏、磨损、断裂等问题，可靠性得到大幅度提高。机电一体化技术可利用激光加工、激光检测、激光清洗和激光成形，使装置的可动部件减少，磨损也大为减少，装置寿命提高，故障率降低，从而提高了产品的可靠性和稳定性。有些光、机、电一体化产品甚至实现了免维修和自诊断功能。

4. 柔性好

计算机控制系统不但取代其他的信息处理和控制装置，而且易于实现自动检测、数据处理、自动调节和控制、自动诊断和保护，只要改变程序就可以实现运动变化，不需要硬件变更，也可以很容易地增加新的运动，具有很强的可扩展性，在应用上非常方便，从而使产品开发周期缩短、竞争能力增强，甚至经营管理体制也随之发生根本性的变化。各种机电一体化设备构成的 FMS 和 CIMS，使加工、检测、物流和信息流过程融为一体，减少了生产线上的工人数量，甚至形成无人生产线、无人车间、无人农场和无人工厂等，图 1-12 所示的是无人农场。

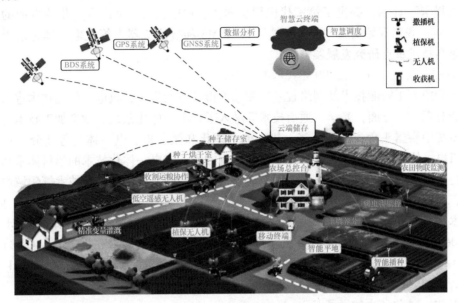

图 1-12　无人农场

1.7　机电一体化技术的发展历史及趋势

1. 萌芽阶段（20 世纪 60 年代以前）

这一时期，电子技术有了初步发展，人们也开始着手于将电子技术的成果用来完善机械产品的性能，尤其是在二战时期，各个国家为了应对战事，将电子技术和各种机械设备结合起来，制造出了机电结合的军用设备，但是由于当时的科技水平较低，研发处于自发状态，对于技术的研究不够深入，研究范围也不广泛，所研发出来的产品并不能量产。战争结束后，一些军用技术和设备被转为民用，在一定程度上推动了经济的发展。

2. 蓬勃发展阶段（20 世纪 70~80 年代）

在这一期间各国的经济都开始迅速发展，随着经济的发展，科技发展也有了显著成果。微电子技术、信息技术、控制技术、通信技术、新材料技术、空间技术和激光与红外技术等高新技术的发展，为机电一体化技术的发展奠定了技术基础。大规模、超大规模集成电路和微型计算机的迅猛发展，为机电一体化技术的发展提供了物质基础。

微电子技术和微型计算机技术带动整个高新技术群体飞速发展，迅速转化为巨大的经济效益。事实上，高新技术的竞争和突破创造着新的生产方式和经济秩序，新技术革命打开了所有国家的大门，现代经济日益表现出强烈的世界经济特征，高新技术渗透到传统产业，引起传统产业的深刻改变。机电一体化技术是在这场新技术革命中产生的新兴领域。微电子技术、微型计算机技术促使信息与智能和机械装置与动力设备进行有机结合，使得产品结构和生产系统发生了质的飞跃。机电一体化技术在全球得到了广泛传播，机电一体化技术和产品都有了进一步发展，各国对机电一体化技术也有了更多的关注。

1971 年日本政府颁布了《特定电子工业和特定机械工业振兴临时措施法》，把数控机床作为重点扶植对象，1978 年开始促进高精度、高性能机器人的工业化和实用化。1985 年欧洲的"尤里卡"计划，提出了第三代民用机器人、FMS、工厂全面自动化等方面的关键技术。1986 年，我国开始实施"863 计划"，将 CIMS 和智能机器人等机电一体化前沿技术确定为国家高技术重点研究发展领域。

3. 智能化阶段（20 世纪 90 年代后期至今）

这一阶段人工智能技术及网络技术等领域取得了巨大进步，机电一体化技术进入了智能化发展新时期。一方面，光学、通信技术等融入了机电一体化系统，微细加工技术也在机电一体化系统中崭露头角，出现了光、机、电一体化和微、机、电一体化等新分支；另一方面，对机电一体化系统的建模设计、分析和集成方法，机电一体化技术的学科体系和发展趋势都进行了深入研究。同时，由于人工智能技术、神经网络技术及光纤技术等领域取得的巨大进步，为机电一体化技术开辟了发展的广阔天地。1991 年，美国把包括机器人、传感器、控制技术和 CIMS 及与 CIMS 相关的其他工具和技术，如仿真系统、计算机辅助设计（Computer Aided Diagnosis，CAD）、计算机辅助工程（Computer Aided Engineering，CAE）、成组技术（Group Technology，GT）、计算机辅助工艺规程编制（Computer Aided Process Planning，CAPP）等列为关键技术并开始实施。

4. 机电一体化技术的发展趋势

任何事物的产生和发展都离不开科技进步和社会需求这两大前提。科技进步是新事物产生的基础，社会需求则是其产生的诱因和发展动力。机械技术、计算机技术、微电子技术等的发展为机电一体化技术的产生奠定了良好的基础，人们对生产和生活产品在质量和品种上的要求不断提高为机电一体化技术的蓬勃发展提供了动力。

机电一体化技术是机械、电子、光学、控制、计算机、信息等多学科的交叉融合，它的发展和进步依赖于也促进了相关技术的发展和进步。机电一体化技术的主要发展方向可归纳为：智能化、信息化、模块化、网络化、个性化、微型化、轻量化、系统化、环保节能化、安全化、柔性化、生物智能化。对机电一体化化产品功能的要求，除了精度高、动力强、快速性外，应逐渐实现自适应、自控制、自组织、自管理，向智能化过渡。

综上所述，机电一体化技术需要对各种科学技术进行利用和融合，以不断提升自身的技术水平和适用性。而在实际生产和运用过程中，相关人员要根据实际情况和暴露出来的问题，对这一技术不断进行完善和创新，以促进机电一体化技术的发展，充分发挥其在生产生活中的作用，为社会经济的发展和人们生活质量的提高打下坚实的基础。此外，相关企业也要重视对机电一体化技术的研究，以不断提升企业自身的竞争力，保证企业的经济效益。

阅读材料 A　自动售货机

自动售货机又被称为 24h 营业的微型超市，不受时间、地点限制，是一种全新的商业零售形式。

自动售货机的雏形出现在公元前 3 世纪的古埃及，希腊数学家希罗制造了世界上最早的自动售货机——希罗圣水仪。

对当时的民众来说，希罗圣水仪无异于一种"神迹"：他们只需要将钱币投放进该装置中，圣水就会自动流出。大约在公元前 215 年，埃及寺院中就安装了这种装置，用来销售"圣水"。装置利用杠杆原理，民众投入的硬币会掉入仪器中的一个小盘子中，而小盘子又连接着一根杠杆，杠杆被压动后会松开阀门，圣水就会从水龙头里流出。

1867 年，德国的卡尔阿丹取得了自动售货机专利，主要用来销售手帕、纸烟、点心等。1957 年以日本为代表，开发出了饮料自动售货机，自此出现了大规模爆发性的自动售货机狂潮，日本也发展成了世界上无人售卖机最先进的国家之一。我国自动售货机的起步较晚，直到 1993 年，日本、美国、韩国的二手自动售货机才在上海、广州等地出现，且只能识别人民币硬币。近年来，我国大力发展自动售货机技术，刷卡购买、二维码扫描、后台管理系统等技术都已成熟，大街小巷随处可见无人自动售货机、无人超市。

 思考与练习题

1-1　根据阅读材料 A 中对圣水仪工作原理的描述，绘制能够实现其功能且与文中图示结构不同的机构简图。

1-2　指南车的功能是如何实现的？试用简图予以表达。

1-3　为什么说机电一体化技术是其他技术发展的基础？请举例说明。

1-4　列举各行业机电一体化产品的应用实例，并分析各产品中相关技术的应用情况。

1-5　查阅有关资料，进一步了解机电一体化技术的发展趋势。

参 考 文 献

［1］于爱兵，马廉洁，李雪梅. 机电一体化概论［M］. 北京：机械工业出版社，2013.

［2］吕强，孙悦，李学生. 机电一体化原理及应用［M］. 3 版. 北京：国防工业出版社，2016.

［3］多格威自动售货机［Z/OL］.（2020-08-12）. https：//baijiahao. baidu. com/s？id＝1674056279998771538&wfr＝spider&for＝pc.

第 **2** 章

机电一体化系统数学建模

教学目标

知识目标: 本章要求掌握机电系统数学模型的建立方法,传送函数的定义、求解方法,熟悉典型系统的传递函数求取方法,系统框图及其等效变换。

能力目标: 通过本章学习,学习者应具备将实际问题抽象化为数学模型,使用数学工具分析数学模型的行为,并评估所建立的数学模型在描述实际系统行为方面的有效性的能力。建立起对线性定常系统建模的深刻理解,为进一步应用系统建模知识解决实际问题奠定坚实的基础。

思政目标: 理解控制系统数学建模的重要基础理论,提高我国控制系统设计制造的核心竞争力。

模型是一个系统静、动态特性的精确表示,在进行系统相关问题的分析与仿真中使用。选用什么样的模型取决于需回答什么样的问题。因此,对于同一个系统,可能会有精度等级不同的多个模型,以满足不同现象分析的需要。这里所说的系统可以是工程系统或生物医学系统,也可以是经济系统或社会系统。常用的数学模型有微分方程、代数方程和差分方程等。数学模型是分析、设计、预测和控制一个实际系统的基础,其用途主要有以下三个方面:

1)分析实际系统:设计一个新系统时,通常先进行数字仿真和物理仿真实验,取得一定的结果后,再到现场进行系统调试,而进行数字仿真实验时,必须要有描述实际对象的数学模型。

2)预测实际系统的物理量:研究实际系统时,需要知道一些物理量的数值,其中有些物理量可能是无法测量或测量不准确的,需要建立数学模型来预测这些物理量(如未来的天气、地震、人口等)。

3)设计控制系统使之达到预期的性能指标:以控制理论为指导,设计控制器的关键是要有数学模型,以数学模型为基础,可按不同要求设计不同的控制器。

控制系统根据数学模型进行分类,可分成线性系统和非线性系统,连续系统和离散系统,定常系统和时变系统等。在控制系统的分析中,对线性定常系统的分析具有特别重要的意义。这不仅在于它已有一套完整的分析、研究方法,还在于有些非线性系统和时变系统,在一定的近似条件下，采用线性定常系统的研究方法仍可获得较好的控制效果。

控制理论（技术）依据发展阶段分为经典控制理论（技术）、现代控制理论（技术）和智能控制理论（技术）。在经典控制理论中，主要采用输入/输出的外部描述方法，在时域、复数域和频域中进行分析。时域分析采用的数学模型有微分方程（连续系统）、差分方程（离散系统）；复数域分析采用传递函数和动态结构图；频域分析采用频率特性等。本章主要研究微分方程、传递函数和动态结构图等数学模型的建立和应用，同时简要介绍建立系统状态方程的方法。

2.1　建立数学模型的一般方法

2.1.1　力学系统

动力学研究起源于尝试描述行星运动。其基础是第谷（Tycho Brahe）对行星的详细观测以及开普勒（Kepler）的研究结论——他通过经验发现，行星的轨道可以很好地用椭圆来描述。牛顿试图去解释行星为什么做椭圆运动，他发现行星运动可以用万有引力定律来解释，对应的公式是力等于质量乘以加速度。在这一研究过程中，他还发明了微积分和微分方程。

牛顿力学的一个巨大成功在于，依据其理论，行星的运动可以根据所有行星的当前位置及速度来进行预测，且结果与观测相一致，这个预测无需过去的运行信息。动态系统的所谓状态（State），就是为了预测未来的运动而选定的一组变量，它可以完整地描述系统的运动。对于一个行星系统，状态很简单，就是行星的位置和速度。

动态系统常用的数学模型是常微分方程组（Ordinary Differential Equation，ODE），如

$$m\ddot{q} + c(\dot{q}) + kq = 0 \tag{2-1}$$

式（2-1）是具有阻尼的弹簧-质量系统的数学模型，系统如图 2-1 所示，变量 q 为质量块 m 相对其自由位置的位移，$\dot{q}$ 为质量块 m 的速度（即 q 对时间的导数），用 $\ddot{q}$ 为加速度（即二阶导数）。可见，系统的动态特性依赖于 q 的前两阶导数，因此称该系统是一个二阶系统（Second-Order System）。对于这种没有外部输入的系统，称之为自由系统。在实际应用中，系统总会受到给定输入或外部干扰，这时，系统模型如式（2-2）所示，u 为外部输入的影响。

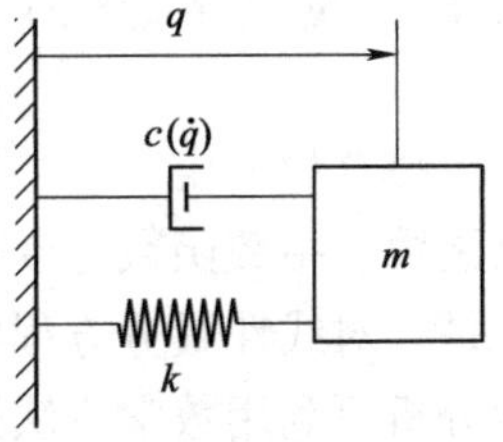

图 2-1　具有阻尼的弹簧-质量系统图

$$m\ddot{q} + c(\dot{q}) + kq = u \tag{2-2}$$

式（2-2）称作强迫的或受控的数学模型，意味着状态变化的速率会受输入 u 的影响。外部输入的加入使得模型的适用范围更广。例如，可分析外部干扰对系统运行轨迹的影响，或者在输入变量以某种受控方式进行调节的情况下，分析是否有可能通过选择恰当的输入来激励状态变量从状态空间的某个点运行到另外一点。

2.1.2　电路系统

图 2-2 所示为典型的 RC 电路。

根据电路理论中的基尔霍夫电压定律（KVL），有

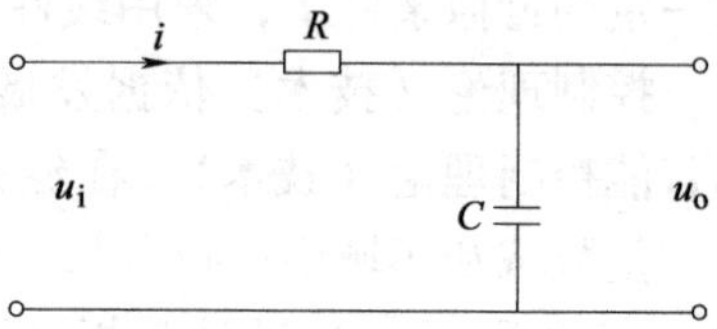

$$u_i = Ri + \frac{1}{C}\int i\mathrm{d}t \qquad\qquad (2\text{-}3)$$

$$u_o = \frac{1}{C}\int i\mathrm{d}t \qquad\qquad (2\text{-}4)$$

图 2-2 典型的 RC 电路

消去中间变量 i，得

$$u_i = RC\frac{\mathrm{d}u_o}{\mathrm{d}t} + u_o \qquad\qquad (2\text{-}5)$$

令 $RC = T$，可得

$$T\frac{\mathrm{d}u_o}{\mathrm{d}t} + u_o = u_i \qquad\qquad\qquad\qquad (2\text{-}6)$$

式中，T 为电路时间常数（s）。

可见，RC 电路的动态数学模型是一阶定常线性微分方程。

2.1.3 多学科建模

建模是许多学科的基本组成部分，但各个学科的方法可能各不相同。系统工程中的一个难点在于，经常需要处理来自不同领域的各种不同的系统，包括化学系统、电气系统、机械系统以及信息系统等。

对包含多学科的系统进行建模，需先将系统划分成较小的子系统。将每个子系统表示成关于质量、能量和动量的平衡方程，或者表示成子系统中关于信息处理的某种恰当描述，然后通过对互连的各个子系统变量的行为进行描述，掌握子系统接口处的行为。通过将子系统的描述以及接口的描述组合起来，得到完整的模型。

2.2 线性微分方程的求解

拉普拉斯变换法是求解线性微分方程的一种简便运算方法，它能将许多普通函数，如正弦函数、指数函数等变换成复数的代数函数，从而将微积分运算转换成复平面的代数运算。于是，对线性微分方程的求解转化成对含有复数的代数方程的求解。如此，对控制系统的性能分析可利用数学方法进行定量分析。

2.2.1 拉普拉斯变换及拉普拉斯反变换定义

设函数 $f(t)$ 当 $t \geqslant 0$ 时有定义，且当 $t < 0$ 时 $f(t) = 0$，若积分 $\int_0^\infty f(t)\mathrm{e}^{-st}\mathrm{d}t$ 存在，则称 $F(s) = \int_0^\infty f(t)\mathrm{e}^{-st}\mathrm{d}t$ 为函数 $f(t)$ 的拉普拉斯变换，称之为象函数，逆运算 $f(t) = \frac{1}{2\pi\mathrm{j}}\int_{c-\mathrm{j}\infty}^{c+\mathrm{j}\infty} F(s)\mathrm{e}^{st}\mathrm{d}s$ 为拉普拉斯反变换，称之为原函数。

2.2.2 典型函数的拉普拉斯变换

1. 单位阶跃函数

单位阶跃信号的时域表达式为

$$f(t) = 1(t) = \begin{cases} 1, & t \geqslant 0 \\ 0, & t < 0 \end{cases} \tag{2-7}$$

复数域的拉普拉斯表达式为

$$F(s) = L[1(t)] = \int_0^\infty 1 \times e^{-st} dt = -\frac{1}{s} e^{-st} \Big|_0^\infty = \frac{1}{s} \tag{2-8}$$

2. 单位斜坡函数

单位斜坡信号的时域表达式为

$$f(t) = t = \begin{cases} t, & t \geqslant 0 \\ 0, & t < 0 \end{cases} \tag{2-9}$$

复数域的拉普拉斯表达式为

$$F(s) = L[t] = \int_0^\infty t e^{-st} dt = -\frac{t}{s} e^{-st} \Big|_0^\infty + \int_0^\infty \frac{1}{s} e^{-st} dt = \frac{1}{s^2} \tag{2-10}$$

3. 单位加速度函数

单位加速度信号的时域表达式为

$$f(t) = \begin{cases} \dfrac{1}{2} t^2, & t \geqslant 0 \\ 0, & t < 0 \end{cases} \tag{2-11}$$

复数域的拉普拉斯表达式为

$$F(s) = L\left[\frac{1}{2} t^2\right] = \int_0^\infty \frac{1}{2} t^2 e^{-st} dt = \frac{1}{s^3} \tag{2-12}$$

4. 指数函数

指数函数信号的时域表达式为

$$f(t) = \begin{cases} e^{\alpha t}, & t \geqslant 0 \\ 0, & t < 0 \end{cases} \tag{2-13}$$

复数域的拉普拉斯表达式为

$$F(s) = L[e^{\alpha t}] = \int_0^\infty e^{\alpha t} e^{-st} dt = \frac{1}{s - \alpha} \tag{2-14}$$

5. 正弦函数

正弦函数信号的时域表达式为

$$f(t) = \begin{cases} \sin \omega t, & t \geqslant 0 \\ 0, & t < 0 \end{cases} \tag{2-15}$$

复数域的拉普拉斯表达式为

$$F(s) = \int_0^\infty \sin \omega t e^{-st} dt = \int_0^\infty \frac{1}{2j}(e^{j\omega t} - e^{-j\omega t}) e^{-st} dt = \frac{1}{2j}\left[\frac{1}{s - j\omega} - \frac{1}{s + j\omega}\right] = \frac{\omega}{s^2 + \omega^2} \tag{2-16}$$

6. 单位脉冲函数

单位脉冲函数信号的时域表达式为

$$f(t) = \delta(t) = \begin{cases} 0, & t \neq 0 \\ \infty, & t = 0 \end{cases} \tag{2-17}$$

复数域的拉普拉斯表达式为

$$F(s) = L[\delta(t)] = \int_0^{+\infty} \delta(t) e^{-st} dt = \int_{0_-}^{0_+} \delta(t) e^{-s0} dt = \int_{0_-}^{0_+} \delta(t) dt = 1 \qquad (2\text{-}18)$$

7. 拉普拉斯变换对照表

表 2-1 为常用函数的拉普拉斯变换对照表。

表 2-1 拉普拉斯变换对照表

序号	原函数 $f(t)$	象函数 $F(s)$
1	$\delta(t)$	1
2	$1(t)$	$\dfrac{1}{s}$
3	t	$\dfrac{1}{s^2}$
4	e^{-at}	$\dfrac{1}{s+a}$
5	te^{-at}	$\dfrac{1}{(s+a)^2}$
6	$\sin\omega t$	$\dfrac{\omega}{s^2+\omega^2}$
7	$\cos\omega t$	$\dfrac{s}{s^2+\omega^2}$
8	$t^n(n=1,2,3,\cdots)$	$\dfrac{n!}{s^{n+1}}$
9	$t^n e^{-at}(n=1,2,3,\cdots)$	$\dfrac{n!}{(s+a)^{n+1}}$
10	$\dfrac{1}{b-a}(e^{-at}-e^{-bt})$	$\dfrac{1}{(s+a)(s+b)}$
11	$e^{-at}\sin\omega t$	$\dfrac{\omega}{(s+a)^2+\omega^2}$
12	$e^{-at}\cos\omega t$	$\dfrac{s+a}{(s+a)^2+\omega^2}$

2.2.3 拉普拉斯变换基本定理

为了更方便地求解一些复杂函数的拉普拉斯变换，下面介绍拉普拉斯变换常用定理。假设所涉及的函数的拉普拉斯变换均存在。

1. 线性定理

如果 k_1、k_2 为任意常数，函数 $f_1(t)$、$f_2(t)$ 的拉氏变换为 $F_1(s)$、$F_2(s)$，则有

$$L[k_1 f_1(t) + k_2 f_2(t)] = k_1 F_1(s) + k_2 F_2(s) \qquad (2\text{-}19)$$

2. 实数域平移定理

如果函数 $f(t)$ 的拉氏变换为 $F(s)$，则对任一正实数 a，有

$$L[f(t-a) \cdot 1(t-a)] = \mathrm{e}^{-as}F(s) \tag{2-20}$$

3. 复数域平移定理

如果函数 $f(t)$ 的拉氏变换为 $F(s)$，则对任一常数 a，有

$$L[\mathrm{e}^{-at}f(t)] = F(s+a) \tag{2-21}$$

4. 微分定理

如果函数 $f(t)$ 的拉氏变换为 $F(s)$，则有

$$L\left[\frac{\mathrm{d}f(t)}{\mathrm{d}t}\right] = L[f'(t)] = sF(s) - f(0) \tag{2-22}$$

$$L\left[\frac{\mathrm{d}^2f(t)}{\mathrm{d}t^2}\right] = s^2F(s) - sf(0) - f'(0) \tag{2-23}$$

$$L\left[\frac{\mathrm{d}^nf(t)}{\mathrm{d}t^n}\right] = s^nF(s) - s^{n-1}f(0) - s^{n-2}f'(0) - \cdots - f^{(n-1)}(0) \tag{2-24}$$

5. 积分定理

如果函数 $f(t)$ 的拉氏变换为 $F(s)$，则有

$$L\left[\int f(t)\,\mathrm{d}t\right] = \frac{1}{s}F(s) + \frac{1}{s}f^{(-1)}(0) \tag{2-25}$$

式中，$f^{(-1)}(0)$ 为积分 $\int f(t)\,\mathrm{d}t$ 在 $t=0$ 时的值。

6. 初值定理

如果函数 $f(t)$ 的拉氏变换为 $F(s)$，且极限值均存在，则有

$$f(0) = \lim_{t\to 0}f(t) = \lim_{s\to\infty}sF(s) \tag{2-26}$$

7. 终值定理

如果函数 $f(t)$ 的拉氏变换为 $F(s)$，且极限值均存在，则有

$$\lim_{t\to\infty}f(t) = \lim_{s\to 0}sF(s) \tag{2-27}$$

2.2.4 拉普拉斯反变换

拉普拉斯反变换是求解控制系统时间响应的重要手段。常采用部分分式展开法将复杂的象函数化简成简单的部分分式之和，然后对照拉氏变换表求取原函数。

在控制系统中，象函数常可写成如下的有理分式形式

$$F(s) = \frac{B(s)}{A(s)} = \frac{b_ms^m + b_{m-1}s^{m-1} + \cdots + b_0}{a_ns^n + a_{n-1}s^{n-1} + \cdots + a_0} = \frac{k(s-z_1)(s-z_2)\cdots(s-z_m)}{(s-p_1)(s-p_2)\cdots(s-p_n)} \quad (n \geqslant m) \tag{2-28}$$

式中，$k = \dfrac{b_m}{a_n}$；$p_1, p_2, \cdots, p_n$ 为 $F(s)$ 的极点；$z_1, z_2, \cdots, z_n$ 为 $F(s)$ 的零点。

1）象函数 $F(s)$ 的极点为各不相同的实数，则可展开成如下部分分式之和，即

$$F(s) = \frac{B(s)}{A(s)} = \frac{b_m s^m + b_{m-1} s^{m-1} + \cdots + b_0}{a_n s^n + a_{n-1} s^{n-1} + \cdots + a_0}$$

$$= \frac{k_1}{s - p_1} + \frac{k_2}{s - p_2} + \cdots + \frac{k_n}{s - p_n}$$

$$= \sum_{i=1}^{n} \frac{k_i}{s - p_i} \tag{2-29}$$

式中，k_i 为待定系数，可用下面公式求得

$$k_i = \frac{B(s)}{A(s)}(s - p_i) \Big|_{s = p_i} = \frac{B(p_i)}{A'(p_i)} \quad (i = 1, 2, \cdots, n) \tag{2-30}$$

根据拉普拉斯变换线性定理，可求得原函数为

$$f(t) = L^{-1}[F(s)] = \sum_{i=1}^{n} k_i e^{p_i t} \quad (t \geq 0) \tag{2-31}$$

2）象函数 $F(s)$ 的极点中有共轭复数极点，而其他均为互不相同的实数极点，则可展开成如下部分分式之和，即

$$F(s) = \frac{B(s)}{A(s)} = \frac{b_m s^m + b_{m-1} s^{m-1} + \cdots + b_0}{a_n s^n + a_{n-1} s^{n-1} + \cdots + a_0}$$

$$= \frac{k_1 s + k_2}{(s - p_1)(s - p_2)} + \frac{k_3}{s - p_3} + \cdots + \frac{k_n}{s - p_n} \tag{2-32}$$

式中，k_3，k_4，$\cdots$，k_n 为待定系数，可用式（2-30）求得，k_1、k_2 可用下面公式求得

$$\left[\frac{B(s)}{A(s)}(s - p_1)(s - p_2) \right] \Big|_{\substack{s = p_1 \\ \text{或} \\ s = p_2}} = (k_1 s + k_2) \Big|_{\substack{s = p_1 \\ \text{或} \\ s = p_2}} \tag{2-33}$$

令等式两边的实部和虚部分别相等，联立求解方程，则可求得 k_1、k_2 的值。

由于

$$\begin{cases} L^{-1}\left[\dfrac{\omega}{(s + a)^2 + \omega^2} \right] = e^{-at} \sin\omega t \\[2mm] L^{-1}\left[\dfrac{s + a}{(s + a)^2 + \omega^2} \right] = e^{-at} \cos\omega t \end{cases} \tag{2-34}$$

则将共轭复数极点部分分配成如式（2-34），根据拉普拉斯变换线性定理，可求得原函数。

3）象函数 $F(s)$ 的极点中有 r 个重极点 p_1，其余极点均不相同，则可展开成如下部分分式之和，即

$$F(s) = \frac{B(s)}{A(s)} = \frac{B(s)}{a_n (s - p_1)^r (s - p_{r+1}) \cdots (s - p_n)}$$

$$= \frac{k_{11}}{(s - p_1)^r} + \frac{k_{12}}{(s - p_1)^{r-1}} + \cdots + \frac{k_{1r}}{s - p_1} + \frac{k_{r+1}}{s - p_{r+1}} + \cdots + \frac{k_n}{s - p_n} \tag{2-35}$$

其中，待定系数 k_{r+1}，k_{r+2}，$\cdots$，k_n 还按前述公式求解；k_{11}，k_{12}，$\cdots$，k_{1r} 分别按下面的公式求解

$$k_{11} = F(s)(s - p_1)^r \Big|_{s = p_1}$$

$$k_{12} = \frac{d}{ds}[F(s)(s - p_1)^r] \Big|_{s = p_1}$$

$$k_{13} = \frac{1}{2!} \frac{\mathrm{d}^2}{\mathrm{d}s^2} [F(s)(s-p_1)^r] |_{s=p_1}$$

$$\vdots$$

$$k_{1r} = \frac{1}{(r-1)!} \frac{\mathrm{d}^{r-1}}{\mathrm{d}s^{r-1}} [F(s)(s-p_1)^r] |_{s=p_1} \qquad (2\text{-}36)$$

象函数 $F(s)$ 的原函数为

$$f(t) = L^{-1}[F(s)] = \left[\frac{k_{11}}{(r-1)!} t^{(r-1)} + \frac{k_{12}}{(r-2)!} t^{(r-2)} + \cdots + k_{1r} \right] \mathrm{e}^{p_1 t} + \sum_{i=r+1}^{n} k_i \mathrm{e}^{p_i t} \quad (t \geqslant 0)$$

$$(2\text{-}37)$$

2.2.5　例题

例 2.1　已知 $f(t) = 4t^2 + 3\sin 2t + \mathrm{e}^{-t}$，求其拉氏变换 $F(s)$。

解： 由拉氏变换定义及线性定理可知

$$F(s) = L(4t^2 + 3\sin 2t + \mathrm{e}^{-t})$$

$$= 4\left(\frac{2!}{s^3}\right) + 3\left(\frac{2}{s^2+4}\right) + \frac{1}{s+1}$$

$$= \frac{8}{s^3} + \frac{6}{s^2+4} + \frac{1}{s+1}$$

例 2.2　求图 2-3 所示三角波的拉氏变换。

解： 三角波可表达为

$$f(t) = 5t - 5(t-2) \cdot 1(t-2) - 10 \cdot 1(t-2)$$

利用实数域的平移定理，对上式求拉氏变换，得

$$F(s) = \frac{5}{s^2} - \frac{5}{s^2}\mathrm{e}^{-2s} - \frac{10}{s}\mathrm{e}^{-2s}$$

例 2.3　求 $\mathrm{e}^{-at}\sin\omega t$ 的拉氏变换。

由正弦函数的拉氏变换可知

$$L[\sin\omega t] = \frac{\omega}{s^2 + \omega^2}$$

运用复数域的平移定理，有

$$L[\mathrm{e}^{-at}\sin\omega t] = \frac{\omega}{(s+a)^2 + \omega^2}$$

例 2.4　求 $F(s) = \frac{s+1}{s^2+s-6}$ 的拉氏反变换。

解： 象函数中极点均为不相同的实数，可展开为

$$F(s) = \frac{s+1}{s^2+s-6} = \frac{s+1}{(s+3)(s-2)} = \frac{k_1}{s+3} + \frac{k_2}{s-2}$$

$$k_1 = \frac{s+1}{(s+3)(s-2)}(s+3) \bigg|_{s=-3} = \frac{2}{5}$$

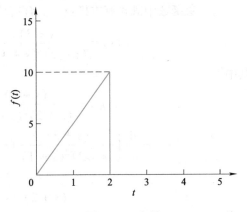

图 2-3　三角波

$$k_2 = \frac{s+1}{(s+3)(s-2)}(s-2)\bigg|_{s=2} = \frac{3}{5}$$

因此，$F(s)$ 的拉氏反变换为

$$f(t) = \frac{2}{5}e^{-3t} + \frac{3}{5}e^{2t}$$

$$= \frac{1}{5}(3e^{2t} + 2e^{-3t}) \quad (t \geqslant 0)$$

例 2.5 求 $F(s) = \dfrac{2s+12}{s^2+2s+5}$ 的原函数。

解：首先将象函数的分母因式分解，得

$$F(s) = \frac{2s+12}{s^2+2s+5} = \frac{k_1 s + k_2}{(s+1+\mathrm{j}2)(s+1-\mathrm{j}2)}$$

可知

$$k_1 = 2, \quad k_2 = 12$$

$$F(s) = \frac{2s+12}{s^2+2s+5} = \frac{2(s+1)}{(s+1)^2+2^2} + \frac{5 \times 2}{(s+1)^2+2^2}$$

$$f(t) = 2e^{-t}\cos2t + 5e^{-t}\sin2t \quad (t \geqslant 0)$$

例 2.6 求 $F(s) = \dfrac{(s+3)}{(s+2)^2(s+1)}$ 的原函数。

解：象函数中既含有重极点，又含有单独极点，可展开为

$$F(s) = \frac{(s+3)}{(s+2)^2(s+1)} = \frac{k_{11}}{(s+2)^2} + \frac{k_{12}}{s+2} + \frac{k_3}{s+1}$$

其中

$$k_{11} = \frac{(s+3)}{(s+2)^2(s+1)}(s+2)^2\bigg|_{s=-2} = -1$$

$$k_{12} = \frac{\mathrm{d}}{\mathrm{d}s}\left[\frac{(s+3)}{(s+2)^2(s+1)}(s+2)^2\right]\bigg|_{s=-2} = \frac{-2}{(s+1)^2}\bigg|_{s=-2} = -2$$

$$k_3 = \frac{(s+3)}{(s+2)^2(s+1)}(s+1)\bigg|_{s=-1} = 2$$

可得

$$F(s) = -\frac{1}{(s+2)^2} - \frac{2}{s+2} + \frac{2}{s+1}$$

其对应的原函数为

$$f(t) = L^{-1}[F(s)] = -(t+2)e^{-2t} + 2e^{-t} \quad (t \geqslant 0)$$

2.3 传递函数

微分方程是在时间域内描述控制系统动态性能的数学模型，用拉普拉斯变换法求解线性微分方程时，将微分方程转化为代数方程，就可得到控制系统的关于复变数 s 的数学模型，称之为传递函数。在经典控制理论中，基于传递函数的根轨迹法和频率法得到了广泛应用。

利用传递函数不仅可以研究控制系统在输入信号作用下的动态过程，还能分析系统的结构和参数变化对系统性能的影响，为控制系统的设计与综合提供方便。因此，对传递函数的理解和掌握是十分重要的。

2.3.1　传递函数的定义

定义：控制系统的传递函数 $G(s)$ 是指线性定常系统在零初始条件下，输出量 $y(t)$ 的拉普拉斯变换 $Y(s)$ 与输入量 $r(t)$ 的拉普拉斯变换 $R(s)$ 之比。

对于线性定常控制系统，其微分方程表达式为

$$a_n y^{(n)}(t) + a_{n-1} y^{(n-1)}(t) + \cdots + a_i y^{(i)}(t) + \cdots + a_1 \dot{y}(t) + a_0 y(t)$$
$$= b_m r^{(m)}(t) + b_{m-1} r^{(m-1)}(t) + \cdots + b_j r^{(j)}(t) + \cdots + b_1 \dot{r}(t) + b_0 r(t) \tag{2-38}$$

式中，$r(t)$ 为输入量；$y(t)$ 为输出量。

在零初始条件下，即

$$y^{(n-1)}(0) = \cdots = \dot{y}(0) = y(0) = 0, \ r^{(m-1)}(0) = \cdots = \dot{r}(0) = r(0) = 0 \tag{2-39}$$

对式（2-38）进行拉普拉斯变换得

$$(a_n s^n + a_{n-1} s^{n-1} + \cdots + a_1 s + a_0) Y(s) = (b_m s^m + b_{m-1} s^{m-1} + \cdots + b_1 s + b_0) R(s) \tag{2-40}$$

则有

$$G(s) = \frac{Y(s)}{R(s)} = \frac{b_m s^m + b_{m-1} s^{m-1} + \cdots + b_1 s + b_0}{a_n s^n + a_{n-1} s^{n-1} + \cdots + a_1 s + a_0} \tag{2-41}$$

2.3.2　典型环节的传递函数

一个自动控制系统是由若干元件有机组合而成的，虽然元件的具体结构和作用原理各不相同，但从动态性能和数学模型来看，却可以分成若干种基本环节（即典型环节）。元件不论是机械式、电气式或液压式等，只要数学模型相同就是同一种环节，其动态性能也很相似。

1. 比例环节

比例环节又称无惯性环节或放大环节，其输出量与输入量之间的微分方程为

$$y(t) = Kr(t) \quad (t \geqslant 0) \tag{2-42}$$

传递函数为

$$G(s) = \frac{Y(s)}{R(s)} = K \tag{2-43}$$

式中，K 为比例系数、放大系数或传递系数。

在实际物理系统中，分压器、无变形无间隙的齿轮传动比、无惯性放大器及测速发电机的电压与转速的关系等都可视为比例环节。

2. 惯性环节

惯性环节又称非周期环节，其输出量与输入量之间的微分方程为

$$T \frac{\mathrm{d}y(t)}{\mathrm{d}t} + y(t) = Kr(t) \quad (t \geqslant 0) \tag{2-44}$$

可见惯性环节是由一阶微分方程描述的，故又称之为一阶系统，对应的传递函数为

$$G(s) = \frac{Y(s)}{R(s)} = \frac{K}{Ts+1} \qquad (2\text{-}45)$$

式中，T 为时间常数；K 为比例系数；s 为传递函数的极点，$s = -1/T$。

设惯性环节的输入信号为单位阶跃信号，即 $r(t) = 1(t)$，其拉普拉斯变换为 $R(s) = 1/s$，在零初始条件下，输出量的拉普拉斯表达式为

$$Y(s) = G(s)R(s) = \frac{K}{Ts+1}\frac{1}{s} \qquad (2\text{-}46)$$

对式（2-46）进行拉普拉斯反变换可得

$$y(t) = K(1 - e^{-\frac{1}{T}t}) \qquad (2\text{-}47)$$

根据式（2-47）作惯性环节的单位阶跃响应曲线如图 2-4 所示。

由式（2-47）及图 2-4 可知，惯性环节在单位阶跃输入信号作用下，输出信号是非周期的指数函数，且输出量不能立即跟踪输入量的变化，存在一定的延迟，这是由于该环节存在惯性的缘故。可用时间常数 T 衡量惯性的大小，当时间 $t = 3T \sim 4T$ 时，输出量才接近其稳态值。在实际中，RC 电路是最典型的一阶系统，在满足一定条件时，许多高阶系统可近似成为一阶系统。

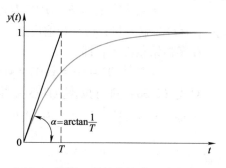

图 2-4　惯性环节的单位阶跃响应曲线

3. 积分环节

积分环节的特点是输出量与输入量对时间的积分成正比，微分方程为

$$y(t) = K\int r(t)\,dt \qquad (t \geqslant 0) \qquad (2\text{-}48)$$

传递函数为

$$G(s) = \frac{Y(s)}{R(s)} = \frac{K}{s} = \frac{1}{Ts} \qquad (2\text{-}49)$$

式中，T 为积分时间常数，$T = 1/K$。

显然，该环节的极点为 $s = 0$。单位阶跃响应为

$$y(t) = \frac{1}{T}t \qquad (2\text{-}50)$$

由式（2-50）可见，只要有一个恒定的输入量作用，其输出量就随时间线性增加，单位阶跃响应曲线如图 2-5 所示。

在实际物理系统中，积分环节都是在近似条件下取得的，如不考虑饱和特性和惯性因素，由运算放大器构成的积分器可视为积分环节，如图 2-6 所示。

4. 微分环节

微分是积分的逆运算。理想微分环节的特点是输出量与输入量对时间的导数成正比，微分方程为

$$y(t) = \tau\frac{dr(t)}{dt} \qquad (t \geqslant 0) \qquad (2\text{-}51)$$

式中，τ 为微分时间常数。

传递函数为

$$G(s) = \frac{Y(s)}{R(s)} = \tau s \qquad (2\text{-}52)$$

理想微分环节的传递函数没有极点，只有零点。输入为单位阶跃信号输出响应为

$$y(t) = \tau \frac{\mathrm{d}}{\mathrm{d}t} 1(t) = \tau \delta(t) \qquad (2\text{-}53)$$

可见，这是一个面积为 τ 的脉冲函数，脉冲宽度为零，幅值为无穷大。

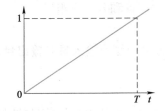

图 2-5　积分环节的单位阶跃响应曲线　　　图 2-6　运算放大器积分电路

理想微分环节的输出量与输入信号的微分有关，因此它能够预示输入信号的变化趋势。在实际系统中，由于惯性的存在，这种纯微分关系的理想环节难以实现，如图 2-7 所示 RC 微分电路，其传递函数如式（2-54）所示。

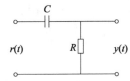

图 2-7　RC 微分电路

$$G(s) = \frac{Ts}{Ts + 1} \qquad (2\text{-}54)$$

式中，$T=RC$ 为微分时间常数，当 T 足够小时，$Ts+1 \approx 1$，可近似为理想微分环节。

5. 振荡环节

振荡环节的输出量与输入量的关系为一个二阶微分方程

$$T^2 \frac{\mathrm{d}^2}{\mathrm{d}t^2} y(t) + 2\zeta T \frac{\mathrm{d}}{\mathrm{d}t} y(t) + y(t) = Kr(t) \qquad (2\text{-}55)$$

传递函数为

$$G(s) = \frac{Y(s)}{R(s)} = \frac{K}{T^2 s^2 + 2\zeta T s + 1} \qquad (2\text{-}56)$$

式中，T 为时间常数；ζ 为阻尼系数（又称为阻尼比）。

当 $0<\zeta<1$ 时，振荡环节具有一对复数极点。由于该环节是由二阶微分方程描述的，故又称为二阶系统。在单位阶跃信号输入作用下，振荡环节的响应为（设 $K=1$）

$$Y(s) = \frac{1}{s(T^2 s^2 + 2\zeta T s + 1)} = \frac{\omega_n^2}{s(s^2 + 2\zeta\omega_n s + \omega_n^2)} = \frac{1}{s} - \frac{s + 2\zeta\omega_n}{s^2 + 2\zeta\omega_n s + \omega_n^2}$$

$$= \frac{1}{s} - \frac{s + \zeta\omega_n}{(s + \zeta\omega_n)^2 + \omega_d^2} - \frac{\zeta\omega_n}{(s + \zeta\omega_n)^2 + \omega_d^2} \qquad (2\text{-}57)$$

式中，$\omega_n = 1/T$ 为无阻尼自然振荡频率；$\omega_d = \omega_n \sqrt{1-\zeta^2}$ 为有阻尼振荡频率。

2.4　控制系统的结构图

为了更清楚地说明控制系统中各元件的物理功能及相互关系，常用框图来分析系统和元件的特性。

2.4.1　结构图的组成

框图也称系统结构图或方框图，是一种图解形式的数学模型。根据各元件间信号的传递关系，将各元件连接起来，主要由方框、信号线、相加点和分支点组成。

1. 方框

方框是传递函数的图解表示。如图 2-8 所示，方框两侧为输入量和输出量，方框内写入该环节的传逆函数。

2. 信号线

信号线为带箭头的直线，箭头表示信号的传递方向，直线上标记信号的时间函数或象函数，如图 2-9 所示。

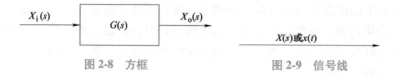

图 2-8　方框　　　　　　　　　图 2-9　信号线

3. 相加点

相加点又称为比较点或求和点，用来表示信号之间的代数加减运算。如图 2-10 所示，相加点各信号线上要标注"+""–"符号，以表明信号间的加减运算（有时"+"号可以省略）。

注意：相加点可以有多个输入，但只能有一个输出，并且输入、输出信号要具有相同的量纲。相邻的相加点可以互换、合并和分解，即满足代数加减运算的交换律、结合律和分配律，如图 2-11 所示，它们都是等效的。

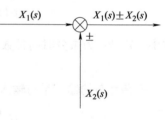

图 2-10　相加点

4. 分支点

分支点又称为引出点，表示信号引出的位置及传递的方向。如图 2-12 所示，从同一信号线上引出的信号，其性质、大小完全一样，且相邻的分支点可以相互交换位置。

2.4.2　绘制结构图的步骤

绘制系统框图的一般步骤如下：

1）写出每一个元件的微分方程，

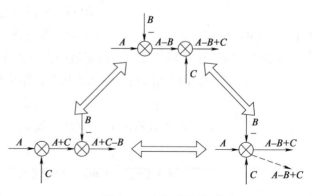

图 2-11　相加点运算

注意输入量与输出量的确定。

2）由微分方程求出各元件的传递函数，并绘出相应的框图。

3）依据信号在系统中的传递关系，将各元件的框图连接起来，输入量置于左端，输出量置于右端，便构成了系统的框图。

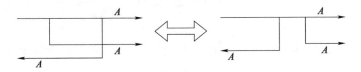

图 2-12　分支点

2.4.3　结构图的基本连接方式

框图的基本连接方式主要有串联、并联和反馈连接三种。

1. 串联连接

串联就是将各环节的方框首尾连接起来，前一环节的输出量就是后一环节的输入量，如图 2-13 所示。

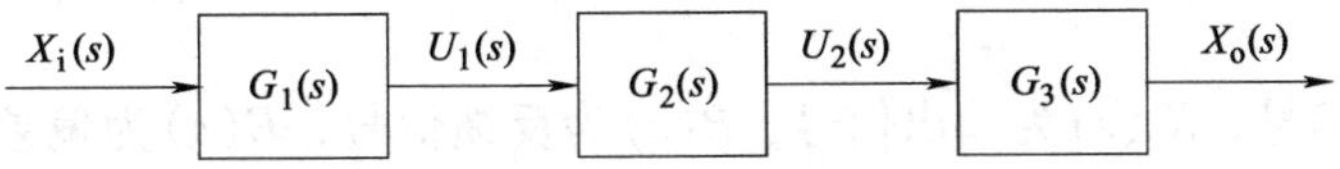

$$X_i(s) \rightarrow \boxed{G_1(s)} \xrightarrow{U_1(s)} \boxed{G_2(s)} \xrightarrow{U_2(s)} \boxed{G_3(s)} \xrightarrow{X_o(s)}$$

图 2-13　方框图串联连接

由图中可知

$$U_1(s) = G_1(s)X_i(s)$$
$$U_2(s) = G_2(s)U_1(s) = G_2(s)G_1(s)X_i(s) \tag{2-58}$$
$$X_o(s) = G_3(s)U_2(s) = G_3(s)G_2(s)G_1(s)X_i(s)$$

则该系统的总传递函数为

$$\frac{X_o(s)}{X_i(s)} = G_1(s)G_2(s)G_3(s) = G(s) \tag{2-59}$$

当有 n 个环节串联时，在无负载效应时（当元件的输出受到其后面元件存在的影响时，这种影响称为负载效应），其总传递函数等于所有环节传递函数的乘积。即

$$G(s) = \prod_{i=1}^{n} G_i(s) \tag{2-60}$$

2. 并联连接

并联就是几个环节具有相同的输入量，而输出量为各环节输出的代数和（或差），如图 2-14所示。

$$X_o(s) = X_1(s) + X_2(s) + X_3(s)$$
$$= G_1(s)X_i(s) + G_2(s)X_i(s) + G_3(s)X_i(s)$$
$$= [G_1(s) + G_2(s) + G_3(s)]X_i(s) \tag{2-61}$$

该系统的总传递函数为

$$\frac{X_o(s)}{X_i(s)} = G_1(s) + G_2(s) + G_3(s) = G(s) \tag{2-62}$$

当有 n 个环节并联时，并联环节的等效传递函数等于各环节传递函数之和（或差）。

$$G(s) = \sum_{i=1}^{n} G_i(s) \tag{2-63}$$

3. 反馈连接

输出量经反馈通道作为反馈信号与输入量相比较，并以偏差信号作为系统的控制量，如图 2-15 所示。

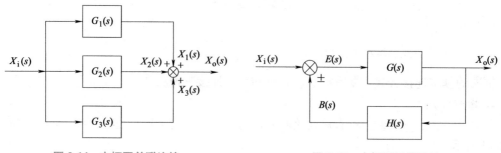

图 2-14 方框图并联连接　　　　　　图 2-15 方框图反馈连接

$X_i(s)$ 为输入信号，$X_o(s)$ 为输出信号，$B(s)$ 为反馈信号，$E(s)$ 为偏差信号，$G(s)$ 为前向通道传递函数，$H(s)$ 为反馈通道传递函数。当反馈信号与输入信号符号相同时，称正反馈；当反馈信号与输入信号符号相反时，称负反馈。由图 2-15 可知

$$E(s) = X_i(s) \pm B(s) \tag{2-64}$$

因此输入信号

$$X_i(s) = E(s) \mp B(s) \tag{2-65}$$

该反馈连接的传递函数为

$$\Phi(s) = \frac{X_o(s)}{X_i(s)} = \frac{X_o(s)}{E(s) \mp B(s)} \tag{2-66}$$

又因为

$$X_o(s) = G(s)E(s)$$
$$B(s) = H(s)X_o(s) \tag{2-67}$$

得

$$\Phi(s) = \frac{X_o(s)}{X_i(s)} = \frac{X_o(s)}{\dfrac{X_o(s)}{G(s)} \mp H(s)X_o(s)} = \frac{G(s)}{1 \mp G(s)H(s)} \tag{2-68}$$

当 $H(s) = 1$ 时，系统为单位反馈系统。图 2-16 所示为一单位负反馈系统，其闭环传递函数如式（2-69）所示。

$$\Phi(s) = \frac{X_o(s)}{X_i(s)} = \frac{G(s)}{1 + G(s)} \tag{2-69}$$

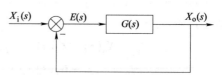

图 2-16 单位负反馈系统框图

2.4.4　结构图的简化

为了分析和研究系统的动态特性，得到输入量与输出量之间的传递函数，常需对系统的框图进行必要的简化。框图的简化应符合等效原则，即在变换过程中，应保证变换前、后输入量和输出量之间的关系保持不变。框图等效变换原则见表2-2。对于复杂的框图，由于存在交错连接的现象，仅采用前面介绍的三种连接方式往往不能解决框图化简的问题，需要通过相加点或分支点的移动来消除各种连接方式之间的交叉，然后再进行等效变换。

表 2-2　框图等效变换原则

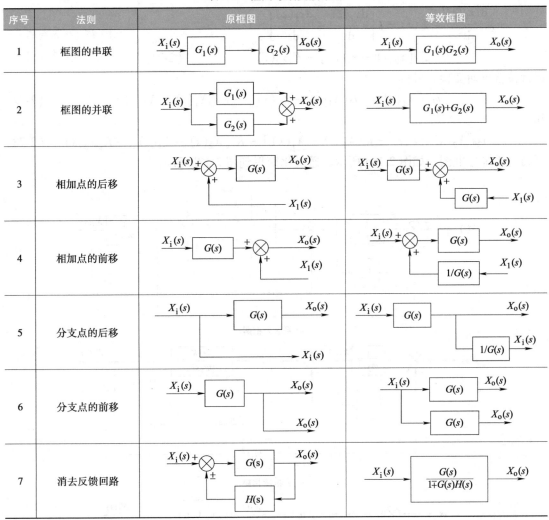

序号	法则	原框图	等效框图
1	框图的串联	$X_i(s) \to G_1(s) \to G_2(s) \to X_o(s)$	$X_i(s) \to G_1(s)G_2(s) \to X_o(s)$
2	框图的并联	$X_i(s)$ 分路经 $G_1(s)$、$G_2(s)$ 相加 $\to X_o(s)$	$X_i(s) \to G_1(s)+G_2(s) \to X_o(s)$
3	相加点的后移		
4	相加点的前移		
5	分支点的后移		
6	分支点的前移		
7	消去反馈回路		$X_i(s) \to \dfrac{G(s)}{1 \mp G(s)H(s)} \to X_o(s)$

2.5　机电一体化系统建模实例

1. 汽车支撑系统

图2-17所示机械系统，是一个单轮汽车支撑系统的简化模型。图中，m_1为汽车质量；f

为振动阻尼器系数；K_1 为弹簧刚度；m_2 为轮子质量；K_2 为轮胎弹性刚度；$x_1(t)$ 和 $x_2(t)$ 分别为 m_1 和 m_2 的独立位移；$F(t)$ 为作用在 m_2 上的外力。通过对系统进行受力分析，可以建立 m_1 的力平衡方程（运动方程）为

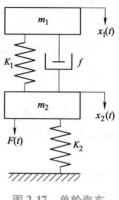

$$m_1 \frac{d^2x_1(t)}{dt^2} = -f\left[\frac{dx_1(t)}{dt} - \frac{dx_2(t)}{dt}\right] - K_1[x_1(t) - x_2(t)]$$

$$(2\text{-}70)$$

又 m_2 的力平衡方程式

$$m_2 \frac{d^2x_2(t)}{dt^2} = F(t) - f\left[\frac{dx_2(t)}{dt} - \frac{dx_1(t)}{dt}\right] -$$

$$K_1[x_2(t) - x_1(t)] - K_2x_2(t) \qquad (2\text{-}71)$$

图 2-17　单轮汽车
支撑系统

进行拉普拉斯变换，可得

$$m_1s^2X_1(s) = -fs[X_1(s) - X_2(s)] - K_1[X_1(s) - X_2(s)] \qquad (2\text{-}72)$$

和

$$m_2s^2X_2(s) = F(s) - fs[X_2(s) - X_1(s)] - K_1[X_2(s) - X_1(s)] - K_2X_2(s) \qquad (2\text{-}73)$$

可画出系统方框图，如图 2-18a 所示。通过化简得到图 2-18b 和 c。

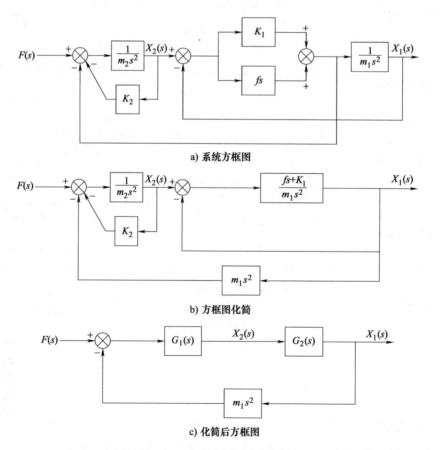

a) 系统方框图

b) 方框图化简

c) 化简后方框图

图 2-18　汽车支撑系统方框图

根据图 2-18c 可以求出以作用力 $F(s)$ 为输入，分别以 $X_1(s)$ 和 $X_2(s)$ 为输出位移的传递函数为

$$\frac{X_1(s)}{F(s)} = \frac{G_1(s)G_2(s)}{1 + m_1 s^2 G_1(s)G_2(s)} = \frac{fs + K_1}{(m_2 s^2 + K_2)(m_1 s^2 + fs + K_1) + m_1 s^2 (fs + K_1)}$$

$$= \frac{fs + K_1}{m_1 m_2 s^4 + (m_1 + m_2)fs^3 + (m_1 K_1 + m_1 K_2 + m_2 K_1)s^2 + fK_2 s + K_1 K_2} \tag{2-74}$$

$$\frac{X_2(s)}{F(s)} = \frac{G_1(s)}{1 + G_1(s)G_2(s)m_1 s^2}$$

$$= \frac{m_1 s^2 + fs + K_1}{m_1 m_2 s^4 + (m_1 + m_2)fs^3 + (m_1 K_1 + m_1 K_2 + m_2 K_1)s^2 + fK_2 s + K_1 K_2} \tag{2-75}$$

式（2-74）、式（2-75）完全描述了该机械系统的动力特性，只要给定汽车的质量、轮子的质量、阻尼器及弹簧参数、车轮的弹性、便可决定车辆行驶的运动特性。

2. 同步齿形带驱动系统

图 2-19 为打印步进电动机同步齿形带驱动装置示意图。图中，K、f 分别表示同步齿形带的弹性与阻尼；$M(t)$ 为步进电动机的力矩；J_m 和 J_L 分别为步进电动机轴和负载的转动惯量；$\theta_i(t)$ 与 $\theta_o(t)$ 分别为输入与输出轴的转角。

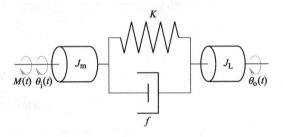

图 2-19　同步齿形带驱动系统

针对输入轴和输出轴可以分别写出力矩平衡方程为

$$J_m \frac{\mathrm{d}^2 \theta_i(t)}{\mathrm{d}t^2} = M(t) - f\left[\frac{\mathrm{d}\theta_i(t)}{\mathrm{d}t} - \frac{\mathrm{d}\theta_o(t)}{\mathrm{d}t}\right] - K[\theta_i(t) - \theta_o(t)] \tag{2-76}$$

及

$$J_L \frac{\mathrm{d}^2 \theta_o(t)}{\mathrm{d}t^2} = -f\left[\frac{\mathrm{d}\theta_o(t)}{\mathrm{d}t} - \frac{\mathrm{d}\theta_i(t)}{\mathrm{d}t}\right] - K[\theta_o(t) - \theta_i(t)] \tag{2-77}$$

对上两式取拉普拉斯变换得

$$J_m s^2 \theta_i(s) = M(s) - (fs + K)[\theta_i(s) - \theta_o(s)] \tag{2-78}$$

$$J_L s^2 \theta_o(s) = (fs + K)[\theta_i(s) - \theta_o(s)] \tag{2-79}$$

根据式（2-78）和式（2-79）可以画出系统方框图，如图 2-20a 所示，并依次化简为图 2-20b 和 c。由图 2-20c 可得该系统的传递函数为

$$\frac{\theta_o(s)}{M(s)} = \frac{\dfrac{fs + K}{J_L s^2 (J_m s^2 + fs + K)}}{1 + \dfrac{J_m s^2 (fs + K)}{J_L s^2 (J_m s^2 + fs + K)}} = \frac{fs + K}{J_L s^2 (J_m s^2 + fs + K) + J_m s^2 (fs + K)} \tag{2-80}$$

$$\frac{\theta_o(s)}{M(s)} = \frac{fs + K}{(J_L + J_m)s^2 \left(\dfrac{J_L J_m}{J_L + J_m}s^2 + fs + K\right)} \tag{2-81}$$

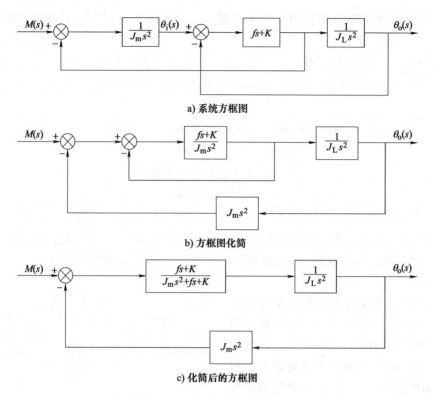

a) 系统方框图

b) 方框图化简

c) 化简后的方框图

图 2-20　同步齿形带系统方框图

3. 电枢控制式直流电动机

图 2-21 是电枢控制式直流电动机的原理图。

图中，$e_i(t)$ 为电动机电枢输入电压；$\theta_o(t)$ 为电动机输出转角；R_a 为电枢绕组的电阻；L_a 为电枢的电感；$i_a(t)$ 为电枢绕组的电流，$e_m(t)$ 为电机感应电势；$M(t)$ 为电动机转矩；J 为电动机及负载折算到电动机轴上的转动惯量；f 为电动机及负载折算到电机轴上的黏性阻尼系数。对于电枢回路，根据基尔霍夫定律，有

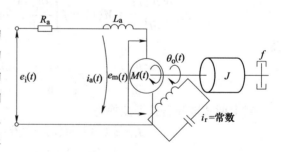

图 2-21　电枢控制式直流电动机原理图

$$e_i(t) = R_a i_a(t) + L_a \frac{di_a(t)}{dt} + e_m(t) \tag{2-82}$$

电动机感应电势与磁通和角速度的乘积成正比，由于磁通为常值，故电动机感应电势与角速度成正比。设反电势常数为 K_e，则有

$$e_m(t) = K_e \frac{d\theta_o(t)}{dt} \tag{2-83}$$

电动机转矩 $M(t)$ 与电枢电流 $i_a(t)$ 和气隙磁通成正比，磁通与励磁电流成正比，由于励磁电流为常值，故转矩 $M(t)$ 与电枢电流 $i_a(t)$ 成正比。设电动机力矩常数为 K_t，则有

$$M(t) = K_t i_a(t) \tag{2-84}$$

另外，根据转动体的牛顿第二定律，有

$$M(t) - f\frac{\mathrm{d}\theta_o(t)}{\mathrm{d}t} = J\frac{\mathrm{d}^2\theta_o(t)}{\mathrm{d}t^2} \tag{2-85}$$

将式（2-82）~式（2-85）联立，消去中间变量 $i_a(t)$、$e_m(t)$、$M(t)$，得

$$L_a J\frac{\mathrm{d}^3\theta_o(t)}{\mathrm{d}t^3} + (L_a f + R_a J)\frac{\mathrm{d}^2\theta_o(t)}{\mathrm{d}t^2} + (R_a f + K_t K_e)\frac{\mathrm{d}\theta_o(t)}{\mathrm{d}t} = K_t e_i(t) \tag{2-86}$$

对上式取拉普拉斯变换，得传递函数为

$$\frac{\theta_o(s)}{E_i(s)} = \frac{K_t}{s[L_a J s^2 + (L_a f + R_a J)s + (R_a f + K_t K_e)]} \tag{2-87}$$

电枢电感 L_a 通常较小，若忽略不计，则传递函数可简化为

$$\frac{\theta_o(s)}{E_i(s)} = \frac{\dfrac{K_t}{R_a f + K_t K_e}}{s\left(\dfrac{R_a J}{R_a f + K_t K_e}s + 1\right)} = \frac{K_m}{s(T_m s + 1)} \tag{2-88}$$

式中，$T_m = \dfrac{R_a J}{R_a f + K_t K_e}$ 为电动机的机电时间常数；$K_m = \dfrac{K_t}{R_a f + K_t K_e}$ 为电动机的增益常数。

当黏性阻尼系数 f 也较小可忽略时，则传递函数又可近似为

$$\frac{\theta_o(s)}{E_i(s)} = \frac{1/K_e}{s\left(\dfrac{R_a J}{K_t K_e}s + 1\right)} = \frac{K_m}{s(T_m s + 1)} \tag{2-89}$$

式中，$K_m = \dfrac{1}{K_e}$；$T_m = \dfrac{R_a J}{K_t K_e}$。

阅读材料 B　摩天大楼防风抗震的秘密武器——阻尼器

2021 年 5 月 18 日中午时分，总高 355.8m，总建筑层 79 层，地上 75 层的深圳市赛格大厦出现晃动，现场大量人员紧急从大厦撤离。2021 年 5 月 18 日晚上 21 时至 19 日下午 15 时受深圳市住建部门委托，多家专业机构对赛格大厦的振动、倾斜、沉降等情况进行实时监测，该三项指标均远远小于规范允许值，监测数据未显示异常情况。2021 年 9 月 8 日起，赛格大厦裙楼及塔楼全部恢复运营使用。

赛格大厦为什么会晃动，是不是建筑质量太差，为什么政府又让该大厦恢复使用了呢？

高楼晃动是对风压的一种缓冲，特别是超高层建筑来回摇动是正常的，有利于楼体安全，高层建筑大部分都是钢结构，对于侧向压力会起到缓冲作用。如混凝土电视塔的顶端在一般风力的作用下会有 1m 幅度的晃动。

上海中心大厦，曾经也出现过剧烈的晃动，而且晃动的幅度在 1m 左右，造成中心大厦这么大幅度晃动的原因是当时路过上海的超强力台风"利奇马"。"利奇马"当时的风力为 17 级，上海中心大厦能在 17 级的台风中安然无恙，是不是运气好？1m 左右的晃动是安全的，而保证大厦不超过这个安全级别的晃动，其本质原因是大厦本身的设计和一个秘密的神

器，被称之为"上海慧眼"的上海中心大厦质量调谐阻尼器，如图 2-22、图 2-23 所示。

图 2-22 赛格大厦和上海中心大厦外观

图 2-23 上海中心大厦质量
调谐阻尼器——上海慧眼

该阻尼器是我国自主研发的摆式电涡流质量调谐阻尼器，可以抗 7 级地震和 12 级台风。阻尼器重达 1000t，由 12 根吊索、质量块、阻尼系统和主体保护系统四部分组成。这个质量调谐阻尼器在台风和地震来袭，大楼侧面受力时，会通过计算机侦测后，以相应的摆动产生反作用力，抵消部分大楼的压力。

质量调谐阻尼器涉及的一个核心问题是设计一个控制系统，当检测到楼房振动时，做出控制决策，控制大摆锤摆动产生同频率反作用力，使得二者偏差趋于零或者有界。这是应用控制系统解决社会实际问题的一个典型应用。

 思考与练习题

2-1 试列出图 2-24 所示机械系统输入转矩 $T(t)$ 与输出转角 $\theta(t)$ 之间的微分方程，其中 J 为转动惯量，B_J 为回转黏性阻尼系数，m 为质量，B 为阻尼系数，k 为弹簧刚度系数，R 为转动半径。

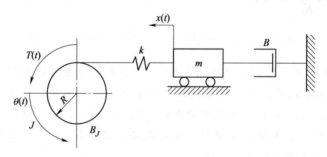

图 2-24 题 2-1 图

2-2 图 2-25 所示为三个机械系统，试列写输入位移 $x_i(t)$ 与输出位移 $x_o(t)$ 之间的微分方程，其中 k、k_1、k_2 为弹簧刚度系数，c_1、c_2 为黏性阻尼系数。

2-3 图 2-26 所示为一个由质量块、弹簧和阻尼器组成的机械系统，试列写输入力 $f(t)$ 与输出位移 $y(t)$ 之间的微分方程，其中 m 为质量块质量，k_1、k_2 为弹簧刚度系数。

2-4 已知 $F(s) = \dfrac{1}{(s+3)^2}$

（1）利用初值定理求 $f(0)$ 和 $f'(0)$ 的值；

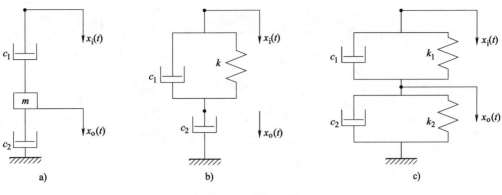

图 2-25　题 2-2 图

（2）通过拉普拉斯反变换方法求取 $f(0)$ 和 $f'(0)$ 的值。

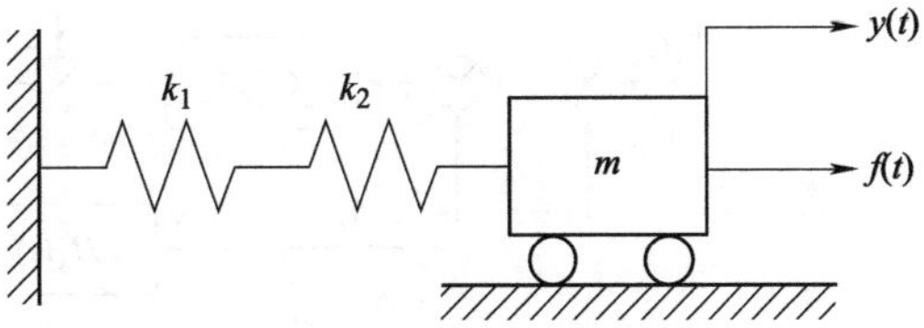

2-5　试求下列象函数的拉普拉斯反变换。

（1）$F(s) = \dfrac{s+1}{(s+5)^2}$

（2）$F(s) = \dfrac{s+7}{(s+1)(s^2+3s+2)}$

（3）$F(s) = \dfrac{s-2}{s^2+4}$

（4）$F(s) = \dfrac{s^2+2s+3}{(s+1)^3}$

图 2-26　题 2-3 图

2-6　图 2-27 所示为三个电网络，试列写输出电压 $u_o(t)$ 和输入电压 $u_i(t)$ 之间的微分方程，并求取传递函数。其中 R_1、R_2 为电阻，C、C_1、C_2 为电容，L 为电感。

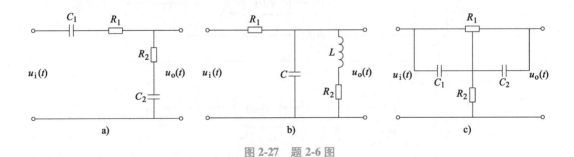

图 2-27　题 2-6 图

2-7　证明图 2-28 所示两系统具有相同形式的传递函数。其中，R_1、R_2 为电阻，C_1、C_2 为电容；k_1、k_2 为弹簧刚度系数，c_1、c_2 为黏性阻尼系数。

2-8　已知某单位负反馈系统的单位阶跃响应为 $c(t) = 1 - 1.25e^{-12t} + 0.25e^{-60t}$，试求该系统的开环传递函数。

2-9　根据框图的简化法则，求图 2-29 所示系统的传递函数。

2-10　试求图 2-30 所示系统的传递函数 $\dfrac{C(s)}{R(s)}$ 和 $\dfrac{C(s)}{N(s)}$。

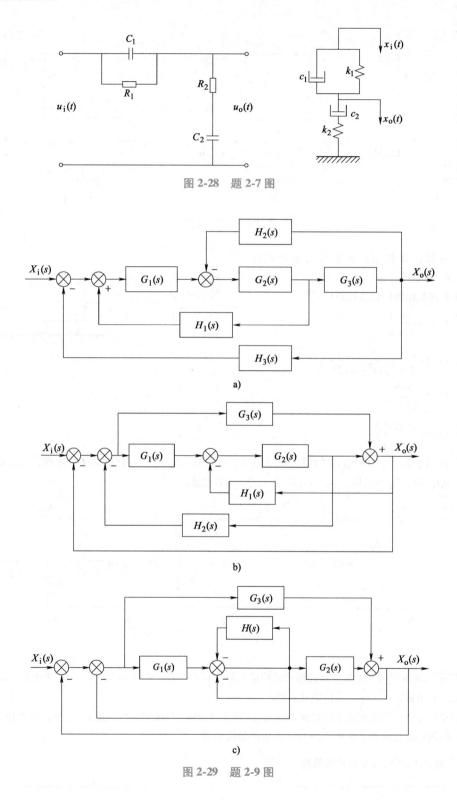

图 2-28 题 2-7 图

a)

b)

c)

图 2-29 题 2-9 图

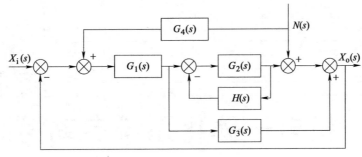

图 2-30　题 2-10 图

参 考 文 献

［1］阿斯特鲁姆，默里．自动控制：多学科视角［M］.尹华杰，等译.北京：人民邮电出版社，2010.

［2］王丽君．控制工程基础［M］.北京：机械工业出版社，2022.

［3］思政资源库．优秀课程思政示范课程展示：《经典控制理论》［Z/OL］.［2022-08-29］.https：//learning. sohu. com/a/580738503_121372077.

第 **3** 章

机电一体化系统自动控制技术

📓 **教学目标**

知识目标：使学生建立自动控制系统的一般概念和基本框架，了解自动控制系统的基本组成、基本要求和性能指标，了解常见 PID 控制方法、复杂控制方法、先进控制方法的原理、特点和应用场景，了解控制算法在自动控制系统中的重要性，激发学生对控制系统的学习兴趣。

能力目标：使学生掌握自动控制系统的基本组成、基本要求和性能指标，掌握 PID 控制器的设计方法，理解复杂控制方法和先进控制方法的组成、工作原理和其优缺点，并根据应用需求选择合适的控制方案，培养学生控制策略的选择和设计能力。

思政目标：使学生了解自动控制技术在我国各行各业的应用，增强对我国科技实力的自信和对科技创新的热情，培养学生对自动控制技术的创新意识和应用意识。

3.1 自动控制系统的基本组成

机电系统设计中，常常需要快速且准确地控制一个输出量（如电动机轴的位置或速度），使其自动按照预定的规律运行，这就是自动控制，即在没有人直接参与的情况下，利用外加的设备或装置（称为控制装置或控制器），使机器、设备或生产过程（统称为被控对象）的某个工作状态或参数（即被控量）自动地按照预定的规律运行。

自动控制系统的基本组成一般包括给定装置、反馈（检测）装置、比较装置、放大装置、执行装置、校正装置和控制对象，如图 3-1 所示。

给定装置：其功能是给出与期望的被控量相对应的系统输入量（即参考输入信号或给定值）。

反馈装置：即检测装置，其功能是测量被控的物理量，并将其反馈到系统输入端。如果被测物理量为电量，可用电阻、电流互感器或电压互感器等来测量；如果被测物理量为非电量，通常检测装置应将其转换为电量，以便于处理。

比较装置：其功能是将给定装置提供的给定值与检测装置测量到的被控量实际值进行比较，求它们之间的偏差。

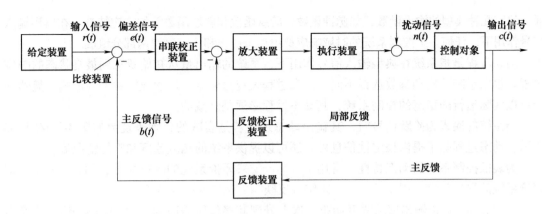

图 3-1 自动控制系统的基本组成

放大装置：比较装置通常位于低功率的输入端，由于提供的偏差信号通常很微弱，因此须用放大装置将其放大，以便推动执行装置去控制被控对象。如果偏差是电信号，则可用集成电路或晶闸管等元器件所构成的电压放大器或功率放大器来进行放大。

执行装置：其功能是执行控制作用并驱动被控对象，使被控量按照预定的规律变化。

校正装置：当控制系统的性能难以满足要求时，通常需要在控制系统中引入校正装置对其性能进行校正。通常有串联校正、反馈校正和复合校正等形式。

3.2 控制系统的基本要求

自动控制系统的要求一般可归结为稳定性、快速性、准确性三个方面。

稳定性：指系统动态过程的振荡倾向和系统能否恢复平衡状态的能力。由于系统存在着惯性，当系统的各个参数匹配不当时，将会引起系统的振荡、甚至使系统失去工作能力。通常，一个能够实际运行的控制系统，必须是稳定的系统，因此，稳定性是系统工作的首要条件。

快速性：指当系统输出量与输入量之间产生偏差时，消除偏差过程的快慢程度，一般要求响应速度快，超调小。

准确性：指系统在调整过程结束后输出量和输入量之间的偏差，或称为静态精度。

同一系统的稳、快、准是相互制约的，例如，改善稳定性，系统控制过程可能变得迟缓，快速性变差，准确性也可能变坏；提高快速性，可能会引起系统强烈振荡，使稳定性变差。由于被控对象的工况和要求不同，不同的系统对稳、快、准的要求各有侧重，因而要具体问题具体分析。

自动控制理论除了分析系统自身的稳定性、快速性和准确性之外，主要还要研究使系统符合给定稳、快、准某一或某些要求的控制规律。

3.3 控制系统的性能指标

由于控制系统输入信号的时间函数形式是多种多样的，在时域内研究系统的响应特性时，通常研究几种典型的输入函数，如脉冲函数、阶跃函数和斜坡函数等的响应特性。在典型输入信号作用下，任何一个控制系统的时域响应都由动态过程和稳态过程两部分组成。

动态过程是指系统在典型输入信号作用下，系统的输出量从初始状态到最终状态的响应过程。根据系统结构和参数选择不同，动态过程表现为衰减、发散或等幅振荡形式。显然一个可以实际运行的稳定的控制系统，其动态过程必须是衰减的。

当系统的输入为阶跃信号时，其输出动态过程若是衰减的，则表现为如图 3-2 或图 3-3 所示。动态过程除了提供稳定性信息外，还可以提供系统的响应速度和阻尼情况等。

为表征控制系统的动态特性，常用上升时间 t_r 来评价系统的响应速度，用超调量 $\sigma\%$ 来评价系统的阻尼程度，用调节时间 t_s 来综合反映响应速度和阻尼程度。

上升时间 t_r：指输出值从零开始第一次上升到其终值所需时间（有振荡系统），或输出值从其终值的 10% 变到终值的 90% 所需的时间（无振荡系统）。

超调量 $\sigma\%$：指输出第一次达到终值后又超出终值而出现的最大偏差与终值的百分比。

调节时间 t_s：指从输入量开始起作用到输出值进入其终值的 ±2% 或 ±5% 误差内所需要的最短时间。

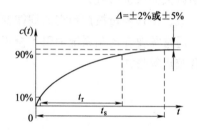

图 3-2 衰减的阶跃响应曲线-无振荡

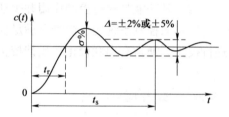

图 3-3 衰减的阶跃响应曲线-有振荡

稳态过程是指系统在典型信号作用下，当时间 t 趋于 ∞ 时，系统输出量的表现形式。稳态过程又称稳态响应，表征系统输出值最终复现输入量的程度。当时间 t 趋于 ∞ 时，系统的输出量不等于输入量或输入量的确定函数，则系统存在稳态误差。稳态误差是系统控制精度或抗扰动能力的一种度量。

3.4 PID 控制

3.4.1 PID 控制分类

1. 模拟 PID 控制

常规的模拟 PID 控制系统原理框图如图 3-4 所示，该系统由模拟 PID 控制器和广义被控对象、反馈元件组成。所谓 PID（Proportion Integration Differentiation）控制是指比例（P）、积分（I）、微分（D）控制，是以系统的偏差 $e(t)$ 为输入量，通过对其进行比例运算、积分运算、微分运算，综合计算出控制量 $u(t)$。系统偏差与控制量之间的关系可以表示为

$$u(t) = K_p\left[e(t) + \frac{1}{T_i}\int_0^t e(t)\,\mathrm{d}t + T_d\frac{\mathrm{d}e(t)}{\mathrm{d}t}\right] \tag{3-1}$$

式中，K_p 为比例系数；T_i 为积分时间常数；T_d 为微分时间常数。

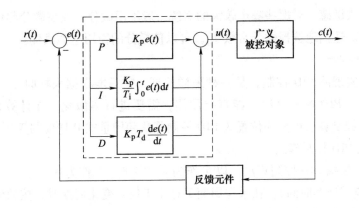

图 3-4　模拟 PID 控制系统原理框图

对应的模拟 PID 控制器的传递函数为

$$G(s) = \frac{U(s)}{E(s)} = K_p\left(1 + \frac{1}{T_i s} + T_d s\right) \tag{3-2}$$

从式（3-1）、式（3-2）可见，PID 控制器的输出由比例、积分、微分三部分组成，这三部分的作用分别是：

（1）比例（P）部分：$K_p e(t)$

比例控制是一种最简单的控制方式，偏差一旦产生，控制器立即产生控制作用，使被控量朝着减小偏差的方向变化，K_p 越大，偏差减小得越快，且增大 K_p 值，可以提高系统的开环增益，减小系统稳态误差，从而提高系统的控制精度，但会降低系统的相对稳定性，甚至可能造成闭环系统不稳定，使系统动、静态特性变差。比例控制是一种有差控制，无法消除系统稳态误差。

（2）积分（I）部分：$\dfrac{K_p}{T_i}\displaystyle\int_0^t e(t)\,dt$

从积分部分的数学表达式可以看出，只要存在偏差，它的控制作用就会不断积累。当输入 $e(t)$ 消失后，输出信号的积分部分 $\dfrac{K_p}{T_i}\displaystyle\int_0^t e(t)\,dt$ 仍有可能是一个不为零的常数。积分部分的作用是消除系统的偏差。但积分作用需要一个累积的过程，所以它的动态响应相对比较慢，积分时间常数 T_i 越小，积分作用越强，消除静差的时间会越短，但过小的积分时间常数会引起系统振荡，甚至不稳定。因此，在控制系统的设计中，通常不宜采用单一的积分控制器。通常将积分控制和比例控制结合起来，既利用比例控制的快速性，又发挥积分控制消除稳态误差的作用，形成 PI 控制。

（3）微分（D）部分：$K_p T_d \dfrac{de(t)}{dt}$

微分环节是根据偏差的变化趋势（变化速度）进行控制的，具有超前控制作用。偏差变化得越快，微分控制器的输出就越大，并能在偏差值变大之前进行修正。微分作用的引入，将有助于减小超调量，克服振荡，加快响应速度，从而改善动态性能。但微分的作用对输入信号的噪声很敏感，对那些噪声较大的系统一般不用微分，或在微分起作用之前先对输入信号进行滤波。适当地选择微分常数 T_d，可以使微分的作用达到最优。

2. 数字 PID 控制

在计算机中实现的 PID 控制，是一种采样控制，它只能根据采样时刻的偏差值计算控制量。因此，连续 PID 控制算法不能直接使用，需要进行离散化。在计算机 PID 控制中，使用的数字 PID 控制算法可分为位置式 PID 控制算法和增量式 PID 控制算法。

（1）位置式 PID 控制算法

按式（3-1）模拟 PID 控制算法，以 T 作为采样周期，k 作为采样序号，则一系列的采样时刻点 kT 对应着连续时间 t，在采样周期 T 远小于信号变化周期时，按数值逼近可作如下近似：用数值积分近似代替积分，用一阶后向差分近似代替微分，即可作如下近似变换

$$\begin{cases} u(t) \approx u(k) \\ e(t) \approx e(k) \\ \int_0^t e(t)\,\mathrm{d}t \approx \sum_{j=0}^{k} e(jT)\Delta t = T\sum_{j=0}^{k} e(j) \\ \dfrac{\mathrm{d}e(t)}{\mathrm{d}t} \approx \dfrac{e(k)-e(k-1)}{\Delta t} = \dfrac{e(k)-e(k-1)}{T} \end{cases} \tag{3-3}$$

式（3-3）中，为了表示方便，将类似于 $u(kT)$、$e(kT)$ 的表达形式简化为 $u(k)$、$e(k)$ 等。

将式（3-3）变换代入式（3-1），得到离散 PID 表达式为

$$u(k) = K_\mathrm{p}\left[e(k) + \frac{T}{T_\mathrm{i}}\sum_{j=0}^{k} e(j) + \frac{T_\mathrm{d}}{T}(e(k)-e(k-1))\right] \tag{3-4}$$

或

$$u(k) = K_\mathrm{p}e(k) + K_\mathrm{i}\sum_{j=0}^{k} e(j) + K_\mathrm{d}\left[e(k)-e(k-1)\right] \tag{3-5}$$

式中，k 为采样序号；$u(k)$ 为第 k 次采样时刻计算机输出值；$e(k)$ 为第 k 次采样时刻输入的偏差值；$e(k-1)$ 为第 $k-1$ 次采样时刻输入的偏差值；K_p 为比例系数；K_i 为积分系数，$K_\mathrm{i} = \dfrac{K_\mathrm{p}T}{T_\mathrm{i}}$；$K_\mathrm{d}$ 为微分系数，$K_\mathrm{d} = \dfrac{K_\mathrm{p}T_\mathrm{d}}{T}$。

如果采样周期取的足够小，离散控制过程与连续控制过程将十分接近。式（3-4）和式（3-5）表示的控制算法是直接按式（3-1）所给出的 PID 控制规律的定义进行计算的，给出了全部控制量的大小，每次的输出值都与执行机构的位置（比如控制阀门的开度）一一对应，因此被称为全量式或位置式 PID 控制算法。

这种算法的缺点：由于全量输出，所以每次输出均与过去状态有关，计算时要对 $e(k)$ 进行累加，工作量大；并且，因为计算机输出的 $u(k)$ 对应的是执行机构的实际位置，如果计算机出现故障，输出的 $u(k)$ 将大幅度变化，会引起执行机构的大幅度变化，有可能因此造成严重的生产事故，这在生产实际中是不允许的。增量式 PID 控制算法可以避免这种现象发生。

（2）增量式 PID 控制算法

所谓增量式 PID 是指数字控制器的输出只是控制量的增量 $\Delta u(k)$。当执行机构需要的控制量是增量（如步进电动机的驱动），而不是位置量的绝对数值时，可以使用增量式 PID 控制算法进行控制。

增量式 PID 控制算法可以通过式（3-4）推导出。由式（3-4）可得控制器在第 $k-1$ 个采样时刻的输出值为

$$u(k-1) = K_{\mathrm{p}}\left[e(k-1) + \frac{T}{T_{\mathrm{i}}}\sum_{j=0}^{k-1}e(j) + \frac{T_{\mathrm{d}}}{T}(e(k-1)-e(k-2))\right] \tag{3-6}$$

将式（3-4）与式（3-6）相减，并整理，就可以得到增量式 PID 控制算法公式为

$$\Delta u(k) = u(k) - u(k-1)$$

$$= K_{\mathrm{p}}\left[e(k) - e(k-1) + \frac{T}{T_{\mathrm{i}}}e(k) + \frac{T_{\mathrm{d}}}{T}(e(k)-2e(k-1)+e(k-2))\right]$$

$$= K_{\mathrm{p}}(e(k)-e(k-1)) + K_{i}e(k) + K_{d}\left[e(k)-2e(k-1)+e(k-2)\right] \tag{3-7}$$

由式（3-7）可见，如果计算机控制系统采用恒定的采样周期 T，一旦确定了 K_{p}、T_{i}、T_{d}，只要使用前后 3 次偏差，就可以求出控制增量。

增量式 PID 控制算法与位置式 PID 控制算法相比，只输出增量，计算量小得多，而且不会产生积分失控，因此在实际中得到广泛的应用。

位置式 PID 控制算法也可通过增量式控制算法推出递推计算公式

$$u(k) = u(k-1) + \Delta u(k) \tag{3-8}$$

增量式 PID 算法与位置式 PID 算法相比，有下列优点：

1）增量式算法不需要做累加，控制量增量的确定仅与最近几次误差采样值有关，计算误差或计算精度对控制量的计算影响较小；而位置式 PID 算法要用到过去所有误差的累加值，容易产生大的累加误差。

2）增量式算法得出的是控制量的增量，例如阀门控制中，只输出阀门开度的变化部分，误动作影响小，必要时通过逻辑判断限制或禁止本次输出，不会严重影响系统的工作；而位置式算法的输出是控制量的全量输出，误动作影响大。

3）采用增量式算法，易于实现手动到自动的无冲击切换。但增量式 PID 也有其不足之处，如积分截断效应大，有静态误差，溢出的影响大等。

3.4.2　PID 控制器参数整定方法

通常，对于具有自平衡性的被控对象，控制器应采用含有积分环节的控制器，如 PI、PID；对于无自平衡性的被控对象，则应采用不包含积分环节的控制器，如 P、PD；对具有滞后性质的被控对象，往往应加入微分环节。此外，还可以根据被控对象的特性和控制性能指标的要求，采用一些改进的 PID 算法。

确定好 PID 控制器的结构以后，就要进行 PID 参数整定，即通过一定的方法和步骤，确定使系统处于最佳过渡过程时的 K_{p}、T_{i}、T_{d} 值。

控制器参数整定方法可简单归结为理论计算法和工程整定法两大类。理论计算法要求知

道被控对象准确的数学模型，对于大多数生产过程，难以获得被控对象精确的数学模型，因而理论计算法在工程上较少采用。工程整定法一般不需要被控对象的数学模型，可直接在现场进行参数整定，方法简单、操作方便、容易掌握，在工程实际中得到广泛应用。常用的工程整定法有稳定边界法、衰减曲线法、响应曲线法、经验凑试法等。

1. 稳定边界法

稳定边界法又称临界比例度法，是目前应用较广的一种控制器参数整定方法。

这种方法需要做稳定边界实验。实验时，选用纯比例控制，令给定输入值 $r(t)$ 为阶跃信号，从较小的 K_p 开始，逐渐加大 K_p，直到被控量（输出量）$c(t)$ 出现临界振荡（等幅振荡）为止，如图 3-5 所示。记下临界振荡周期 T_u 和临界比例带 δ_u（临界 K_p 的倒数），然后按表 3-1 推荐的经验公式计算 K_p、T_i、T_d。

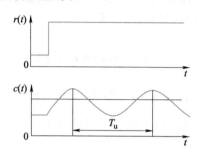

图 3-5 稳定边界法示意图

表 3-1 稳定边界法整定 PID 参数

整定参数 调节规律	$1/K_p$	T_i	T_d
P	$2\delta_u$	—	—
PI	$2.2\delta_u$	$0.85T_u$	—
PID	$1.6\delta_u$	$0.50T_u$	$0.13T_u$

需要指出的是，采用这种方法整定控制器的参数时会受到一定的限制，如有些控制系统不允许进行反复振荡实验，像锅炉给水系统和燃烧控制系统等，就不能应用此法。再如某些时间常数较大的单容过程，采用比例调节时根本不可能出现等幅振荡，也就不能应用此法。

2. 衰减曲线法

衰减曲线法不需要系统达到临界等幅振荡状态，步骤与稳定边界法相似。选用纯比例控制，在给定输入值 $r(t)$ 为阶跃信号时，从较小 K_p 开始，逐渐加大 K_p，直到被控量（输出量）$c(t)$ 出现如图 3-6 所示的 4∶1（或 10∶1）衰减过程为止。记下此时的比例带 δ_u 和两相邻波峰之间的时间 T_u（10∶1 衰减记录上升时间 T_r），然后按表 3-2 经验公式计算 K_p、T_i、T_d。

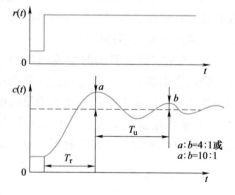

图 3-6 衰减曲线法示意图

表 3-2 衰减曲线法整定 PID 参数

衰减率	整定参数 调节规律	$1/K_p$	T_i	T_d
4∶1	P	δ_u	—	—
	PI	$1.2\delta_u$	$0.5T_u$	—
	PID	$0.8\delta_u$	$0.3T_u$	$0.1T_u$

（续）

衰减率	整定参数 调节规律	$1/K_p$	T_i	T_d
10 : 1	P	δ_u	—	—
	PI	$1.2\delta_u$	$2T_r$	—
	PID	$0.8\delta_u$	$1.2T_r$	$0.4T_r$

衰减曲线对多数过程都适用，该方法的缺点是较难确定 4 : 1（或 10 : 1）的衰减程度。

3. 响应曲线法

响应曲线法也称基于动态特性参数的参数整定，是一种开环整定方法（前述两种方法是在闭环系统中进行参数整定），它利用系统广义对象的阶跃响应特性曲线进行控制器参数整定。响应曲线法原理框图如图 3-7 所示，在系统处于开环情况下，获取广义被控对象的阶跃响应曲线，如图 3-8 所示。由该曲线的拐点处切线求得对象的纯迟延时间 τ，时间常数 T_c 和放大系数 K。然后再按表 3-3 经验公式计算 K_p、T_i、T_d。针对计算机控制是采样控制的特点，表 3-3 中的 τ 要用等效纯迟延时间 τ_e 来代替，即

$$\tau_e = \tau + \frac{T}{2}$$

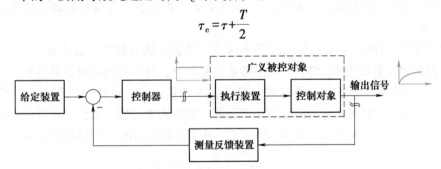

图 3-7　响应曲线法原理框图

4. 经验凑试法

凑试法是通过模拟或在线闭环运行（稳定时），反复凑试参数，观察系统的响应曲线直至达到满意为止。一般而言，增大比例系数 K_p 将加快系统的响应，有利于减小静差。但 K_p 过大，会使系统有较大的超调，并产生振荡，使稳定性变坏。增大积分时间 T_i 将减小超调，减小振荡，使系统更加稳定，但将减慢系统静差的消除。增大微分时间 T_d 将加快系统响应，使超调量减小，稳定性增加，但减弱系统抑制扰动的能力。

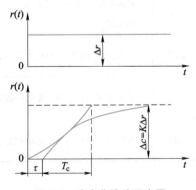

图 3-8　响应曲线法示意图

在凑试时，应参考以上趋势，进行先比例、后积分、再微分的整定步骤。

1）首先只加入比例部分。将比例系数 K_p 由小变大，并观察相应的系统响应，直至性能指标满足要求为止。

2）若静差不能满足要求，需要加入积分环节。首先取较大的 T_i 值，略降低 K_p（如为原

表 3-3 响应曲线法整定 PID 参数

控制规律	$\dfrac{\tau}{T_c}\leqslant 0.2$			$0.2\leqslant\dfrac{\tau}{T_c}\leqslant 1.5$		
	$1/K_p$	T_i	T_d	$1/K_p$	T_i	T_d
P	$K\dfrac{\tau}{T_c}$	—	—	$2.6K\dfrac{\frac{\tau}{T_c}-0.08}{\frac{\tau}{T_c}+0.7}$	—	—
PI	$1.1K\dfrac{\tau}{T_c}$	3.3τ	—	$2.6K\dfrac{\frac{\tau}{T_c}-0.08}{\frac{\tau}{T_c}+0.6}$	$0.8T_c$	—
PID	$0.85K\dfrac{\tau}{T_c}$	2τ	0.5τ	$2.6K\dfrac{\frac{\tau}{T_c}-0.15}{\frac{\tau}{T_c}+0.88}$	$0.81T_c+0.19\tau$	$0.25T_i$

值的 0.8 倍）。然后反复调整 T_i 和 K_p，逐步减小 T_i，直至系统有良好的动态性能，且静差得到消除为止。

3）若经反复调整，系统动态过程仍不满意，可加入微分环节。首先置 T_d 为零，逐步增大 T_d，同时也反复改变 K_p 和 T_i，三个参数反复调整，最后得到一组满意参数。

实际中，PID 整定的参数并不是唯一的。因为比例、积分、微分三部分产生的控制作用，相互可以调节，即某部分的减小可由其他部分的增大来补偿。因此，不同的一组参数完全有可能得到同样的控制效果。表 3-4 给出了一些常见被控量的 PID 参数推荐值。

表 3-4 PID 参数整定的经验取值范围

被控量	特　　点	K_p	T_i/min	T_d/min
流量	对象时间常数小，并有噪声，故 K_p 较小，T_i 较短，不用微分	1~2.5	0.1~1	—
温度	对象为多容系统，有较大滞后，常用微分	1.6~5	3~10	0.5~3
压力	对象为大容量系统，滞后一般不大，不用微分	1.4~3.5	0.4~3	—
液位	在允许有静差时，不必用积分，不用微分	1.25~5	—	—

3.4.3　采样周期的选取

根据采样定理，采样周期 $T\leqslant\pi/\omega_{max}$。由于被控对象的物理过程及参数的变化比较复杂，使模拟信号的最高角频率 ω_{max} 很难确定。且采样定理仅从理论上给出了采样周期的上限，实际采样周期的选择要受到多方面因素的制约。

从系统控制品质来看，希望采样周期 T 小些。这样接近于连续控制，不仅控制效果好，而且可采用模拟 PID 控制参数的整定方法进行参数整定。

从执行机构的特性来看，因控制中通常采用电动调节阀或气动调节阀，它们的响应速度较低，所以采样周期也不能过短。若 T 过小，则执行机构来不及响应，达不到控制目的。

从控制系统抗干扰和快速响应出发，要求 T 小些。

从计算工作量来看，希望 T 大些，这样可以控制更多的回路，保证每个回路有足够的时间来完成必需的运算。

从计算机的成本考虑，也希望 T 大些，这样计算机的运算速度和采集数据的速度也可降低，从而降低硬件成本。

采样周期的选取还应考虑被控对象的时间常数 T_p 和纯迟延时间 τ，当 $\tau = 0$ 或 $\tau < 0.5T_p$ 时，可选 T 介于 $0.1T_p$ 至 $0.2T_p$ 之间；当 $\tau \geqslant 0.5T_p$ 时，可选 $T \approx \tau$。

必须注意，采样周期的选取应与 PID 参数的整定综合考虑。归结起来，选取采样周期时，一般应考虑下列因素：

1）采样周期应远小于对象的扰动信号周期。

2）采样周期应比对象的时间常数小得多，否则采样信号无法反映瞬变过程。

3）考虑执行器的响应速度，如果执行器的响应速度比较慢，则过短的采样周期将失去意义。

4）对象所要求的调节品质。在计算机运算速度允许的情况下，采样周期短，调节品质好。

5）性价比。从控制性能来考虑，希望采样周期短，但计算机运算速度、A/D 和 D/A 的转换速度要相应地提高，导致硬件费用增加。

6）计算机所承担的工作量。若控制回路数多，计算量大，则采样周期要加长。

由上述可知，采样周期受诸多因素影响，有些起主要作用，有些是相互矛盾的，必须视具体情况作出折中的选择。具体选择时，可先参照表 3-5 所列的经验数据，通过现场试验，最后确定合适的采样周期。表 3-5 所列数据为采样周期的上限，随着计算机技术的进步及成本的下降，一般可选取较短的采样周期，使数字控制系统近似连续控制系统。

表 3-5　经验采样周期

被控量	采样周期/s
流量	1~2
压力	3~5
液位	6~8
温度	10~15
成分	15~20

3.5　复杂控制

机电一体化控制系统，除了单回路的 PID 控制外，还经常遇到复杂规律的控制系统，复杂控制系统的理论基础仍是经典控制理论，但在系统功能和组成结构上各有特点。

3.5.1 串级控制

原料气加热炉出口温度控制系统的原理图如图 3-9 所示。原料气加热炉是炼油厂常用设备，其工作要求是原料气通入炉内，经燃料油加热后，其出气口的温度 C 满足要求。当出气口温度 C 不满足要求时，调整燃料油的流量来实现温度的调节。

对实际系统分析可知，原料气加热炉出气口温度控制的扰动主要有：进入加热炉时燃料油的压力以及原料气入口的流量。

燃料油的压力的波动，会致使燃料油的流量变化，从而影响 C。为了获得稳定的压力，可采用图 3-10 所示的燃料油压力控制方案。但是，就整个系统而言，只靠图 3-9 或图 3-10 的单回路控制，效果都不够好，综合两者，构成图 3-11 所示串级控制系统，便能使控制质量得到显著的提高。

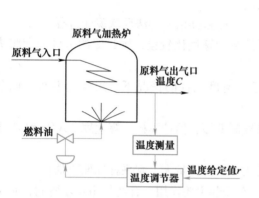

图 3-9　原料气加热炉出口温度控制系统

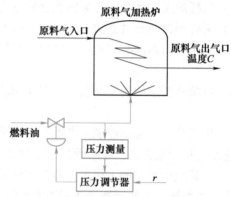

图 3-10　燃料油压力控制系统

为了便于分析，画出原料气加热炉出气口温度串级控制的方框图，如图 3-12 所示。从图 3-12 可以看出，温度调节器和压力调节器是串联工作的，因此称为串级控制。串级控制系统分为主控回路和副控回路，与之对应的温度调节器和压力调节器分别称为主控调节器和副控调节器；温度对象和压力对象分别称为主控对象和副控对象。

串级控制使用很广泛。概括说，串级控制可用于抑制系统的扰动；克服对象的纯滞后；减小对象的非线性影响。设计时，将主要扰动包含在副控回路中，利用副控回路动作速度快、抑制扰动能力强的特点。

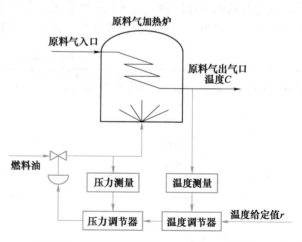

图 3-11　原料气加热炉出口温度串级控制系统

由于副控回路能在干扰出现时，迅速地采取控制措施，从而使系统的过渡过程比较短，

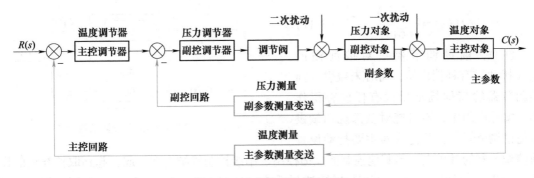

图 3-12　串级控制系统方框图

超调量也比较小。当系统对象的纯滞后比较大时，若用单回路控制，则过渡过程时间长，超调量大，控制质量差。这时，可以选用纯滞后较小的副控对象组成串级控制。通常，控制对象都具有一定的非线性。按单回路控制，若没有改变 PID 参数的相应措施，则系统的性能很难满足要求。采用串级控制，把非线性对象包含在副控回路中。由于副控回路是随动系统，能够适应操作条件和负荷条件的变化，自动改变给定值，使系统具有良好的控制性能。

3.5.2　前馈控制

　　存在扰动的系统，如果扰动可测量，则可以将其测量后，通过前馈控制器，根据扰动量的大小直接调整控制量，以抵消扰动对被控量的影响，这种方式称前馈控制。

　　仍以图 3-9 所示系统为例。若入口的原料气流量有扰动时，由于系统的纯滞后，采用串级控制，对稳定出口原料气的温度效果不大。为提高控制质量，可加入前馈控制，如图 3-13 所示。系统对入口原料气流量进行测量，由前馈调节器按一定调节规律控制调节阀，使燃料油的流量改变，从而保证了出口原料气温度的平稳。

　　对于有前馈控制的系统，一旦出现扰动，因系统本身存在惯性和纯滞后，当扰动作用还来不及使被控量发生变化时，前馈控制就能及时进行控制，若控制作用恰到好处，可以使被控量不会因扰动作用而产生偏差。

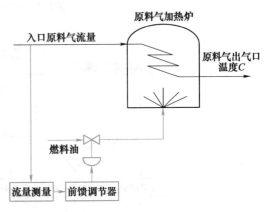

图 3-13　前馈控制系统

　　为了分析方便，将前馈控制系统的扰动通道分解，如图 3-14 所示。图中一条是扰动通道，扰动作用 $N(s)$ 通过对象的扰动通道 $G_n(s)$，引起出口原料气温度变化 $C_1(s)$；另一条是控制通道，$N(s)$ 通过前馈调节器 $D_f(s)$ 和对象 $G(s)$，使出口原料气温度变化为 $C_2(s)$。

　　显然，在扰动 $N(s)$ 作用下，只要合理设计 $D_f(s)$，使得 $C_1(s)+C_2(s)=0$，则前馈控制就完全消除了扰动 $N(s)$ 对出口温度的影响。因此有

$$C_1(s) + C_2(s) = 0 \tag{3-9}$$

$$G_n(s)N(s) + D_f(s)G(s)N(s) = 0 \tag{3-10}$$

$$D_f(s) = -\frac{G_n(s)}{G(s)} \qquad (3\text{-}11)$$

注意，前馈调节器只对被前馈的量（扰动）有补偿作用，而对未被引入前馈调节器的其他扰动量没有任何补偿作用。实际应用中，不可能对全部扰动量设置前馈调节器，而只是在对主要扰动设置

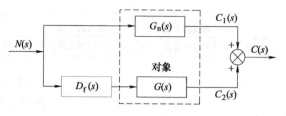

图 3-14　前馈控制扰动传输通道结构

前馈调节器的基础上，与其他控制如反馈控制、串级控制等结合在一起，起到取长补短的作用。图 3-15 是原料气加热炉前馈-反馈控制系统原理图，图 3-16 是原料气加热炉前馈-串级控制系统原理图。

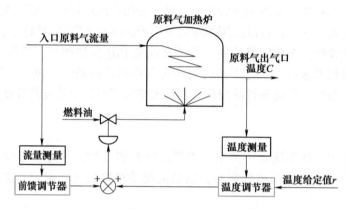

图 3-15　原料气加热炉前馈-反馈控制系统

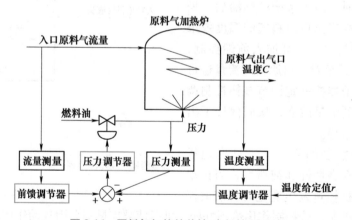

图 3-16　原料气加热炉前馈-串级控制系统

3.5.3　纯滞后补偿控制

在工程应用中，采用纯滞后补偿控制解决较大纯滞后对象的控制问题，使用很广泛。

在图 3-17 所示系统中，对象 $G(s) = G'(s) \cdot e^{-\tau s}$ 中，$e^{-\tau s}$ 为纯滞后环节，$G'(s)$ 不包含纯滞后特性。系统闭环传递函数为

$$\Phi(s) = \frac{C(s)}{R(s)} = \frac{D(s)G'(s)\mathrm{e}^{-\tau s}}{1 + D(s)G'(s)\mathrm{e}^{-\tau s}} \tag{3-12}$$

从系统的特征方程 $1+D(s)G'(s)\mathrm{e}^{-\tau s}=0$ 可以看出，由于 $\mathrm{e}^{-\tau s}$ 存在，使系统的稳定性下降，当 τ 过大时，系统将不稳定。这时，采用常规的 PID 调节器 $D(s)$ 很难达到满意控制效果。

采用纯滞后补偿控制的常用方法是加入补偿器 $D_{\tau}(s)$，如图 3-18 所示，使得等效对象的传递函数不包含纯滞后特性。图 3-18 中令

$$\frac{C'(s)}{U(s)} = G'(s)\mathrm{e}^{-\tau s} + D_{\tau}(s) = G'(s) \tag{3-13}$$

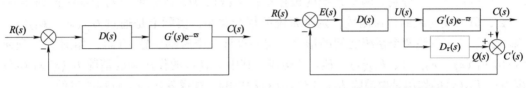

图 3-17　纯滞后对象的控制系统　　　　图 3-18　纯滞后补偿控制系统

于是有

$$D_{\tau}(s) = G'(s) \cdot (1 - \mathrm{e}^{-\tau s}) \tag{3-14}$$

实际应用中，采用如图 3-19 的等效形式。

图 3-19 中虚线部分称为带纯滞后补偿控制的调节器 $D_g(s)$。由图 3-19 可得

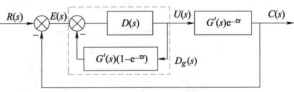

图 3-19　图 3-18 的等效图

$$D_g(s) = \frac{U(s)}{E(s)} = \frac{D(s)}{1 + D(s)G'(s)(1 - \mathrm{e}^{-\tau s})} \tag{3-15}$$

系统闭环传递函数为

$$\Phi(s) = \frac{C(s)}{R(s)} = \frac{D_g(s)G'(s)\mathrm{e}^{-\tau s}}{1 + D_g(s)G'(s)\mathrm{e}^{-\tau s}} = \frac{D(s)G'(s)\mathrm{e}^{-\tau s}}{1 + D(s)G'(s)} \tag{3-16}$$

可见，系统特征方程 $1+D(s)G'(s)=0$ 中不再出现纯滞后环节 $\mathrm{e}^{-\tau s}$，因此被控对象的纯滞后特性不影响系统的稳定性。

3.5.4　多变量解耦控制

一个复杂的生产过程，往往有多个控制回路。当各控制回路之间发生相互耦合或相互影响时，便构成了多输入-多输出耦合系统。如图 3-20 所示的发电厂的锅炉系统，锅炉液位控制系统的被控量是液位，输入控制量是给水量；锅炉蒸汽压力控制系统的被控量是蒸汽压力，输入控制量是燃料量。这两个系统之间存在着耦合关系，其耦合关系如图 3-21 所示。

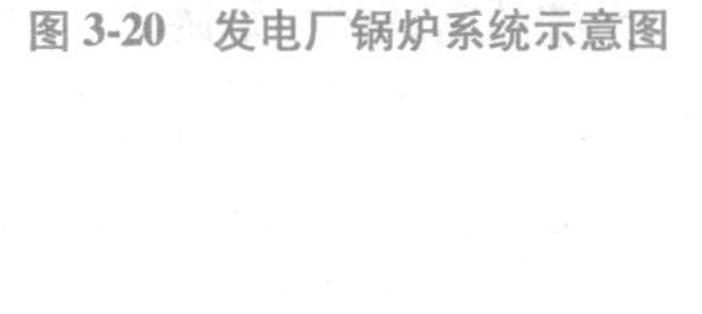

图 3-21 中，$R_1(s)$、$R_2(s)$ 分别为两个系统的给定输

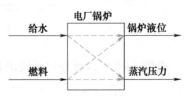

图 3-20　发电厂锅炉系统示意图

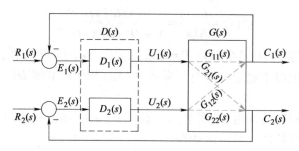

图 3-21 锅炉控制系统的耦合关系图

入值；$C_1(s)$、$C_2(s)$分别为两个系统的被控量；$D_1(s)$、$D_2(s)$分别为两个系统控制器的传递函数；$G(s)$是对象的传递函数，两个系统的耦合关系，实际上是通过$G_{21}(s)$、$G_{12}(s)$相互影响的。为了解除两个系统之间的耦合，需要设计一个解耦装置$F(s)$，如图 3-22 所示。$F(s)$由$F_{11}(s)$、$F_{21}(s)$、$F_{12}(s)$、$F_{22}(s)$构成。其中$F_{21}(s)$的作用是要消除$U_1(s)$对$C_2(s)$的影响；$F_{12}(s)$的作用是要消除$U_2(s)$对$C_1(s)$的影响，这样就达到了解耦的目的。

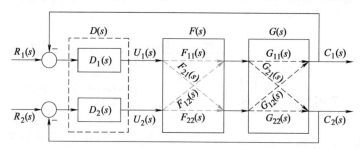

图 3-22 解耦控制原理图

经过解耦以后的系统便分成两个完全独立的自治系统，如图 3-23 所示。为表达简便，多变量解耦控制可表示为图 3-24。

图 3-24 中，$\boldsymbol{R}(s)$是输入向量；$\boldsymbol{C}(s)$是输出向量；$\boldsymbol{E}(s)=\boldsymbol{R}(s)-\boldsymbol{C}(s)$为偏差向量；$\boldsymbol{D}(s)$为控制矩阵；$\boldsymbol{F}(s)$为解耦矩阵；$\boldsymbol{G}(s)$为被控对象的传递矩阵。

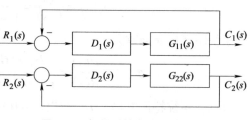

图 3-23 解耦后的自治系统框图

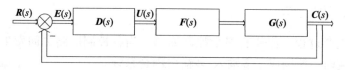

图 3-24 多变量解耦控制系统框图

由图 3-24 可以推导出系统的开环传递矩阵为

$$\boldsymbol{G}_{\mathrm{H}}(s)=\boldsymbol{G}(s)\boldsymbol{D}(s)\boldsymbol{F}(s) \tag{3-17}$$

系统的闭环传递矩阵为

$$\boldsymbol{\Phi}(s) = \frac{G_{\mathrm{H}}(s)}{\boldsymbol{I} + G_{\mathrm{H}}(s)} \tag{3-18}$$

同时有

$$G_{\mathrm{H}}(s) = \frac{\boldsymbol{\Phi}(s)}{\boldsymbol{I} - \boldsymbol{\Phi}(s)} \tag{3-19}$$

式 (3-19) 中，$\boldsymbol{I}$ 为单位矩阵。

实现解耦控制，要求多输入-多输出系统的各个控制回路相互独立，因此系统的闭环传递矩阵必须是对角线矩阵，即

$$\boldsymbol{\Phi}(s) = \begin{bmatrix} \Phi_{11}(s) & 0 & \cdots & 0 \\ 0 & \Phi_{22}(s) & \cdots & 0 \\ \vdots & \vdots & \cdots & \vdots \\ 0 & 0 & \cdots & \Phi_{nn}(s) \end{bmatrix} \tag{3-20}$$

$\boldsymbol{\Phi}(s)$ 是对角线矩阵，则 $[\boldsymbol{I} - \boldsymbol{\Phi}(s)]^{-1}$ 必为对角线矩阵。因此 $G_{\mathrm{H}}(s)$ 也必为对角线矩阵。又 $G_{\mathrm{H}}(s) = G(s)D(s)F(s)$，通常，由于各处控制回路的控制器是相互独立的，$D(s)$ 必为对角线矩阵。所以，只要 $G(s)F(s)$ 为对角线矩阵，便可满足各个控制回路相互独立的要求。

因此，多变量解耦控制的设计要求归结为：根据被控对象的传递矩阵 $G(s)$，设计一个解耦装置 $F(s)$，使得 $G(s)F(s)$ 为对角线矩阵。

工程实际中，使用较多的是对角线矩阵综合法。如图 3-22 所示系统，经过解耦以后，应满足

$$\begin{bmatrix} G_{11}(s) & G_{12}(s) \\ G_{21}(s) & G_{22}(s) \end{bmatrix} \begin{bmatrix} F_{11}(s) & F_{12}(s) \\ F_{21}(s) & F_{22}(s) \end{bmatrix} = \begin{bmatrix} G_{11}(s) & 0 \\ 0 & G_{22}(s) \end{bmatrix} \tag{3-21}$$

因为

$$\begin{bmatrix} G_{11}(s) & G_{12}(s) \\ G_{21}(s) & G_{22}(s) \end{bmatrix} \neq 0 \tag{3-22}$$

所以有

$$\begin{aligned} F(s) &= \begin{bmatrix} F_{11}(s) & F_{12}(s) \\ F_{21}(s) & F_{22}(s) \end{bmatrix} = \begin{bmatrix} G_{11}(s) & G_{12}(s) \\ G_{21}(s) & G_{22}(s) \end{bmatrix}^{-1} \begin{bmatrix} G_{11}(s) & 0 \\ 0 & G_{22}(s) \end{bmatrix} \\ &= \begin{bmatrix} \dfrac{G_{11}(s)G_{22}(s)}{G_{11}(s)G_{22}(s) - G_{21}(s)G_{12}(s)} & \dfrac{-G_{12}(s)G_{22}(s)}{G_{11}(s)G_{22}(s) - G_{21}(s)G_{12}(s)} \\ \dfrac{-G_{11}(s)G_{21}(s)}{G_{11}(s)G_{22}(s) - G_{21}(s)G_{12}(s)} & \dfrac{G_{11}(s)G_{22}(s)}{G_{11}(s)G_{22}(s) - G_{21}(s)G_{12}(s)} \end{bmatrix} \end{aligned} \tag{3-23}$$

于是这个耦合系统最终的输入输出关系就变为

$$\begin{bmatrix} C_1(s) \\ C_2(s) \end{bmatrix} = \begin{bmatrix} G_{11}(s) & 0 \\ 0 & G_{22}(s) \end{bmatrix} \begin{bmatrix} U_1(s) \\ U_2(s) \end{bmatrix} \tag{3-24}$$

从式 (3-24) 可以看出，经过解耦控制以后的系统，控制变量 $U_1(s)$ 对 $C_2(s)$ 没有影响；$U_2(s)$ 对 $C_1(s)$ 没有影响。即经过对角线矩阵解耦以后，两个控制回路相互独立，如图 3-23 所示。

3.6 先进控制

先进控制通常用于实现复杂被控对象的自动控制，如大滞后、非线性、时变性、被控参数与控制变量存在约束条件等生产过程，先进控制的实现需要足够的计算能力作为支持平台。由于先进控制的算法复杂、计算量大，所以早期的先进控制算法通常在上位机上实施。随着 DCS（Distributed Control System，分散控制系统）功能的不断增强，更多的先进控制策略可以与基本控制回路一起在现场控制器上实现，使先进控制实时性、可靠性、可操作性和可维护性大为增强。

下面简单介绍近年来出现的典型先进控制，这些控制方法在复杂控制中得到了成功的应用，并受到工程界的欢迎和好评。

3.6.1 自适应控制

前面讨论的控制系统设计和控制器参数整定，都是在假定被控对象特性为线性、模型参数固定不变的条件下进行的，但在实际生产中，被控对象的数学模型参数会随着生产过程的进行发生变化（如原材料成分的改变、设备老化、结垢、磨损等）。若能采用一种控制系统，它可以随被控对象特性或工艺参数的变化，按某种性能指标自动选择控制规律、调整控制器参数，保证系统的控制品质不随被控对象特性的变化而下降。这种能根据被控对象特性变化情况，自动改变控制器的控制规律和参数，使生产过程始终在最佳状况下进行的控制系统称为自适应控制（Adaptive Control）。自适应控制系统应具有以下基本功能：

1）能在线辨识被控对象特性变化，更新被控对象的数学模型，或确定控制系统当前的实际性能指标；

2）能根据生产条件变化和辨识结果，选择合适的控制策略或控制规律，并能自动修正控制器参数，保证系统的控制品质，使生产过程始终在最佳状况下进行。

根据设计原理和系统结构的不同，自适应控制系统可分为两种基本类型，即自校正控制系统和模型参考自适应控制系统。

1. 自校正控制系统

自校正控制系统的原理框图如图3-25 所示。它是在简单控制系统的基础上，增加一个外回路，外回路由参数辨识环节和控制器参数计算环节组成。被控对象的输入（控制）信号

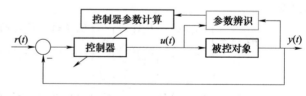

图 3-25　自校正控制系统原理框图

$u(t)$ 和输出信号 $y(t)$ 送入对象参数辨识环节，在线辨识出被控对象的数学模型，控制器参数计算环节根据辨识得到的数学模型设计控制律、计算和修改控制器参数，在对象特性发生变化时，控制系统性能仍保持或接近最优状态。现在流行的自整定（Self Tuning）控制器就是采用这种原理实现 PID 参数的在线自整定。

根据具体生产过程的特点，采用不同的辨识算法、控制规律（策略）以及参数计算方法，可设计出各种类型的自整定控制器和自校正控制系统。

2. 模型参考自适应控制系统

模型参考自适应控制系统的基本结构如图 3-26 所示，图中参考模型表示控制系统期望的性能要求，虚线框内表示控制系统。参考模型与控制系统并联运行，接受相同的设定输入信号 $r(t)$，二者输出信号的差值 $e(t) = y_m(t) - y(t)$，自适应机构根据

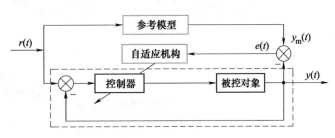

图 3-26　模型参考自适应控制系统框图

$e(t)$ 调整控制器的控制规律和参数，使实际控制系统性能接近或等于参考模型规定的性能。

这种系统不需要专门的在线辨识装置，调整控制系统控制规律和参数的依据是被控对象输出 $y(t)$ 相对于理想模型输出 $y_m(t)$ 的偏差 $e(t)$。通过调整控制规律和参数，使系统的实际输出 $y(t)$ 尽可能与参考模型输出 $y_m(t)$ 一致。参考模型与控制系统的模型可以用系统的传递函数、微分方程、输入-输出方程或系统状态方程来表示。模型参考自适应控制要研究的主要问题是怎样设计一个稳定的、具有较高性能的自适应机构（有效算法）。

模型参考自适应控制系统除了图 3-26 所示的并联结构之外，还有串联结构、串-并联结构等其他形式。按照自适应原理不同，模型参考自适应控制系统还可分为参数自适应、信号综合自适应或混合自适应等多种类型。

3.6.2　预测控制

被控对象数学模型的准确程度直接影响到生产过程和被控参数的控制质量。对于复杂的工作过程，要建立它的准确模型非常困难。人们一直希望能寻找到一种对模型精度要求不高，且能实现高质量控制的方法。1978 年 Richalet 提出的预测控制（Predictive Control）就是一种这样的控制方法，并很快在生产过程自动化中获得了成功的应用，取得了很好的控制效果。近年来，研究人员投入了大量人力和物力对预测控制进行深入研究，提出了多种预测控制算法，其中比较有代表性的有模型算法控制（Model Algorithmic Control，MAC）、动态矩阵控制（Dynamic Matrix Control，DMC）、广义预测控制（Generalized Predictive Control，GPC）和内部模型控制（Internal Model Control，IMC）等。

虽然这些控制算法的表达形式和控制方案各不相同，但都是采用工业生产过程中较易得到的脉冲响应或阶跃响应曲线为依据，并将它们在采样时刻的一系列数值作为描述对象动态特性的数据，构成预测模型，据此确定控制量的时间序列，使未来一段时间中被控参数与期望轨迹之间的误差最小，"优化"过程反复在线进行，这就是预测控制的基本思想。

1. 模型算法控制（MAC）

MAC 的原理框图如图 3-27 所示。模型算法控制的结构包括内部模型、反馈校正（闭环预测输出）、滚动优化（优化算法）、参考轨迹四个环节。具体的模型算法可分为单步模型算法控制、多步模型算法控制、增量型模型算法和单值模型算法等多种算法控制。下面以多步模型算法控制为例，说明各个环节的算法和整个系统的工作原理。

（1）内部模型

对于有自衡特性的对象，模型算法控制采用单位脉冲响应曲线这种非参数模型作为内部

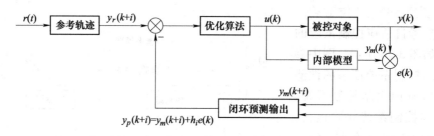

图 3-27　MAC 原理框图

模型，单位脉冲响应模型如图 3-28 所示，各个采样时刻的值以 $\hat{g}_i$ 表示，共取 N 个采样值（$\hat{g}_i \approx 0$，$i>N$）。

设当前时刻为 k，对于图 3-28 所示的内部模型，可以根据过去和未来的输入数据，由卷积方程计算出被控对象未来 $k+i$ 时刻输出的预测值为

$$y_m(k + i) = \sum_{j=1}^{N} \hat{g}_j u(k + i - j), \quad i = 1,2,\cdots,P$$

$$(3-25)$$

式（3-25）中，$y_m(k+i)$ 为 $k+i$ 时刻预测模型

输出；$\hat{g}_1$，$\hat{g}_2$，$\cdots$，$\hat{g}_{N-1}$ 和 $\hat{g}_N$ 为实测到的对象单位脉冲响应序列值；$u(k+i-1)$，$u(k+i-2)$，$\cdots$，$u(k+i-N)$ 为 $k+i$ 之前所有控制输入值，其中，当前时刻 k 及其之后的控制变量 $u(k)$，$\cdots$，$u(k+M-1)$ 待定；$k+M$ 及其以后的控制变量保持不变：$u(k+M) = \cdots = u(k+P-1) = u(k+M-1)$；$P$ 为多步输出预测序列（时域）长度，$M(P \geqslant M)$ 为待求控制变量的个数，称为控制序列（时域）长度。

$k+i-1$ 时刻预测模型输出为

$$y_m(k + i - 1) = \sum_{j=1}^{N} \hat{g}_j u(k + i - 1 - j) \qquad (3-26)$$

将式（3-25）与式（3-26）相减可得增量表达式为

$$y_m(k + i) = y_m(k + i - 1) + \sum_{j=1}^{N} \hat{g}_j \Delta u(k + i - j), \quad i = 1,2,\cdots,P \qquad (3-27)$$

式中，$\Delta u(k+i-j) = u(k+i-j) - u(k+i-j-1)$。

（2）反馈校正

从式（3-25）得到的预测值 $y_m(k+i)$ 完全由对象的内部特性决定，而与对象在 k 时刻的实际输出 $y(k)$ 无关。考虑到实际对象中存在着时变或非线性等因素，加上系统的各种随机干扰，模型预测值不可能与实际输出完全符合，因此需要对式（3-25）开环预测模型的输出进行修正。在预测控制中通常采用第 k 步的实际输出测量值 $y(k)$ 与预测输出值 $y_m(k)$ 之间的误差 $e(k) = y(k) - y_m(k)$ 对模型的预测输出 $y_m(k+i)$ 进行修正，就可得到闭环预测模型。这就是闭环预测模型的由来。修正后的预测值用 $y_p(k+i)$ 表示为

$$y_p(k + i) = y_m(k + i) + h_i [y(k) - y_m(k)] = y_m(k + i) + h_i e(k) \qquad (3-28)$$

式中，h_i 为误差修正系数，一般取 $h_i = 1$，$i = 1, 2, \cdots, P$。

由式（3-28）可知，由于每个预测时刻都引入了当前时刻实际对象输出和预测模型输出的偏差 $e(k) = y(k) - y_m(k)$ 对开环模型预测值 $y_m(k+i)$ 进行修正，这样可克服模型不精确和系统中存在的不确定性可能带来的误差。

用修正后的预测值 $y_p(k+i)$ 作为计算最优性能指标的依据，实际上是对测量值 $y(k)$ 的一种负反馈，故称反馈校正。如果对象特性发生了某种变化，使内部模型不能准确反映实际过程的变化，预测输出就不准确。由于存在反馈环节，经过反馈校正，控制系统的鲁棒性得到很大提高，这也是预测控制得到广泛应用的重要原因。

（3）参考轨迹

模型算法控制的目的是使输出 $y(k)$ 沿着一条事先规定好的曲线逐渐达到给定值 r，这条指定曲线称为参考轨迹 y_r。通常参考轨迹采用从现在时刻 k 对象实际输出值 $y(k)$ 出发的一阶指数曲线。y_r 在未来 $k+i$ 时刻的数值为

$$\begin{cases} y_r(k) = y(k) \\ y_r(k+i) = \alpha_r^i y(k) + (1 - \alpha_r^i) r \end{cases}, i = 1, 2, \cdots, P \qquad (3\text{-}29)$$

式中，r 为设定值；$\alpha_r = e^{-T/T_0}$ 为平滑因子，T 为采样周期，T_0 为参考轨迹的时间常数。

从式（3-29）可知，采用这种参考轨迹，将会减小过量的控制作用，使系统输出能平滑地到达设定值 r；参考轨迹的时间常数 T_0 越大，α_r 值也越大，y_r 越平滑，系统的柔性越好，鲁棒性也越强，但控制快速性会降低。在实际系统设计时，需兼顾快速性和鲁棒性两个指标。

（4）滚动优化

预测控制是一种最优控制策略，其目标函数 J_p 是使某项性能指标最小。最常用的是二次型目标函数：

$$J_p = \sum_{i=1}^{P} \eta_i \left[y_p(k+i) - y_r(k+i) \right]^2 + \sum_{j=1}^{M} \lambda_j \left[u(k+j-1) \right]^2 \qquad (3\text{-}30)$$

式中，η_i、λ_j 分别为输出预测误差和控制量的非负加权系数，η_i、λ_j 取值不同表示未来各时刻的误差及控制量在目标函数 J_p 中所占比重不同，对应的计算方法和解出的最优控制策略（也就是控制序列 $u(k+i), i = 1, 2, \cdots, M$）也不同；$y_r(k+i)$ 为参考轨迹；其他符号含义同前。

根据式（3-30）目标函数求极小值，可得到 M 个控制作用序列 $u(k), u(k+1), \cdots, u(k+M-1)$。但在实际执行控制作用时，只执行当前一步 $u(k)$，下一时刻的控制量 $u(k+1)$ 则需重新计算，即递推一步，重复上述过程。这种方法采用滚动式的有限时域优化算法，优化过程是在线反复计算，对模型时变、干扰和失配等影响能及时补偿，因而称为滚动优化算法。由于目标函数中加入控制量的约束，可限制过大的控制量冲击，使过程输出变化平稳，参考轨迹曲线 $y_r(t)$ 如图 3-29 所示。

将上述四个部分与被控对象如图 3-27 相连，就构成了模型算法控制的预测控制系统。这种算法的基本思想是首先预测被控对象未来的输出，再确定当前时刻的控制 $u(k)$，是先预测后控制，明显优于先有输出反馈、再产生控制作用 $u(k)$ 的经典 PID 控制系统。只要针对具体对象，选择合适的加权系数 η_i、λ_j 和预测长度 P、控制（时域）长度 M 以及平滑因

子 α_r，就可获得很好的控制效果。

2. 动态矩阵控制（DMC）

1980 年由 Culter 提出的 DMC
也是预测控制的一种重要算法，
DMC 与 MAC 的差别是内部模型不
同。DMC 采用工程上易于测取的
对象阶跃响应作为内部模型，算
法比较简单、计算量少、鲁棒性
强，适用于有纯滞后、开环渐近
稳定的非最小相位对象。在实际

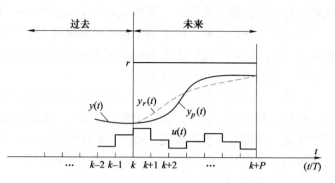

图 3-29　参考轨迹与最优控制策略

应用中取得了显著的效果。DMC 的结构也包括内部模型、反馈校正（闭环预测输出）、滚动
优化（优化算法）、参考轨迹四个环节。

（1）内部模型

DMC 的内部模型为单位阶跃响应曲
线，如图 3-30 所示。

单位阶跃响应曲线同单位脉冲响应曲
线一样可以表示对象的动态特性，二者之
间的转换关系为

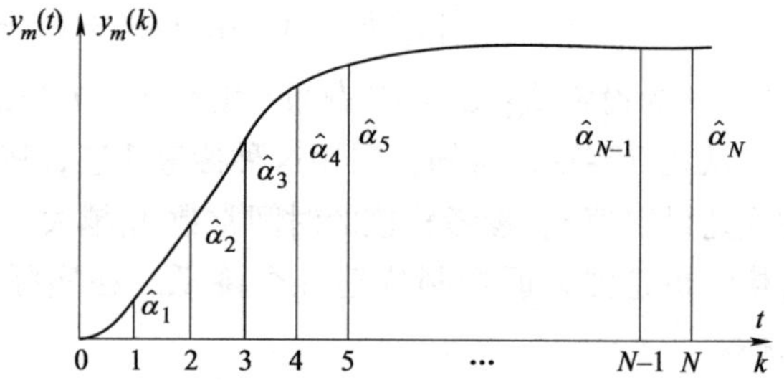

$$\begin{cases} \hat{\alpha}_i = \sum_{j=1}^{i} \hat{g}_j, \hat{\alpha}_0 = 0 & i = 1,2,\cdots,N \\ \hat{g}_i = \hat{\alpha}_i - \hat{\alpha}_{i-1} \end{cases}$$

图 3-30　单位阶跃响应模型

$$\tag{3-31}$$

将式（3-31）代入式（3-25），得

$$\begin{aligned} y_m(k+i) &= \hat{\alpha}_1 u(k+i-1) + (\hat{\alpha}_2 - \hat{\alpha}_1)u(k+i-2) + \cdots + (\hat{\alpha}_N - \hat{\alpha}_{N-1})u(k+i-N) \\ &= \hat{\alpha}_1 \Delta u(k+i-1) + \hat{\alpha}_2 \Delta u(k+i-2) + \cdots + \hat{\alpha}_N \Delta u(k+i-N) \\ &= \sum_{j=1}^{N} \hat{\alpha}_j \Delta u(k+i-j) \quad i = 1, 2, \cdots, P \end{aligned} \tag{3-32}$$

式（3-32）中，$\Delta u(k+i-j) = u(k+i-j) - u(k+i-j-1)$ 为 $k+i-j$ 时刻控制变量的增量；P 为预测
长度；$i > N$；$\hat{\alpha}_i \approx$ 常数；$\hat{g}_i \approx 0$。

如果以当前时刻 k 为界限，将控制（变量）增量分为两部分，即 k 之前已输入的控制增
量：$\cdots$，$\Delta u(k-2)$，$\Delta u(k-1)$ 和 k 及其之后将要输入的控制增量：$\Delta u(k)$，$\Delta u(k+1)$，$\cdots$，
$\Delta u(k+M-1)$；对应地，可将对象输出预测值 $y_m(k+i)$ 也分为两部分，一部分是由 k 之前已输
入的控制信号：$\cdots$，$\Delta u(k-2)$，$\Delta u(k-1)$，所产生的对象输出预测值 $y_{m0}(k+i)$；另一部分是
由 k 之后将要输入的控制信号：$\Delta u(k)$，$\Delta u(k+1)$，$\cdots$，$\Delta u(k+M-1)$，所产生的对象输出
预测值 $\sum_{j=1}^{M} \hat{\alpha}_{i-j+1} \Delta u(k+j-1)$。这样，式（3-32）可表示为

$$y_m(k+i) = y_0(k+i) + \sum_{j=1}^{M} \hat{\alpha}_{i-j+1} \Delta u(k+j-1), \quad i = 1,2,\cdots,P \tag{3-33}$$

式中的控制增量 $\Delta u(k)$，$\Delta u(k+1)$，$\cdots$，$\Delta u(k+M-1)$ 是待确定的未知变量。

如果定义矢量和矩阵为

$$Y_M(k+1) = [\,y_m(k+1)\quad y_m(k+2)\quad\cdots\quad y_m(k+P)\,]^T$$

$$Y_0(k+1) = [\,y_0(k+1)\quad y_0(k+2)\quad\cdots\quad y_0(k+P)\,]^T$$

$$\Delta U(k) = [\,\Delta u(k)\quad \Delta u(k+1)\quad\cdots\quad \Delta u(k+M-1)\,]^T$$

$$A = \begin{bmatrix} \hat{\alpha}_1 & & & \\ \hat{\alpha}_2 & \hat{\alpha}_1 & 0 & \\ \vdots & \vdots & \ddots & \\ \hat{\alpha}_M & \hat{\alpha}_{M-1} & \cdots & \hat{\alpha}_1 \\ \vdots & \vdots & \vdots & \vdots \\ \hat{\alpha}_P & \hat{\alpha}_{P-1} & \cdots & \hat{\alpha}_{P-M-1} \end{bmatrix} \tag{3-34}$$

则式（3-33）可表示为

$$Y_M(k+1) = Y_0(k+1) + A\Delta U(k) \tag{3-35}$$

（2）反馈校正

由于非线性、随机干扰等因素，模型预测值与实际输出可能存在差异，为了减少这种差异的影响，用对象实际输出和预测模型输出的偏差 $e(k) = y(k) - y_m(k)$，对模型预测值 $y_m(k)$ 进行修正，得

$$y_p(k+i) = y_m(k+i) + h_i[\,y(k) - y_m(k)\,] = y_m(k+i) + h_i e(k), \quad i = 1,2,\cdots,P \tag{3-36}$$

式（3-36）中变量的含义与式（3-28）中变量的含义相同。

通过对预测值进行修正，构成反馈校正，形成闭环预测输出，提高了系统的鲁棒性。

如果定义矢量

$$Y_P(k+1) = [\,y_p(k+1)\quad y_p(k+2)\quad\cdots\quad y_p(k+P)\,]^T$$

$$Y(k+1) = [\,y(k+1)\quad y(k+2)\quad\cdots\quad y(k+P)\,]^T$$

$$H = [\,h_1\quad h_2\quad\cdots\quad h_p\,]^T \tag{3-37}$$

则式（3-36）可表示为

$$Y_P(k+1) = Y_M(k+1) + H[\,y(k+1) - y_m(k+1)\,] \tag{3-38}$$

其他部分与模型算法控制（MAC）相同。

3. 广义预测控制与内部模型控制

（1）广义预测控制

前面讨论的预测控制，通过反馈对预测值误差进行校正，同时采用滚动优化算法，使模型的时变、干扰和模型失配等造成的影响能及时得到补偿，控制性能要比传统的 PID 控制好得多。如果预测模型与真实模型失配严重，会导致系统的动态特性和控制质量变坏，甚至不稳定而无法正常运行。Clarke 于 1985 年提出的广义预测控制（GPC），在保留 MAC、DMC 算法特点的基础上，采用受控自回归积分滑动平均模型（Control Auto-Regressive Integrated Moving Average，CARIMA）或受控自回归滑动平均模型（Control Auto-Regressive Moving Average，CARMA）作为内部模型（替代单位脉冲响应模型或单位阶跃响应模型），

吸收了自适应和在线辨识的优点，对模型失配、模型参数误差的鲁棒性有所提高。

（2）内部模型控制

内部模型控制（IMC）是 Garcia 和 Morari 于 1982 年提出来的一种控制算法，其基本结构如图 3-31 所示。图中 G_0 为被控对象，$\hat{G}$ 为对象内部模型，G_{IMC} 为内模控制器，G_f 为反馈滤波器，G_r 为输入滤波器，y、u 为被控对象的输出量（被控参数）和输入量（控制变量），r 为给定值，y_r 为给定值经输入滤波器平滑后的参考轨迹，v 为外部干扰。

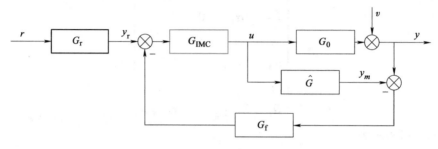

图 3-31　IMC 结构框图

从图 3-31 可知，引入内部模型 $\hat{G}$ 后，反馈量已由原来的输出量反馈变为干扰量反馈，控制器设计较为容易。当模型与对象失配时，反馈信息还含有模型失配的误差信息，从而有利于控制系统的抗干扰设计，增强系统的鲁棒性。

3.6.3　专家控制

专家系统是一种基于知识的系统，主要处理各种非结构化的问题，尤其是处理定性、启发式或不确定的知识信息，通过各种推理过程实现特定目标。专家系统技术的特点为解决传统控制理论的局限性提供了重要的启示，二者的结合产生了一种新颖的控制方法-专家控制（Expert Control，也称专家智能控制）。专家控制将专家系统理论同控制理论与技术相结合，在未知环境下，仿效专家的智能，实现对系统的控制。根据专家系统在控制系统中应用的复杂程度，专家控制可分为专家控制系统和专家式控制器。专家控制系统具有完整专家系统结构、完善的知识处理功能，同时又具有实时控制的可靠性能，其知识库庞大、推理机复杂，包括知识获取子系统和学习子系统，人机接口要求较高；专家式控制器是专家控制系统的简化，二者在功能上没有本质的区别。专家式控制器针对具体的控制对象或过程，专注于启发式控制知识的开发，设计较小的知识库，简单的推理机制，省去了复杂的人机对话接口环节。

专家控制能够运用控制工作者成熟的控制思想、策略和方法以及直觉经验与手动控制技能进行控制，因此，专家控制系统不仅可以提高常规控制系统的控制品质，拓宽控制系统应用范围，增强系统功能，而且可以对传统控制方法难以奏效的复杂生产过程实现高品质控制。

1. 专家控制系统的类型

根据用途和功能，专家控制系统可分为直接型专家控制系统（器）和间接型专家控制系统（器）；根据知识表达技术分类，可分为产生式专家控制系统和框架式专家控制系统等。

（1）直接型专家控制系统

直接型专家控制系统（器）具有模拟（或延伸、扩展）操作工人智能的功能，能够取代常规 PID 控制，实现在线实时控制。它的知识表达和知识库均较简单，由几十条产生式规则构成，便于修改，其推理和控制策略简单，控制决策效率较高。

（2）间接型专家控制系统

间接型专家控制系统（器）和常规 PID 控制器相结合，对生产过程实现间接智能控制，具有模拟（或延伸、扩展）控制工程师智能的功能，可实现优化、适应、协调、组织等高层决策。按其高层决策功能，可分为优化型、适应型、协调型和组织型专家控制系统（器）。这类专家控制系统功能复杂，智能水平较高，相应的知识表达需采用综合技术，既用产生式规则，也要用框架和语义网络以及知识模型和数学模型相结合的综合模型化方法，知识库结构复杂，推理机一般要用到启发推理、算法推理、正向推理、反向推理及组合推理、非精确、不确定和非单调推理等。系统功能可在线实时实现，也可通过人机交互或离线实现。

2. 专家控制系统基本组成

不同类型专家控制系统的结构可能有很大差别，但都包含算法库、知识基系统、人机接口、通信系统等基本组成部分，如图3-32所示。

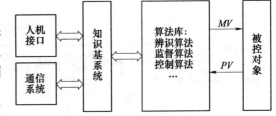

图 3-32　专家控制系统典型结构框图

算法库主要进行数值计算：

➢ 控制算法根据知识基系统的控制配置命令和对象的测量信号，按选定的控制策略或最小方差等算法计算控制操作信号。

➢ 辨识算法和监控算法是从数值信号流中抽取特征信息，只有当系统运行状况发生某种变化时，才将运算结果送入知识基系统，增加或更新知识。

知识基系统储存控制系统的知识信息，包括数据库和规则库。在稳态运行期间，知识基系统是闲置的，整个系统按传统控制方式运行。知识基系统具有定性的启发式知识，进行符号推理，按专家系统的设计规范编码，通过算法库与对象相连。

人机接口作为人机界面，把用户输入的信息转换成系统内规范化的表示形式，然后交给相应模块去处理；把系统输出的信息转换成用户易于理解的外部表示形式显示给用户，实现与知识基系统的直接交互联系，与算法库间接联系。

由于生产过程的复杂性和先验知识的局限性，难以对它进行完善的建模，这时就要根据过去获得的经验信息，通过不断学习，逐渐逼近未知信息的真实情况，使控制性能逐步改善，具有学习功能的系统才是完善的专家控制系统。

3.6.4　模糊控制

人的经验知识具有模糊性，无法用精确的数学语言表达，但可用模糊集合与模糊逻辑描述。1974 年，英国学者 E. H. Mamdani 根据美国自动控制理论专家 L. A. Zadeh 于 1965 年提出的模糊集合理论，提出了模糊控制器的概念，标志着模糊控制的正式诞生。与一般工业控制的根本区别是模糊控制并不需要建立控制过程精确的数学模型，而是完全凭人的经验知识"直观"地进行控制。

与各种精确控制方法相比，模糊控制有如下优点：

➤ 模糊控制完全是在模仿操作人员控制经验的基础上设计的控制系统，使一些难于建模的复杂系统的自动控制成为可能。只要这些系统能在人工控制下正常运行，而人工控制的操作经验又可以归纳为模糊控制规则，就可设计出模糊控制器。

➤ 模糊控制具有较强的鲁棒性，被控对象特性对控制性能影响较小。这是由于模糊控制规则体现了人的思维过程，对系统特性变化有很强的适应能力与鲁棒性。

➤ 基于模糊控制规则的推理、运算过程简单，控制实时性好。

➤ 模糊控制机理符合人们对系统控制的直观描述和思维逻辑，为人工智能和专家系统的应用奠定了基础。

1. 模糊控制系统的基本结构

模糊控制系统的结构框图如图 3-33 所示，虚线部分为模糊控制器。系统将变送器测得的数据 PV（被控参数）与给定值 SV 进行比较后得到的偏差 e 和偏差变化率 $\dot{e}$ 输入到模糊控制器，模糊控制器通过计算得出控制量 MV，通过 MV 对被控对象进行控制。

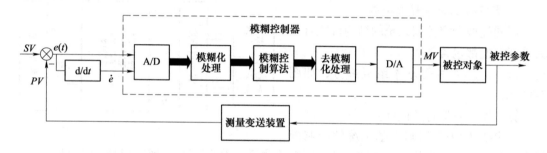

图 3-33 模糊控制系统结构框图

图 3-33 中模糊控制器有两个输入变量 e 和 $\dot{e}$，称为二维模糊控制器；如果只有一个输入量 e，则称为一维模糊控制器；为了提高控制精度，在输入 e 和 $\dot{e}$ 的基础上再输入偏差的二阶导数 $\ddot{e}$，则称为三维模糊控制器。高维模糊控制器虽然可提高控制精度，但由于控制规律运算复杂，可能降低控制的实时性，因此大多数情况下都采用二维模糊控制器。

模糊控制器的输入、输出量都是精确的数值，模糊控制器采用模糊语言变量，用模糊逻辑进行推理，因此必须将输入数据变换成模糊语言变量，这个过程称为精确量的模糊化（Fuzzification）；然后进行推理、形成控制策略（变量）；最后将控制策略转换成一个精确的控制变量 MV，即去模糊化（Defuzzification，亦称清晰化），并输出控制变量 MV 进行控制操作。模糊控制器的基本结构框图如图 3-34 所示。

下面对模糊化、模糊规则推理、清晰化以及知识库功能进行简单的说明。

（1）模糊化

模糊化是将偏差 e 及其变化率 $\dot{e}$ 的精确量转换为模糊语言变量，即根据输入变量模糊子集的隶属函数找出相应的隶属度，将 e 和 $\dot{e}$ 变换成模糊语言变量 E、$\dot{E}$。在实际控制过程中，把一个实际物理量划分为"正大""正中""正小""零""负小""负中"和"负大"七级，分别以英文字母 PB(Positive Big)、PM(Positive Medium)、PS(Positive Small)、ZE(Zero)、NS(Negative Small)、NM(Negative Medium)、NB(Negative Big) 表示。每一个语言变量

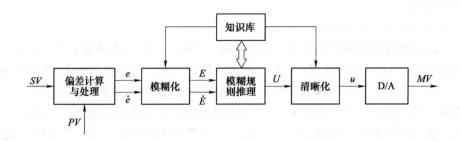

图 3-34　模糊控制器结构框图

值都对应一个模糊子集。首先要确定这些模糊子集的隶属度函数（Membership Function）$\mu(\cdot)$，才能进模糊化。

一个语言变量的各个模糊子集之间并没有明确的分界线，在模糊子集隶属度函数的曲线上表现为这些曲线相互重叠。选择相邻隶属度函数有合适的重叠是模糊控制器对于对象参数变化具有鲁棒性的依据。

由于隶属度函数曲线形状对控制性能的影响不大，所以一般选择三角形或梯形，形状简单，计算工作量小，而且当输入值变化时，三角形隶属度函数比正态分布状具有更大的灵敏性。在某一区间内，要求控制器精度高、响应灵敏，则相应区间的分割细一些、三角形隶属度函数曲线斜率取大一些，如图 3-35a 所示。反之，对应区域的分割粗一些、隶属度函数曲线变化平缓一些，甚至呈水平线形状，如图 3-35b 所示。

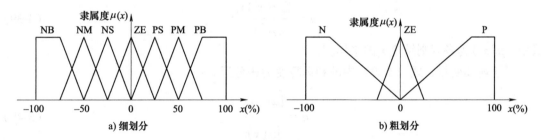

图 3-35　隶属度函数曲线及语言描述

一个模糊控制器的非线性性能与隶属度函数总体的位置及分布有密切关系，每个隶属度函数的宽度与位置又确定了每个规则的影响范围，它们必须重叠。所以在设定一个语言变量的隶属度函数时，要考虑隶属度函数的个数、形状、位置分布和相互重叠程度等。要特别注意，语言变量的级数设置一定要合适，如果级数过多，则运算量大，控制不及时；如果级数过少，则控制精度低。

（2）模糊规则推理

模糊控制器的核心是依据语言规则进行模糊推理，在进行模糊控制器设计时，首先要确定模糊语言变量的控制规则。

语言控制规则来自于操作者和专家的经验知识，并通过试验和实际使用效果不断进行修正和完善。规则的形式为

IF...THEN...。

一般描述为

IF X is A and Y is B，THEN Z is C。

这是表示系统控制规律的推理式，称为规则（Rule）。其中 IF 部分的"X is A and Y is B"称为前件部，THEN 部分的"Z is C"称为后件部，X、Y 是输入变量，Z 是推理结论。在模糊推理中，X、Y、Z 都是模糊变量，而现实系统中的输入、输出量都是确定量，所以在实际模糊控制实现中，输入变量 X、Y 要进行模糊化，Z 要进行清晰化。A、B、C 是模糊集，在实际系统中用隶属度函数 $\mu(\cdot)$ 表示，一个模糊控制器是由若干条这样的规则组成的，输入、输出变量可以有多个。

模糊控制推理中较为常用的模糊关系合成运算有最大-最小合成运算（MAX-MIN-Operation）和最大-乘积合成运算（MAX-PROD-Operation），常用的推理方法有 Mamdani 推理（Mamdani Inference）、Larsong 推理（Larsong Inference）等。

推理规则对于控制系统的品质起着关键作用，为了保证系统品质，必须对规则进行优化，确定合适的规则数量和正确的规则形式；同时给每条规则赋予适当的权值或置信因子（Credit Factor），置信因子可根据经验或模拟实验确定，并根据使用效果进行修正与完善。

（3）清晰化

清晰化就是将模糊语言变量转换为精确的数值，即根据输出模糊子集的隶属度计算出确定的输出数值。清晰化有各种方法，其中最简单的一种是最大隶属度方法。在控制技术中最常用的清晰化方法则是面积重心法（Center of Gravity，COG），其计算式为

$$u = \frac{\sum \mu(x_i) x_i}{\sum \mu(x_i)} \tag{3-39}$$

式中，$\mu(x_i)$ 为各规则结论 x_i 的隶属度。

对于连续变量，式（3-39）中的和运算变为积分运算：

$$u = \frac{\int \mu(x) x}{\int \mu(x)} \tag{3-40}$$

此外，还有一些可供选择的清晰化计算方法，如最大值平均（Mean of Maximum，MOM）、左取大（Left Maximum，LM）、右取大（Right Maximum，RM）、乘积和重心法（Product-Sum-Gravity，PSG）等。在选择清晰化方法时，应考虑隶属度函数的形状、所选择的推理方法等因素。

（4）知识库

知识库包含了有关控制系统及其应用领域的知识、要达到的控制目标等，由数据库和模糊控制规则库组成。

数据库主要包括各语言变量的隶属度函数、尺度变换因子以及模糊空间的分级数等；规则库包括用模糊语言变量表示的一系列控制规则，它们反映了控制专家的经验和知识。

2. 模糊控制的几种实现方法

模糊控制的功能是通过模糊控制算法实现，常用的实现方法有以下几种。

（1）CRI 查表法

CRI（关系合成推理，Composition Rule of Inference）查表法是模糊控制最早采用的方法，应用最广泛。所谓查表法就是将所有可能输入变量的隶属度函数、模糊控制规则及输出变量的隶属度函数都用表格（称为模糊控制表）来表示。输入变量模糊化、模糊规则推理和输出变量的清晰化均通过查表实现。模糊控制表的生成方法有两种：一种是直接从控制规则求出控制量，称为直接法；另一种是先求出模糊关系，再根据输入变量求出控制变量，最后把控制量清晰化得到控制表，称作间接法。

（2）专用硬件模糊控制器

专用硬件模糊控制器是用硬件直接实现模糊规则推理，它的优点是推理速度快，控制精度高，市场上已有各种模糊芯片供选用。专用硬件模糊控制器价格相对较高，目前主要应用于伺服系统、机器人、汽车等领域。

（3）软件模糊推理法

软件模糊推理法的特点就是将模糊控制器的输入量模糊化、模糊规则推理、输出清晰化和知识库这四部分都用软件来实现。

模糊控制在复杂系统自动控制的应用取得了很好的效果。将模糊控制与常规 PID 控制策略结合构成的各种模糊 PID 控制器具有良好的性能。

3.6.5　神经网络控制

人工神经网络（Artificial Neural Network，ANN）以独特的结构和处理信息的方法，在许多领域得到应用并取得了显著的成效，在自动控制领域取得了突出的理论与应用成果。基于神经网络的控制（ANN-Based Control）是一种基本上不依赖于模型的控制方法，适用于难以建模或具有高度非线性的被控对象的自动控制。

1. 神经元模型

（1）生物神经元模型

人的大脑是由大量神经细胞组合而成的，它们之间互相连接。每个脑神经细胞（也称神经元）具有如图 3-36 所示的基本结构。

脑神经元由细胞体、树突和轴突构成。细胞体是神经元的中心，它又由细胞核、细胞膜等组成。树突是神经元的主要接受器。轴突的作用是传导信息，从轴突起点传到轴突末梢，轴突末梢与另一个神经元的树突或细胞体构成一种突触机构，通过突触实现神经元之间的信息传递。

（2）人工神经元模型

人工神经元是利用物理器件来模拟生物神经元的某些结构和功能。人工神经元模型如图 3-37 所示。

图 3-37 神经元模型的输入输出关系为

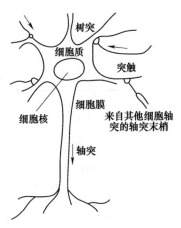

图 3-36　生物神经元模型

$$I_j = \sum_{i=1}^{n} \omega_{ji} x_i - \theta_j$$

$$y_j = f(I_j)$$

$$(3-41)$$

式（3-41）中，θ_j 为阈值；ω_{ji} 为连接权值；$f(\cdot)$ 为激发函数或变换函数。

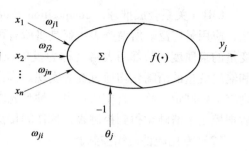

常见的激发函数如图 3-38 所示，各自对应的解析表达式如下：

a）阶跃函数（见图 3-38a）

$$f(x) = \begin{cases} 1, & x \geqslant 0 \\ 0, & x < 0 \end{cases} \qquad (3\text{-}42)$$

图 3-37　人工神经元模型

b）符号函数（见图 3-8b）

$$f(x) = \begin{cases} 1, & x \geqslant 0 \\ -1, & x < 0 \end{cases} \qquad (3\text{-}43)$$

c）饱和型函数（见图 3-38c）

$$f(x) = \begin{cases} 1, & x \geqslant 1/k \\ kx, & |x| < 1/k \quad, k > 0 \\ -1, & x \leqslant -1/k \end{cases} \qquad (3\text{-}44)$$

d）双曲函数（见图 3-38d）

$$f(x) = \frac{1 - e^{-\alpha x}}{1 + e^{-\alpha x}}, \alpha > 0 \qquad (3\text{-}45)$$

e）S 型函数（见图 3-38e）

$$f(x) = \frac{1}{1 + e^{-\alpha x}}, \alpha > 0 \qquad (3\text{-}46)$$

f）高斯函数（见图 3-38f）

$$f(x) = e^{-x^2/\sigma^2}, \sigma > 0 \qquad (3\text{-}47)$$

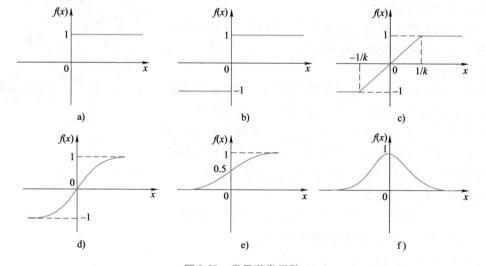

图 3-38　常见激发函数

2. 人工神经网络模型

将多个人工神经元模型按一定方式连接而成的网络结构，称为人工神经网络，**人工神经**

网络是以技术手段来模拟人脑神经元网络特征的系统，如学习、识别和控制等功能，是生物神经网络的模拟和近似。人工神经网络有多种结构模型，图 3-39a 所示为前向神经网络结构，图 3-39b 为反馈型神经网络结构。

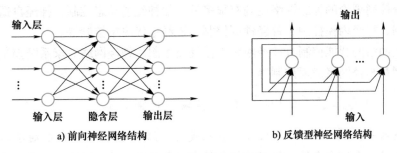

a) 前向神经网络结构　　　　　　　　b) 反馈型神经网络结构

图 3-39　典型神经网络图

神经网络中每个节点（一个人工神经元模型）都有一个输出状态变量 x_j；节点 i 到节点 j 之间有一个连接权系数 ω_{ji}；每个节点都有一个阈值 θ_j 和一个非线性激发函数 $f(\sum \omega_{ji} x_i - \theta_j)$。

神经网络具有并行性、冗余性、容错性、本质非线性及自组织、自学习、自适应能力，已经成功地应用到许多不同的领域。

下面简要介绍在自动控制中常用的误差反向传播神经网络。

误差反向传播网络简称 BP（Back Propagation）网络，如图 3-39a 所示，是一种单向传播的多层前向网络，在模式识别、图像处理、系统辨识、最优预测、自适应控制等领域得到广泛应用。BP 网络由输入层、隐含层（可以有多个隐含层）和输出层构成，可以实现从输入到输出的任意非线性映射。连接权系数 ω_{ji} 的调整采用误差修正反向传播的学习算法，也称监督学习。BP 算法首先需要一批正确的输入、输出数据（称训练样本）。将一组输入数据样本加载到网络输入端后，得到一组网络实际响应的输出数据；将输出数据与正确的输出数据样本相比较，得到误差值；然后根据误差的情况修改各连接权系数 ω_{ji}，使网络的输出响应能够朝着输出数据样本的方向不断改进，直到实际的输出响应与已知的输出数据样本之差在允许范围之内。

BP 算法属于全局逼近方法，有较好的泛化能力。当参数适当时，能收敛到较小的均方差，是当前应用最广泛的一种网络；缺点是训练时间长，易陷入局部极小，隐含层数和隐含节点数难以确定。

BP 网络在建模和控制中应用较多，在实际应用中需选择网络层数、每层的节点数、初始权值、阈值、学习算法、权值修改步长等。一般是先选择一个隐含层，用较少隐节点对网络进行训练，并测试网络的逼近误差，逐渐增加隐节点数，直至测试误差不再有明显下降为止；最后再用一组检验样本测试，若误差太大，则需要重新训练。

3. 神经网络在控制中的应用

神经网络控制是指在控制系统中采用神经网络，对难以精确描述的复杂非线性对象进行建模、特征识别，或作为优化计算、推理的有效工具。神经网络与其他控制方法结合，构成神经网络控制器或神经网络控制系统等，其在控制领域的应用可简单归纳为以下几个方面：

1）在基于精确模型的各种控制结构中作为被控对象的模型。

2）在反馈控制系统中直接承担控制器的作用。

3）在传统控制系统中实现优化计算。

4）在与其他智能控制方法，如模糊控制、专家控制等相融合，为其提供非参数化对象模型、优化参数、推理模型和故障诊断等。

基于传统控制理论的神经网络控制有很多种，如神经逆动态控制、神经自适应控制、神经自校正控制、神经内模控制、神经预测控制、神经最优决策控制等。

基于神经网络的智能控制有神经网络直接反馈控制，神经网络专家系统控制，神经网络模糊逻辑控制和神经网络滑模控制等。

阅读材料 C　钱学森与控制学科

自动化技术早在 20 世纪 40 年代就被引入我国，但一直到 50 年代中期才真正开始走上发展之路。当时，由钱学森等一批海外归来的专家带回了先进的理论和技术，其中最著名的就是钱学森的《工程控制论》一书，它不仅是工程控制理论的重要奠基石，也为自动化科学技术的发展指明了方向。钱学森在控制科学的发展中发挥了重要作用。

1. 培养了新中国第一代自动控制理论人才

1956 年，钱学森在中国科学院力学研究所举办工程控制论培训班，向学生传授他在美国的最新研究成果。培训班的教材就是他的名著《工程控制论》（见图 3-40），每周集中讲课一次，整整坚持了一年全部讲完。

在钱学森等科学家的推动下，1956 年制定的《1956~1967 年科学技术发展远景规划》，将自动化列为重点新兴学科，并在此

图 3-40　《工程控制论》

基础上建立了一批研究机构，培养了新一代的研究人才。当时，一方面积极开展元件、仪表、远动技术、计算机等基础技术研制，同时也不失时机地组织新理论和新技术的跟踪，并做出了许多重要贡献。

钱学森的工程控制论首先解决了一批工程实际中的控制论问题，并在不断探索各种复杂性层次系统运动规律的基础上，密切结合我国国防和国民经济建设的需要，提出和解决了大系统、复杂系统和复杂巨系统的组织管理和控制中的大量理论和实践问题。

此外，在 1956 年 9 月，科学普及出版社出版了钱学森编著的《从飞机、导弹说到生产过程的自动化》小册子，向人民群众广泛普及自动化知识。这本小册子通俗易懂、文图并茂，对飞机的发展过程、喷气式飞机、导弹和它的自动控制，以及自动控制在工业中的应用等几个方面进行了生动的叙述。

2. 钱学森是中国自动控制理论的领军人物

1957 年 5 月，钱学森和沈尚贤、钟士模、陆元九、郎世俊等科学家发起成立中国自动化学会。1961 年 11 月，中国自动化学会在天津召开了"第一次全国代表会议和学术报告会"。会上通过了中国自动化学会章程，选举产生了第一届理事会，宣告中国自动化学会成立，钱学森当选首届理事长。此后，中国自动化学会又于 1965 年 7 月在北京召开了第二届全国代表大会，钱学森再次当选理事长，直到 1980 年 5 月中国自动化学会在北京召开第三

届代表大会，钱学森在开幕式上做了工作报告，并提议由宋健院士担任学会理事长。1960年 3 月中国自动化学会与中国科学院自动化研究所联合举办了自动化界的第一次全国性专业学术会议"第一次全国运动学学术会议"。从那时起，学会的学术活动一直十分活跃，在1979 年重新组建增设专业委员会以后，学术交流活动有了迅速的发展。

3. 创建了中国特色的系统与控制学科体系

钱学森一贯重视学术交流。1957 年，钱学森在筹备成立中国自动化学会的同时就创办了会刊《自动化》杂志，国内外公开发行，1961 年改刊名为《自动化学报》。

20 世纪 50 年代后期到 60 年代前期，在绝大多数经典控制专家们还未意识到现代控制理论已悄然发展的时候，钱学森看到了现代控制理论正在形成的发展趋势，看到了它的发展对制导和导航的重要作用，并且认识到这个新的发展方向是自动控制与数学的交叉。他提出要有一支中国自己的控制论与工程结合的队伍，必须建立一个研究室，发展控制理论。于是，在 1961 年钱学森提出由国防部五院与中国科学院共建一个控制理论研究室，设在中科院数学研究所。

控制理论研究室成立不久，在钱学森的建议下，于 1962 年 11 月 27 日至 12 月 3 日在天津召开了全国第一次现代控制理论学术研讨班。钱学森出席了会议并发表讲话。他提醒大家，密切注意国际上控制理论发展的同时，要研究我们导弹研制中提出的控制理论问题，强调研究理论者要了解实际问题，并形象地指出"只站在水边不够，要敢于'下水'，善于'下水'"。

随后，还召开了自动控制理论专业、模拟技术及运动技术等学术会议。这些学术活动不仅极大地促进了我国控制论科学的发展，而且引导一大批青年投身自动控制领域，为我国在控制科学研究方面能够走在世界的前列奠定了坚实的基础。

半个多世纪以来，钱学森组织指导我国新一代工程控制论研究人员，在工程控制系统设计方面，发展了多变量控制理论、最佳控制理论、自适应控制理论，研究了自学习、自组织系统。在工程控制技术方面，促进了电子计算机在国防和国民经济部门的广泛采用，促使生产过程自动化向多机、机组自动化以及综合自动化发展。当时很少有人知晓的现代控制理论，在钱学森的推动下，在国内已成为生机勃勃、并向多学科渗透的主导学科。

而由钱学森建议和推动下创建的控制理论研究室，现在已经发展成为中国科学院系统控制重点实验室，属于数学与系统科学研究的系统科学研究所。这个实验室继承了过去的优良传统，拓宽了原有的研究领域，取得了一系列受到国际瞩目的研究成果，并培养出众多的优秀人才，有的已是活跃在国际自动控制界的知名人物。

随着微电子和计算机技术的迅速进步和普及，控制论和自动化技术极大地推动了技术科学的发展。

在制造业中，从计算机辅助设计与制造、数控机床，到柔性加工系统和计算机集成制造系统以及机器人的广泛进入生产线，极大提高了劳动生产率，丰富了产品的多样性。

在社会生活中，自动化装置无所不在，从通信、金融、医疗，到各种自动化家用电器。

现代自动控制技术还极大扩展了科学研究和探测的深度和广度，开拓了靠人力不能胜任的新的科学技术事业。

半个多世纪以来，人类的科学技术活动已经深入到大洋和地层深处，进入太空和宇宙，探索微观世界和人类生命的奥秘，极大程度上得益于自动控制和测量技术。

控制论的概念、理论和方法对现代科学技术的各个方面都产生了影响，近年来还被广泛应用于研究和解决复杂的经济、社会和政治问题。

如果说人类社会文明的进步在 19 世纪是以实现了机械化代替体力劳动为标志，那么 20 世纪则是实现了劳动生产的自动化和智能化，从而扩展和增强了人们的创新能力，极大地提高了劳动生产率，而控制论科学家和工程师为此做出了重要贡献。

系统和控制科学的飞速发展归根到底来自对复杂性和复杂系统的认识。将这种认识用于改造客观世界，人们在实践中遇到了更多的复杂性问题的挑战，并逐渐深化了对复杂系统、复杂巨系统的控制问题的认识。因此，复杂系统和复杂巨系统应当是当前控制理论研究发展的方向，也是国际控制界近年来讨论的热点问题。

其实，钱学森早在 1986 年就指出了控制论和自动化在社会生产、科技进步和人类文明建设等各方面的重要作用，并把控制论纳入复杂系统和复杂巨系统研究框架的思路。

现在，国内外控制界也紧随其后掀起了一股研讨自动控制面临复杂性问题的重大挑战，亟需寻求新的思想、方法和工具的研讨热潮。从中亦可看出钱学森对控制论发展趋势的预见性，具有重要的理论和现实意义。

 ## 思考与练习题

3-1 试说明比例、积分、微分控制作用的物理意义。

3-2 什么是数字 PID 位置式算法和增量式算法？试比较它们的优缺点。

3-3 控制器参数整定的任务是什么？工程上常用的控制器参数整定有哪几种方法？

3-4 试叙述经验法、稳定边界法、衰减曲线法整定 PID 参数的步骤。

3-5 什么是串级控制系统？画出一般串级控制系统的典型方块图。

3-6 串级控制系统有哪些特点？主要使用在哪些场合？

3-7 纯滞后补偿控制的控制目标？

3-8 多变量解耦控制的设计要求？

3-9 自适应控制系统的基本功能？

3-10 预测控制的思想？

3-11 模糊控制器的基本组成？

参 考 文 献

[1] 孔祥东，姚成玉. 控制工程基础 [M]. 4 版. 北京：机械工业出版社，2019.

[2] 于爱兵，马廉洁，李雪梅. 机电一体化概论 [M]. 北京：机械工业出版社，2013.

[3] 吕强，孙悦，李学生. 机电一体化原理及应用 [M]. 3 版. 北京：国防工业出版社，2016.

[4] 王再英，刘淮霞，彭倩. 过程控制系统与仪表 [M]. 2 版. 北京：机械工业出版社，2020.

[5] 胡寿松，姜斌，张绍杰. 自动控制原理基础教程 [M]. 5 版. 北京：科学出版社，2023.

[6] 王文华. 钱学森和工程控制论：对我国航天事业发展做出了重大贡献｜中国航天日 [Z/OL]. 科技导报. [2022-04-24]. https：//mp. weixin. qq. com/s?＿biz＝MzA3MDM4MDkyMA＝＝&mid＝2650993212&idx＝1&sn＝6974c8a4ad81f76d1d59ea4be5cb8857&chksm＝84cbee2bb3bc673dd5d7a698ffeacdc3ee8c820e7d54dadb9c92cd1c56875be5a9535bbe0972&scene＝27.

第**4**章

机电一体化系统检测技术

📖 **教学目标**

知识目标：理解传感器的基本概念、原理和分类，包括不同类型传感器的工作原理、特点和应用领域；掌握传感器的基本参数和性能指标，能够评估和选择合适的传感器应用于具体应用场景；熟悉传感器的信号处理和数据采集方法，能够实现传感器系统的数据获取和处理。

能力目标：能够分析和解决传感器应用中的问题，包括传感器选择、布置和校准等方面的技术挑战；能够使用传感器进行数据采集和实时监测，进行相应的数据分析和结果解释；具备传感器系统优化的能力，能够结合具体应用需求进行系统方案设计和实施。

思政目标：培养学生的创新思维和实践能力，鼓励学生在传感器领域进行科学研究和工程实践；强调传感器应用的社会责任和伦理意识，树立学生的工程伦理和职业道德；培养学生的团队合作和沟通能力，激励学生在跨学科和跨领域的项目中进行有效合作。

4.1 概述

4.1.1 检测技术的基本概念

检测技术是指利用一定的测量手段和检测装置，对物质或物体的某些特征进行分析、判断、测试和监测的技术。随着现代科技的发展和工业化进程的推进，检测技术在各个领域都有广泛的应用，如工业制造、航空航天、医疗保健、环保安全、农业生产等。检测技术的应用不仅可以提高生产效率和产品质量，还能够有效地保障生产安全、环境质量和人民健康。

检测技术的作用主要体现在以下几个方面：

1）保证产品质量：在制造过程中，对产品的各项参数进行检测和监控，及时发现问题并进行调整和修正，可以有效地提高产品质量和稳定性。

2）提高生产效率：通过检测技术，可以实现自动化和智能化生产，提高生产效率和生产线的运作效率，减少人工干预和出错率。

3）保障人民健康：检测技术可以对食品、药品、化妆品等进行质量检测，保障人民健康和生命安全。

4）农业生产与环境保护：检测技术可以对大气、水质、土壤等环境因素进行监测和检测，及时发现和解决环境问题，保护生态环境和人民健康。

随着科技的不断发展和技术水平的提高，检测技术也在不断地更新和发展。目前，一些新型的检测技术，如无损检测、光学检测、微电子技术检测等，已经逐渐应用到生产实践中，并且不断得到优化和完善。人工智能、大数据和物联网等新兴技术的持续发展和应用，检测技术将更加高效、精准和智能化，为人们的生产、生活带来更多的便利和效益。

4.1.2 检测系统的组成

检测系统是一种利用检测技术和相关设备、软件等组成的系统，可以对某种物理量、化学量以及生物量等进行测量和分析，从而得到对应检测量的相关信息，以便掌握或控制工业生产、实验室研究、环境监测等领域的过程和结果。一个完整的检测系统通常由传感器、信号处理电路、数据采集模块、控制器以及输出设备组成，如图4-1所示。

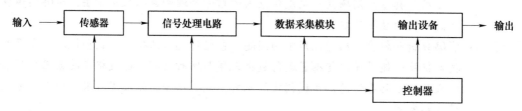

图4-1 检测系统的组成

传感器是检测系统的第一个组成部分，它的主要作用是检测物理量（如温度、湿度、压力、光照等）并转换为电信号。传感器在检测系统中非常重要，其精度和灵敏度直接影响整个系统的性能。

信号处理电路主要用于对传感器输出的电信号进行放大、滤波和数字化处理。由于传感器输出的电信号往往比较微弱且噪声较大，因此需要对其进行信号处理，以避免噪声对后续的数据采集和处理产生干扰。

数据采集模块用于负责采集信号处理电路输出的数字信号并将其存储到计算机中，数据采集模块通常包括 A/D 转换器（模拟数字转换器）和数据存储器等部件。

控制器的主要作用是对整个系统进行控制和协调。控制器可以通过程序命令或手动操作控制各个组成部分的工作状态，同时根据预设的算法对采集到的数据进行处理和分析。

输出设备是检测系统的最后一个组成部分，它的主要作用是将处理后的数据呈现给用户或输出到其他设备上，输出设备可以是显示屏、打印机、数据存储介质等。

除了上述组成部分外，检测系统还可能包括一些辅助设备，如电源、外壳、通信接口等。这些辅助设备虽然不是检测系统的核心组成部分，但它们对整个系统的性能和使用体验有着重要的影响。例如，一个稳定可靠的电源是保证检测系统正常工作的基础，而一个坚固的外壳可以保护内部组件免受外界损伤。通信接口则可以使检测系统与其他设备或上位机进行数据交换和远程控制。

4.1.3　传感器的概念与定义

传感器是一种能够将非电学量（例如温度、压力、流量、质量等）转化为电学信号的装置，通常由敏感元件、信号处理电路和信号输出电路三部分组成，如图 4-2 所示。

图 4-2　传感器的组成

传感器的敏感元件是它最核心的部分，是将感受到的非电物理量转换成电信号的装置。常用的敏感元件有电阻、电容、电感、半导体、光电元件等。通过选用不同的感受元件，可以实现不同物理量的测量。

传感器的信号处理电路负责将感受元件产生的微小电信号放大、滤波和处理，以便更好地提取出被测量的信号。信号处理电路的设计质量直接影响传感器的准确性和精度。

传感器的信号输出电路则负责将处理后的信号转换成用户能够读取的形式，例如模拟电压（电流）信号、数字信号、脉冲信号等。通常，传感器的输出信号需要经过模拟信号处理或数字信号处理才能被其他系统或设备所接收。

GB/T 7665—2005《传感器通用术语》中对于传感器的定义为：能感受被测量并按照一定的规律转换成可用输出信号的器件或装置。传感器的作用是将需要检测的物理量转换为电信号，再经过放大、滤波、调理等处理后，输出给测量仪表或自动控制系统进行处理、显示、记录、控制等。

4.1.4　传感器的分类

传感器的种类和应用非常广泛，从简单的开关传感器到复杂的图像传感器和生物传感器，都是传感器技术的应用领域。例如，在工业自动化领域中，传感器广泛应用于流量、温度、湿度、压力、液位等参数的测量；在医疗设备领域，传感器则用于测量血压、血糖、脉搏等生理指标；在汽车领域中，传感器则用于检测发动机转速、车速、气压等参数；在农业生产领域中，传感器可以用于气象环境、土壤湿度、水体质量等参数的测量与监测。传感器技术的不断发展和创新，推动着各行各业的自动化和智能化进程，为人类带来了更多便利和舒适。一般情况下传感器可以按照输入量、输出量、工作原理、基本效应、能量变换关系等多种分类特征进行划分，其中按输入量和工作原理的分类方式应用较为普遍。

1. 按传感器的输入量进行分类

按照输入量的不同，传感器可以被划分为温敏传感器、光敏传感器、力敏传感器、湿敏传感器、磁敏传感器、声敏传感器、气敏传感器等。这种分类方法通常在讨论传感器的用途时使用，给使用者选择使用传感器提供了方便。

2. 按输出量形式进行分类

按输出量形式划分，传感器可分为模拟传感器和数字传感器两类。模拟传感器是指传感器的输出电信号为连续形式的模拟量，数字传感器是指传感器的输出电信号为离散形式的数字量。由于数字量便于转换、显示，同时兼具重复性好、可靠性高的优点，因此数字传感器的使用目前越来越多。另外，模拟式传感器所输出的模拟信号也可以通过模/数转换器转换为数字信号。

3. 按照工作原理进行分类

按照工作原理（物理定律、物理效应、半导体理论、化学原理等）的不同，传感器可以被划分为以下几种。

1）电参量式传感器：电阻式、电感式、电容式传感器。

2）磁电式传感器：磁电感应式、霍尔式、磁栅式传感器。

3）压电式传感器：压电式力传感器、压电式加速度传感器、压电式压力传感器。

4）光电式传感器：红外式、CCD 摄像式、光纤式、激光式传感器等。

5）气电式传感器：半导体气敏传感器、集成复合型气敏传感器。

6）热电式传感器：热电偶等。

7）波式传感器：超声波式、微波式传感器。

8）射线式传感器：核辐射物位计、厚度计、密度计等。

9）半导体式传感器：半导体温度传感器、半导体湿度传感器等。

10）其他原理的传感器。

这种分类方法通常在讨论传感器的工作原理时使用。

4. 按传感器的基本效应进行分类

根据传感器敏感元件所蕴含的基本效应，可以将传感器分为物理传感器、化学传感器和生物传感器。

（1）物理传感器

物理传感器是指依靠传感器的敏感元件材料本身的物理特性变化或转换元件的结构参数变化来实现信号的变换，如水银温度计是利用水银的热胀冷缩现象把温度变化转变为水银柱的高低变化，从而实现对温度的测量。物理传感器按其构成可细分为物性型传感器和结构型传感器。

1）物性型传感器：物性型传感器是一种根据物质的物理性质变化来实现信号转换的传感器。它们利用物质的特定物理性质随着被测量物理量的变化而发生相应的变化，通过测量这些物性的变化来间接获得被测量物理量的信息。如利用材料在光照下改变其特性可以制成光敏传感器，利用材料在磁场作用下改变其特性可以制成磁敏式传感器等。

2）结构型传感器：结构型传感器是指依靠传感器转换元件的结构参数变化来实现信号的转换，主要是通过机械结构的几何尺寸和形状变化，转化为相应的电阻、电感、电容等物理量的变化，从而检测出被测信号，如变极距型电容式传感器就是通过极板间距的变化来实现对位移等物理量的测量。

（2）化学传感器

化学传感器是指依靠传感器的敏感元件材料本身的电化学反应来实现信号的变换，用于检测无机或有机化学物质的成分和含量，如气敏传感器、湿度传感器。化学传感器广泛用于化学分析、化学工业的在线检测及环境保护检测中。

（3）生物传感器

生物传感器是利用生物活性物质选择性的识别来实现对生物化学物质的测量，即依靠传感器的敏感元件材料本身的生物效应来实现信号的变换。由于生物活性物质对某种物质具有选择性亲和力，可以利用生物活性物质的这种单一识别能力来判定某种物质是否存在、其含量是多少;待测物质经扩散作用进入固定化生物敏感膜层,经分子识别,发生生物学反应,产生的信息被相应的化学或物理换能器转变成可定量和可处理的电信号,如酶传感器、免疫传感器等。生物传感器近年发展很快,在医学诊断、环保监测等方面有广泛的应用前景。

5. 按传感器的能量变换关系进行分类

按能量变换关系,传感器可划分为能量变换型传感器和能量控制型传感器。

(1) 能量变换型传感器

能量变换型传感器又称为发电型或有源型传感器,其输出的能量是被测对象提供的,或是经转换而来的。它无须外加电源就能将被测的非电量转换成电量输出。它要求从被测对象获取的能量越小越好。这类传感器包括热电偶传感器、光电池传感器、压电式传感器、磁电感应式传感器、固体电解质气敏传感器等。

(2) 能量控制型传感器

能量控制型传感器又称为参量型或无源型传感器。这类传感器的输出电能量必须由外加电源供给。由于能量控制型传感器的输出能量是由外加电源供给的,因此,传感器输出端的电能可能大于输入端的非电能量,所以这种传感器具有一定的能量放大作用。能量控制型传感器,在信息变化过程中,其能量需要外电源供给。如电阻传感器、电感传感器、电容传感器等电路参数型传感器都属于这一类传感器,基于应变电阻效应、磁阻效应、热阻效应、光电导效应、霍尔效应等的传感器也属于此类传感器。

6. 按传感器所蕴含的技术特征进行分类

按所蕴含的技术特征,传感器可以简单分为普通传感器和新型传感器两类。

普通传感器发展较早,是一类应用传统技术的传感器。随着计算机、嵌入式系统、网络通信和微加工技术的发展,现在出现了许多新型传感器,如传感器与微处理器的结合,产生了具有一定数据处理能力和自检、自校、自补偿等功能的智能传感器;模糊数学原理在传感器中的应用,产生了输出量为非数值符号的模糊传感器;传感器与微机电系统技术的结合,产生了具有微小尺寸的微传感器;网络接口芯片、嵌入式通信协议和传感器的结合,产生了能够方便接入现场总线测控网络或组建传感器网络的网络传感器。所有这些新型传感器的出现,对传感器与检测技术的发展起到了巨大的推动作用。

4.2　传感器测量误差

4.2.1　有关测量技术的部分名词

1) 等精度测量:在同一条件下所进行的一系列重复测量称为等精度测量。

2) 非等精度测量:在多次测量中,如对测量结果精确度有影响的一切条件不能完全维持不变的测量称为非等精度测量。

3) 真值:被测量本身所具有的真正值称为真值。真值是一个理想的概念,一般是不知道的,但在某些特定情况下,真值又是可知的,如一个整圆圆周角为360°等。

4) 实际值:误差理论指出,在排除系统误差的前提下,对于精密测量,当测量次数无限多时,测量结果的算术平均值接近于真值,因而可将它视为被测量的真值。但是测量次数是有限的,故按有限测量次数得到的算术平均值,只是统计平均值的近似值,而且由于系误差不可能完全被排除，因此通常只能把精度更高一级的标准器具所测得的值作为真值。为了强调它并非是真正的真值，故把它称为实际值。

5）标称值：测量器具上所标出来的数值称为标称值。

6）示值：由测量器具读数装置所指示出来的被测量的数值称为示值。

7）测量误差：用测量器具进行测量时，所测量出来的数值与被测量的实际值（或真值）之间的差值称为测量误差。

4.2.2 测量误差的概念

测量误差是指检测结果与被测量的客观真值的差值。在检测过程中，被测对象、检测系统、检测方法和检测人员都会受到各种因素的影响。有时，对被测量的转换也会改变被测对象原有的状态，造成测量误差。由误差公理可知：任何实验结果都是有误差的，误差自始至终存在于一切科学实验和测量之中，被测量的真值是永远难以得到的。但是，可以改进检测装置和检测手段，并通过对测量误差进行分析处理，使测量误差处于允许的范围内。测量的目的是希望通过测量求取被测量的真值。

测量误差可以由多种因素引起，包括以下几个方面：

1）仪器误差：仪器误差是由于测量仪器的固有特性或自有公差而引起的误差。这包括仪器的精度、分辨率、灵敏度等方面的误差。不同类型的仪器具有不同的误差特性，因此在选择和使用测量仪器时需要考虑其误差范围和对测量结果的影响。

2）环境误差：环境条件对测量结果也会产生一定的影响。例如，温度、湿度、压力等环境因素的变化会导致测量结果的偏差。为了减小环境误差的影响，常常需要在测量过程中进行环境控制或进行环境校正。

3）人为误差：人为因素也是造成测量误差的重要原因。人的主观判断、操作技巧、视觉感知等因素都可能导致测量结果的偏差。因此，在测量过程中需要进行培训和规范操作，以减小人为误差的影响。

4.2.3 测量误差的分类

为了便于误差的分析与处理，传感器的测量误差可以按照其规律性分为系统误差、随机误差和粗大误差。

1. 系统误差

系统误差是指在一定的测量条件下，由于传感器本身的制造和设计原因，导致所测量的结果偏离真实值的程度相对恒定，因此也称为系统偏差。根据系统误差的来源与分类，可以分为常量误差、比例误差、非线性误差等。

（1）常量误差

传感器的常量误差一般情况下又被称为偏移误差或者零点误差，是指当被测量的物理量为零时，传感器输出测量值与零点不一致的偏差。零点误差的来源可能是由于感受元件的固有偏差、安装方式不当或传感器磨损等因素导致的。例如，在压力传感器中，零点误差可能是由于感受元件的偏移或弹簧的松弛等原因导致的。

（2）比例误差

传感器的比例误差又被称为灵敏度误差，是指传感器输出值相对于被测量物理量变化的敏感程度与理论值之间的偏差，通常表示为百分比。灵敏度误差的原因可能是由于感受元件的灵敏度不一致、信号放大电路的增益不稳定或环境温度的变化等因素引起的。例如，在温度传感器中，灵敏度误差可能是由于热敏电阻的灵敏度不一致导致的。

（3）非线性误差

传感器输出值与实际值之间具有非线性关系。传感器的非线性误差是指传感器的实际输入输出特征曲线同理想的输入输出特征直线之间的偏离量。非线性误差通常由感受元件的非线性特性、信号处理电路的非线性特性以及传感器的环境变化等因素引起的。例如，在流量传感器中，非线性误差可能是由于管道内流速分布不均、流量变化过大或流量计算算法的不准确等原因导致的。

传感器的系统误差通常是由于传感器的固有特性导致的，例如灵敏度不均匀、线性度偏差、温度漂移等。系统误差通常可以通过校准来消除或者修正，例如在制造传感器时，可以采用调整灵敏度、增加补偿电路等方式减小系统误差。

2. 随机误差

当对某一物理量进行多次重复测量时，若误差出现的大小和符号均以不可预知的方式变化，则该误差为随机误差。随机误差通常由环境因素和测量仪器等多种因素引起，例如温度变化、电磁干扰、电源波动、压力变化等，电子元器件的老化、连接件的变形等。因此，随机误差是大量对测量值影响微小且又互不相关的因素所引起的综合结果。随机误差就个体而言并无规律可循，无法通过校准来完全消除，但其总体却服从统计规律，总的来说随机误差具有下列特性。

1）对称性：绝对值相等、符号相反的误差在多次重复测量中出现的可能性相等。

2）有界性：在一定测量条件下，随机误差的绝对值不会超出某一限度。

3）单峰性：绝对值小的随机误差比绝对值大的随机误差在多次重复测量中出现的机会多。

4）抵偿性：随机误差的算术平均值随测量次数的增加而趋于零。

随机误差的变化通常难以预测，因此也无法通过实验方法确定、修正和清除。但是通过多次测量比较可以发现随机误差服从某种统计规律（如正态分布、均匀分布、泊松分布等）。

3. 粗大误差

粗大误差是指与其他观测值相比较，明显地偏离真实值或者其他测量结果的异常值。粗大误差一般是由于操作人员粗心大意、操作不当或实验条件没有达到预定要求就进行实验等造成的，如读错、测错、记错数值、使用有缺陷的测量仪表等。含有粗大误差的测量值称为坏值或异常值，可能对数据分析和实验结果产生显著的影响，因此在数据处理和分析过程中需要被识别和排除。

以下是一些可能引起粗大误差的原因。

1）人为错误：人为疏忽、操作失误、计算错误或数据记录错误等都可能导致粗大误差。例如，误读仪器上的刻度、错误设置实验参数或输入错误的数据等。

2）仪器故障：仪器的故障或不准确性可能导致测量结果产生粗大误差。例如，仪器的校准问题、传感器损坏、电子元件故障等都可能引起异常的测量结果。

3）环境条件：不恰当的环境条件，例如温度、湿度、压力等的变化，可能影响测量结果并引起粗大误差。特别是对于某些敏感的测量系统，环境条件的变化可能导致系统性能发生偏差。

4）数据处理错误：在数据处理和分析过程中，错误的算法、计算方法或数据处理步骤可能导致粗大误差。例如，使用错误的公式或算法、计算错误的数据点或进行错误的统计分析等。

判别粗大误差最常用的统计判别法是 3σ 准则：如果对某被测量对象进行多次重复等精度测量的测量数据为

$$X_1, X_2, \cdots, X_d, \cdots, X_n$$

其标准差为 σ，如果其中某一项残差 v_d 大于 3 倍标准差，即认为 v_d 是粗大误差，与其对应的测量数据 X_d 是坏值，应从测量数据中剔除。需要指出的是，剔除坏值后，还要对剩下的测量数据重新计算算术平均值和标准差，再按 3σ 准则判别是否还存在粗大误差，若存在粗大误差，剔除相应的坏值，再重新计算，直到产生粗大误差的坏值全部剔除为止。

4. 2. 4　传感器的误差表示方法

传感器以及其对应的检测系统的基本误差通常有以下几种。

1. 绝对误差

绝对误差是传感器及其对应检测系统的测量值（即示值）与被测量的真值之间的代数差值。此处设被测量真值为 X_0，传感器的测量值或者示值为 X，则传感器的绝对误差为

$$\Delta x = X - X_0 \tag{4-1}$$

由于测量真值 X_0 一般无法取得，在实际的应用中，常使用精度更高的标准仪器的示值作为相对真值，即使用实际值代替真值。此时，实际值与传感器测量值之间的误差被称为示值误差。在实际应用中，通常使用示值误差代表绝对误差。绝对误差 Δx 说明了系统示值偏离真值的大小，其值可正可负，具有和被测量相同的量纲。

当绝对误差为一恒定值，即为检测系统的"系统误差"。该误差可能是系统在非正常工作条件下使用而产生的，也可能是其他原因所造成的附加误差。此时对检测仪表的测量示值应加以修正，修正后才可得到被测量的实际值 X_0 为

$$X_0 = X - \Delta x = X + C \tag{4-2}$$

式中，数值 C 称为修正值或校正量。

修正值与示值的绝对误差数值相等，但符号相反，即

$$C = -\Delta x = X_0 - X \tag{4-3}$$

由于标准仪器常由高一级的标准仪器定期校准，因此修正值本身也有误差，修正后只能够得到较测量值更为准确的结果。

修正值给出的方式不一定是具体的数值，也可以是修正曲线、修正公式等。

2. 相对误差

传感器及其对应检测系统测量值（即示值）的绝对误差 Δx 与被测参量真值 X_0 的比值，称为检测系统测量值（示值）的相对误差，常用百分数表示，即

$$\delta = \frac{\Delta X}{x_0} \times 100\% = \frac{X - X_0}{X_0} \times 100\% \tag{4-4}$$

真值可以是约定真值，也可以是工程上的相对真值。在无法得到本次测量的约定真值和

相对真值时，常在被测参量（已消除系统误差）没有发生变化的条件下重复多次测量，用多次测量的平均值代替相对真值。用相对误差通常比用绝对误差更能说明不同测量的精确程度，一般来说相对误差越小，其测量精度就越高。

在评价检测系统的精度或测量质量时，有时利用相对误差作为衡量标准也不很准确。例如，用任一确定精度等级的检测仪表测量一个靠近测量范围下限的较小数值，计算得到的相对误差通常比测量接近上限的较小数值得到的相对误差大得多。故引入引用误差的概念。

3. 引用误差

检测系统测量值的绝对误差 Δx 与系统量程 L 之比，称为检测系统测量值的引用误差 γ。引用误差 γ 通常仍以百分数表示为

$$\gamma = \frac{\Delta x}{L} \times 100\% \tag{4-5}$$

比较可知，引用误差相比于相对误差，其计算表示式中用量程 L 代替了真值 X_0，使用起来虽然更为方便，但引用误差的分子仍为绝对误差 Δx，当测量值为系统测量范围的不同数值时，各示值的绝对误差 Δx 也可能不同。因此，即使是同一检测系统，其测量范围内的不同示值处的引用误差也不一定相同。为此，可以取引用误差的最大值，既能克服上述的不足，又能更好地说明了检测系统的测量精度。

4. 最大引用误差

在规定的工作条件下，当被测量平稳增加或减少时，在检测系统全量程所有测量值引用误差的最大者，或者说所有测量值中最大绝对误差与量程的比值的百分数，称为该系统的最大引用误差，用符号 γ_{max} 表示为

$$\gamma_{max} = \frac{|\Delta x_{max}|}{L} \times 100\% \tag{4-6}$$

最大引用误差是检测系统基本误差的主要形式，故也常称为检测系统的基本误差。它是检测系统最主要的质量指标，能很好地表征检测系统的测量精度。

4.2.5　测量不确定度

由于测量误差的存在，被测量的真值难以确定，测量结果带有不确定性。长期以来，人们不断追求以最佳方式估计被测量的值，以最科学的方法评估测量结果的质量高低。测量不确定度就是评定测量结果质量高低的一个重要指标。

1. 测量不确定度的定义与分类

（1）测量不确定度的定义

测量不确定度是指测量结果与被测量物理量的真实值之间的差异或偏差的范围。它是对测量过程中存在的不确定性的度量，表征了测量结果的可靠性和可信度。这个参数可以用标准偏差表示，也可以用标准偏差的倍数或置信区间的半宽度来表示。

（2）测量不确定度的分类

测量不确定度可以分为标准不确定度 u、合成不确定度 u_c 和扩展不确定度 U 或 U_p。

2. 测量不确定度与误差

测量不确定度和误差是误差理论中两个重要概念，它们具有相同点，都是评价测量结果质量高低的重要指标，都可以作为测量结果的精度评定参数，但它们又有明显的区别。

误差是测量结果与真值之差，它以真值或约定真值为中心。测量不确定度是以被测量的估计值为中心。因此误差是一个理想的概念，一般不能准确知道，难以定量；而测量不确定度是反映人们对测量认识不足的程度，是可以定量评定的。

在分类上，误差按自身特征和性质分为系统误差、随机误差和粗大误差，并可采取不同措施来减小或消除各类误差对测量的影响。但是由于各类误差之间并不存在绝对界限，故在分类判别和误差计算时不易准确掌握。测量不确定度不按误差性质分类，而是按评定方法分为 A 类评定和 B 类评定，按实际情况的可能性加以选用，从而简化了分类，便于评定与计算。

不确定度与误差既有区别，也有联系。误差是不确定度的基础，研究不确定度首先需要研究误差，只有对误差的性质、分布规律、互相联系及对测量结果的误差传递关系等有充分的认识和了解，才能更好地估计各不确定度分量，正确地得到测量结果的不确定度。用测量不确定度代替误差表示测量结果，易于理解，便于评定，具有合理性和实用性。

3. 确定度的定义与评定

（1）标准不确定度 u

以标准偏差表示的不确定度就称为标准不确定度，用符号 u 表示。测量结果通常由多个测量数据子样组成，对表示各个测量数据子样不确定度的偏差，称为标准不确定度分量，用 u_i 表述。标准不确定度有 A 类和 B 类两类评定方法。

A 类标准不确定度是指用统计方法得到的不确定度，用符号 u_A 表示。

B 类标准不确定度是指用非统计方法得到的不确定度，即根据资料或假定的概率分布的标准偏差表示的不确定度，用符号 u_B 表示。

（2）A 类标准不确定度的评定方法

A 类标准不确定度的评定通常可以采用下述统计与计算方法。

在同一条件下，对被测参量 X 进行 n 次等精度测量，测量值为 $X_i(i = 1, 2, \cdots, n)$。则有该样本的算数平均值为

$$\overline{X} = \frac{1}{n} \sum_{i=1}^{n} X_i \tag{4-7}$$

进而可得算术平均值标准偏差为

$$S(\overline{X}) = \sqrt{\frac{\sum_{i=1}^{n} (X_i - \overline{X})^2}{n(n-1)}} \tag{4-8}$$

此时，A 类标准不确定度 u_A 取值为 $u_A = S(\overline{X})$。

（3）B 类标准不确定度的评定方法

B 类标准不确定度评定方法是根据有关的信息来评定的，即通过一个假定的概率密度函数得到的。它通常不是利用直接测量获得数据，而是依次查证已有的信息获得，如仪器校准报告等。

B 类标准不确定度的评定：

$$u_B(X_i) = U(X_i)/k \tag{4-9}$$

式中，$u_B(X_i)$ 为 X_i 分量 B 类标准不确定度；$U(X_i)$ 为第 X_i 分量技术文件给出的不确定度；k

为技术文件给出的不确定度与标准偏差的倍数或指明的包含因子，其值与测量值 X_i 的统计分布有关。

4. 合成标准不确定度的定义与评定

（1）合成标准不确定度定义

由各不确定分量合成的标准不确定度，称为合成标准不确定度。当间接测量时，即测量结果是由若干其他量求得的情况下，测量结果的标准不确定度等于其他各量的方差和协方差相应和的二次方根，使用符号 u_c 表示。

（2）合成标准不确定度的评定方法

设测量模型方程为 $Y = f(X_1 + X_2 + \cdots + X_n)$，该方程为一个多变量函数。若每个自变量彼此独立且互不相关，则

$$u_c(Y) = \sqrt{\sum_{i=1}^{n} \left(\frac{\partial f}{\partial X_i} \right)^2 u^2(X_i)} \tag{4-10}$$

式中，$u_c(Y)$ 为不确定度传播率。

合成标准不确定度仍然是标准差，用于表示测量结果的分散性。

5. 扩展不确定度 U 或 U_p 的定义与评定

（1）扩展不确定度 U 或 U_p 的定义

扩展不确定度是确定测量区间的量，合理赋予被测量之值的分布，大部分可包含在此区间内。

（2）扩展不确定度 U 或 U_p 的评定

1）采用乘以给定包含因子 k 的评定：当采用乘以给定包含因子 k 的评定时，在合成标准不确定度 $u_c(Y)$ 确定以后，乘以一个包含因子 k，即得扩展不确定度 U 为

$$U = ku_c(Y) \tag{4-11}$$

式中，U 为扩展不确定度；$u_c(Y)$ 为合成标准不确定度；k 为包含因子，$k=2\sim3$。

2）乘以给定概率 p 的包含因子 k_p 的评定：当采用乘以给定概率 p 的包含因子 k_p 的评定时，在合成标准不确定度 $u_c(Y)$ 确定之后，乘以给定概率 p 的包含因子 k_p，即得扩展不确定度 U_p 为

$$U_p = k_p u_c(Y) \tag{4-12}$$

式中，U_p 是概率为 p 时的扩展不确定度，一般用 U_{95} 或者 U_{99} 表示；k_p 为给定概率 p 的包含因子。

6. 测量结果与测量不确定度的表示

测量结果是由测量所得到的赋予被测量的值，测量结果仅是被测量的估计值。在等精度测量的情况下得到一组测量值，首先修正系统误差，然后计算出算术平均值 $\overline{X}$，如果测量仪器的检定证书上提供了修正值 b，则完整的测量结果应该为算术平均值经过修正后的值，即 $\overline{X}+b$。

当给出完整的测量结果时，一般应报告其不确定度。报告应尽可能详细，以便使用者能正确地利用测量结果。测量不确定度的表示形式有合成标准不确定度以及扩展不确定度。因为涉及的内容较多，限于篇幅，此处不再详细介绍，在实际应用时可参阅有关文献。

4.3 传感器一般特性

传感器能否快速且准确地进行信息的感知、转换以及传输等功能，主要取决于传感器的基本特性，即传感器的输入-输出特性。传感器的输入-输出特性反映了传感器本身内部结构参数导致的传感器输入量同输出量之间的外部特征表现。通常情况下传感器的特性可以按照输入信号的性质进行划分，根据被测输入量随时间的变化关系的不同，传感器的一般特性可以划分为静态特性以及动态特性。

当传感器的被测输入量不随时间变化或者变化很慢时，可以认为传感器的输入检测量与输出测量值都与时间无关，此时传感器的输入-输出特性关系可以使用不含时间变量的代数方程进行解释，根据此方程确定的传感器性能参数与表现被称为传感器的静态特性。

当传感器的被测输入量随时间变化很快时，传感器的输入检测量与输出测量值之间存在具有时间参数的动态关系，表示这一关系通常使用含有时间变量的微分方程，根据此方程确定的传感器对于快速变化的被测量的响应特性被称为传感器的动态特性。

4.3.1 传感器静态特性

传感器静态特性是指传感器的被测量为稳定状态的常量或者随时间变化极其缓慢的信号时，传感器的输入与输出之间的关系。当只考虑静态特性时，传感器的输入量与输出量之间的关系表达式中不含有时间变量，此时传感器的静态特性可以使用数学表达式、特性曲线以及数据表格等多种形式进行分析。传感器静态特性包括线性度、精度、灵敏度等。

1. 线性度

传感器的线性度是指传感器输出信号与输入信号之间的线性关系程度，在理想情况下，传感器的输出信号与输入信号应该是线性关系，即一次函数关系，但在实际应用中，由于制造工艺等原因，传感器的输出信号与输入信号之间存在一定的非线性关系，即存在非线性误差。

当不考虑传感器的迟滞以及蠕变等因素时，典型的传感器的静态输入-输出关系可以使用以下多项式进行描述：

$$Y = a_0 + a_1 X + a_2 X^2 + \cdots + a_n X^n \tag{4-13}$$

式中，X 为输入被测量；Y 为输出量；a_0 为 X 为 0 时的输出量（零位输出）；a_1 为线性项的待定系数（线性灵敏度）；a_2，a_3，$\cdots$，a_n 为非线性项的待定系数。

如图 4-3 所示输入-输出特性的线性化曲线，在多项式中非线性阶次不高且输入量变化范围不大的条件下，传感器的静态标定曲线可以使用一条直线进行替代，该方法被称为传感器非线性特性的线性化，所采用的直线即为传感器的特性拟合直线。

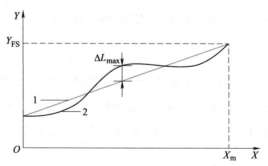

图 4-3 输入-输出特性的线性化曲线

非线性误差由传感器全量程范围内实际特性曲线与拟合直线之间的偏差来表示，即

$$\delta_f = \pm \frac{\Delta L_{max}}{Y_{FS}} \tag{4-14}$$

式中，δ_f 为计算非线性误差；ΔL_{max} 为非线性最大差值；Y_{FS} 为满量程输出。

传感器的线性度影响着传感器的精度和可靠性，当传感器的线性度较差时，传感器输出信号与输入信号之间的误差会增大，从而影响到测量结果的准确性。因此，在选择传感器时，需要根据应用要求选择线性度较好的传感器。

2. 精度

传感器的精度是指传感器测量输出结果与被测量真实值之间偏差的度量，这个偏差通常是由传感器的固有误差和校准误差造成的。在实际应用中，精度是传感器能够提供正确结果的重要指标之一。传感器的精度指标一般有精密度以及准确度衡量。

（1）精密度

精密度表示在多次重复测量中，传感器自由度随机误差的程度，即传感器测量结果的分散性。精密度反映了随机误差的大小，精密度越高，随机误差越小，测得结果越密集，重复性越好。

（2）准确度

传感器的准确度表示传感器的输出测量结果与真实值之间接近程度。准确度反映了传感器系统误差的大小，准确度越高，系统误差越小，传感器测量结果的算术平均值越接近真实结果。

对于某一具体的传感器而言，精密度高并不意味着其准确度也高，而准确度高时精密度也不一定高。现以打靶结果为例进行传感器的精密度、准确度与精度的关系进行说明。图4-4a 可见孔洞（测量值）同靶心（真值）分散程度与偏离程度都较大，说明随机误差同系统误差都较大，即精密度与准确度都低；图 4-4b 可见孔洞（测量值）同靶心（真值）分散程度小而偏离程度大，说明随机误差小而系统误差大，即精密度高而准确度低；图 4-4c 可见孔洞（测量值）同靶心（真值）分散程度与偏离程度都较小，说明随机误差同系统误差都较小，即精密度与准确度都高。传感器的精度是精密度与准确度共同作用的结果，其反映了系统误差与随机误差对于传感器检测结果的影响程度。

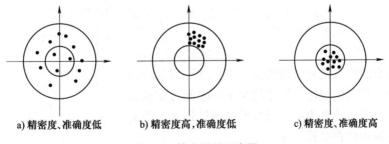

a) 精密度、准确度低　　　　b) 精密度高，准确度低　　　　c) 精密度、准确度高

图 4-4　精度说明示意图

在实际工程应用中，为了表示传感器测量结果可靠的程度，常使用精确度等级（0.001、0.005、0.02、0.05、0.1、0.2、0.35、1.0、1.5、2.5、4）用于衡量传感器的精度标准

$$A = \frac{\Delta A}{Y_{FS}} \times 100\% \tag{4-15}$$

式中，A 为传感器的精确度等级；ΔA 为传感器测量范围内允许的最大绝对误差；Y_{FS} 为满量程输出。

3. 灵敏度

传感器的灵敏度是指在稳态条件下，输出变化量与引起对应变化的输入变化量的比率。灵敏度用于表征传感器对于输入量变化的反应能力，其计算方法为

$$K = \frac{dY}{dX} \approx \frac{\Delta Y}{\Delta X} \tag{4-16}$$

式中，K 为计算灵敏度；X 为输入量；Y 为对应输出量。

传感器的灵敏度取决于其内部结构和材料的特性，以及外部环境因素的影响。传感器的灵敏度简单来说为其静态输入-输出特性曲线的斜率。如图 4-5 所示，如果传感器的输出同输入之间呈线性关系，则灵敏度 K 为一个常数；否则，灵敏度 K 为一变量且随着输入量的变化而变化。

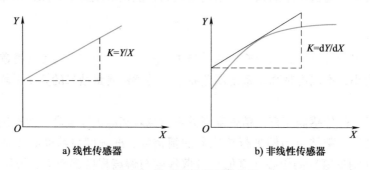

a) 线性传感器   b) 非线性传感器

图 4-5 传感器的灵敏度曲线

灵敏度决定了传感器在特定应用场景中的可靠性和精度。灵敏度越高，传感器的响应越快，信号处理越准确，输出结果越可靠。同时，高灵敏度的传感器也往往比较昂贵，并且更容易受到噪声和干扰的影响。

4. 迟滞

传感器的迟滞又称为传感器的回程误差，是指传感器在正（输入量由小到大）、反（输入量由大到小）行程期间，其输入-输出特性曲线不一致的程度，如图 4-6 所示。即对于同一大小的输入信号，传感器的正、反行程对应的输出信号大小不相等的程度。迟滞的大小一般通过实验方法进行测定，其数值计算为正、反行程输出量最大差值的一半与满量程输出的百分比，即

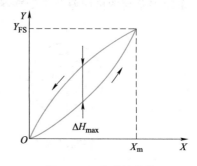

图 4-6 迟滞特性曲线

$$\gamma_H = \pm \frac{1}{2} \frac{\Delta H_{max}}{Y_{FS}} \times 100\% \tag{4-17}$$

式中，γ_H 为计算迟滞；ΔH_{max} 为正反行程输出量最大差值；Y_{FS} 为满量程输出值。

出现迟滞的主要原因是传感器的敏感元件材料本身的物理特性和机械传动部分存在的缺

陷，例如机械结构存在的摩擦、间隙以及紧固件的松动，材料受力发生的变形等。对于理想的传感器而言，迟滞越小，传感器的性能越好。

5. 分辨率

传感器的分辨率是指传感器能够区分并测量的最小变化量。当传感器的输入量从某一任意值（一般为非零值）缓慢增加，直至能够测量到输出变化为止，此时的输入量的增量即为传感器的分辨。通常来说，传感器的分辨率越高，对输入信号的敏感度就越高，就能够检测到更微小的变化并且提供更准确的测量结果。传感器分辨率的表示通常有绝对单位表示以及相对单位表示两种形式，当使用相对单位时，分辨率表示为绝对分辨率所占传感器满量程的百分比，即

$$\frac{\Delta X_{\max}}{Y_{FS}} \times 100\% \tag{4-18}$$

式中，$\Delta X_{\max}$ 为传感器的绝对分辨率；Y_{FS} 为传感器的满量程输出值。

例如，对于某一个量程为 0~100℃，分辨率为 0.1℃ 的温度传感器而言，其分辨率可以使用相对分辨率表示为 0.1%。

在实际应用中，传感器的分辨率通常受到传感器自身设计和制造的限制。例如，一个光电传感器的分辨率取决于它所使用的光电二极管的尺寸和响应速度。更小的光电二极管会提高分辨率，但也会导致信噪比的下降，从而影响信号的质量。类似地，压力传感器的分辨率取决于测量膜片的厚度和刻度线的密度。为了提高传感器的分辨率，可以采用一些技术手段，例如增加传感器的灵敏度、提高信号处理的精度、降低噪声干扰等。同时，还可以通过使用高分辨率的数据采集设备，如模/数转换器，来提高测量系统的分辨率。

需要注意的是，传感器的分辨率不同于它的精度。精度是指传感器的输出值与实际值之间的偏差程度，而分辨率则是指传感器能够区分的最小变化量。因此，即使传感器具有很高的分辨率，但其精度不高，仍然会导致测量误差和不准确的结果。

6. 测量范围

传感器的测量范围是指传感器能够针对目标量进行可靠测量的最大和最小值之间的范围。它通常由传感器的物理特性决定，如灵敏度、线性度、最大和最小输出等。在传感器的测量范围之外进行测量可能会导致不准确的测量结果或者损坏传感器。

传感器的测量范围通常由传感器的设计参数确定。传感器的设计人员会通过对物理特性和环境条件的分析来确定传感器的最大和最小输出值。例如，压力传感器的测量范围通常由传感器的材料和结构限制，而温度传感器的测量范围则受到传感器材料和电路稳定性的影响。

在实际应用中，正确选择传感器的测量范围非常重要。如果选择了过小的测量范围，就会导致无法进行正确的测量或者使得传感器发生损坏，如果选择了过大的测量范围，则可能导致测量结果出现不准确性或者增加不必要的成本开支。此外，基于传感器安全使用的要求，应当考虑传感器的过载能力，在选择传感器的测量范围时，需要留出一定的安全余地。

7. 死区

传感器的死区，也称为盲区，是指在传感器输入量变化的某个范围内，传感器无法检测到这种变化的区域或者输出信号在一定的输入范围内没有任何变化的区域。死区是由传感器本身的非线性特性所导致的。由于传感器的灵敏度、分辨率等参数与输入信号的大小和范围

有关，因此当输入信号的大小或范围达到一定程度时，传感器的输出信号会停留在一个固定的值上，而无法继续随输入信号的变化而变化。这个固定值的范围就是传感器的死区。例如，一个电阻应变式传感器在负载作用下的应变量，一旦应变量低于某一阈值，输出电压就会保持不变，这个阈值就是应变式传感器的硬性死区。

8. 温度稳定性（温度漂移）

传感器的温度稳定性是指传感器输出值在一定温度范围内的稳定性能，即传感器输出值随温度变化的程度，其又被称为传感器的温度漂移。温度稳定性是传感器静态特性之一，也是评估传感器性能的重要指标之一。传感器的温度稳定性可以表示为温度变化对于传感器输出值变化的百分比，也可以表示为每摄氏度变化下传感器输出值的变化量。一般情况下，传感器的温度稳定性通常由传感器的温度系数表示，具体计算为

$$\alpha_T = \frac{Y_2 - Y_1}{Y_{FS}\Delta T} \times 100\% \tag{4-19}$$

式中，α_T 为计算温度系数；Y_1、Y_2 分别为温度 T_1、T_2 时的传感器输出值；Y_{FS} 为传感器的满量程输出值；$\Delta T = T_2 - T_1$。

传感器的温度稳定性与传感器的结构、材料、工艺、电路设计等因素有关。一些传感器可以通过加热器、温度补偿电路等方式来提高其温度稳定性，但这些方法也会增加传感器的成本和复杂度。在实际应用中，为了保证传感器的温度稳定性，通常需要在设计和选择传感器时考虑到应用环境中的温度变化范围，并选择具有合适温度系数的传感器。此外，还可以通过加热或冷却传感器所处的环境来控制其温度，以提高传感器的温度稳定性。

9. 零点漂移

零点漂移是指传感器输出信号在零点上发生的偏移，即传感器在无物理量输入时输出的值发生的变化。这个偏移量是不稳定的，并且随着时间的推移而逐渐增加。理想情况下，传感器在零量程输入时应该输出零值，但实际上由于各种因素的影响，传感器的输出可能存在偏移，其计算为

$$\alpha_0 = \frac{\Delta Y_0}{Y_{FS}} \times 100\% \tag{4-20}$$

式中，ΔY_0 为最大零点偏差（或相应偏差）；Y_{FS} 为传感器的满量程输出值。

通常情况下，零点漂移的大小取决于传感器的工作环境和使用时间，其在一定程度上反映了传感器的长时工作稳定性。零点漂移可能由多种因素引起，包括但不限于以下几点：

1）温度变化：温度变化是导致传感器零点漂移的常见原因之一。温度的变化会引起传感器内部材料的热胀冷缩，导致传感器的结构和特性发生变化，从而影响零点的稳定性。

2）机械变形：传感器在使用过程中可能会受到机械应力或振动的影响，导致其结构发生变形或位移，进而引起零点的漂移。

3）电子元件老化：传感器中的电子元件随着使用时间的增长，可能会发生老化现象，例如电容器的漏电、电阻器的阻值变化等，这些都会导致传感器输出的零点发生漂移。

4）环境影响：传感器所处的环境条件变化也会对零点产生影响，例如湿度、气压等环境因素的变化都可能引起传感器零点的偏移。

为了减小零点漂移的影响，常见的方法包括定期校准传感器、采用温度补偿技术、使用稳定的材料和结构设计等。此外，选择质量可靠、性能稳定的传感器也是减小零点漂移的重要措施之一。

4.3.2　传感器动态特性

传感器的动态特性是指传感器对于随时间变化的输入量的响应特性。在有关传感器的静态特性的分析中，被测量的信号被定义为一个不随时间变化的量，即在测量时传感器的输出值不受时间变化的影响。而在传感器的实际应用中，被测量信号大多数是关于时间的函数，这就要求传感器的输出不仅能精确地反映被测量的大小，还要正确地再现被测量随时间变化的规律。为了使传感器输出信号和输入信号随时间的变化曲线一致或相近，需要传感器不仅有良好的静态特性，而且还应具有良好的动态特性。

1. 传感器的数学模型

对于理想的动态特性好的传感器而言，其输出随时间变化的规律（输出变化曲线），将能再现输入随时间变化的规律（输入变化曲线），即输出输入具有相同的时间函数。实际上，除去具有比例特性的元件外，一般的传感器中还存在的弹性元件、惯性元件以及阻尼元件使得其输出 $Y(t)$ 不仅与输入 $X(t)$ 相关，还与输入量的变化速度 $dX(t)/dt$ 和加速度 $d^2X(t)/dt^2$ 相关。因此，传感器的输出信号与输入信号并不具有完全相同的时间函数，这种输入与输出间存在的差异被称为动态误差。

在实际的工程应用中，多数的传感器检测系统属于线性时不变系统，因此可以使用线性时不变系统理论来描述传感器的动态特性。此时，传感器的动态特性数学模型可以使用常系数线性微分方程表示，即

$$a_n \frac{d^n Y(t)}{dt^n} + a_{n-1} \frac{d^{n-1} Y(t)}{dt^{n-1}} + \cdots + a_1 \frac{dY(t)}{dt} + a_0 Y(t)$$

$$= b_m \frac{d^m X(t)}{dt^m} + b_{m-1} \frac{d^{m-1} X(t)}{dt^{m-1}} + \cdots + b_1 \frac{dX(t)}{dt} + b_0 X(t) \tag{4-21}$$

式中，$Y(t)$ 为传感器的输出量；$X(t)$ 为传感器的输入量；t 为时间；a_0，a_1，$\cdots$，a_n 和 b_0，b_1，$\cdots$，b_n 为与传感器本身结构特性相关的常数。

使用微分方程来表示传感器的动态模型的优点是通过解微分方程易于分清暂态响应和稳态响应。缺点是求解微分方程很麻烦，尤其是通过增减环节来改善传感器的特性时显得更不方便。但是，线性定常系统有两个十分重要的性质，即叠加性和频率保持性。

根据叠加性，当一个系统有 N 个激励同时作用时，那么它的响应就等于这 N 个激励单独作用的响应之和，即各个输入量引起的系统输出是互不影响的。因此在分析常系数线性系统时，总是可以将一个复杂的激励信号分解成若干个简单的激励信号，然后求出这些分量激励响应之和。

频率保持性表明，当线性系统的输入信号为某一频率的简谐信号（正弦或者余弦）时，则系统的稳定状态响应也为同一频率的简谐信号，但其幅值和初始相位可能发生变化。这个重要的性质给分析具有复杂输入传感器的动态特性带来了很大的方便，这也就是为什么在用传感器组成检测系统时，经常需要将传感器的特性进行线性化的原因之一。

但是对于复杂系统和复杂的输入信号，求解微分方程是一件困难的事情。因此，在信息论和工程控制理论中，通常采用一些足以反映系统动态特性的函数，将系统的输出与输入联系起来，这些函数有传递函数、频率响应函数和脉冲响应函数等。

虽然传感器的种类和形式很多，但它们的输入与输出关系一般可以使用零阶、一阶或二阶微分方程来描述。基于此，可以将传感器分为零阶传感器、一阶传感器和二阶传感器。

（1）零阶传感器的数学模型

对于零阶传感器而言，对照式（4-13），其动态数学模型的系数只有 a_0 和 b_0，其余系数均为零，则表示其数学模型的微分方程为

$$a_0 Y(t) = b_0 X(t) \tag{4-22}$$

或

$$Y(t) = \frac{b_0}{a_0} X(t) = KX(t) \tag{4-23}$$

式中，K 为静态灵敏度。

零阶系统具有理想的动态特性，无论被测量 $X(t)$ 如何随时间变化，零阶系统的输出都不会失真，其输出在时间上也无任何滞后，所以零阶系统又称为比例系统。零阶系统的输出可以理解为是传感器在时间 t 时的被测量发生阶跃变化，在同样的时间 t 时，传感器的输出立即转移到另一新值。测量电位动态变化的电位计就是这种传感器的典型应用。此外，在实际应用中，许多高阶系统在变化缓慢、频率不高时，都可以近似地当成零阶系统处理。

（2）一阶传感器的数学模型

对于一阶传感器而言，对照式（4-13），其动态数学模型的系数只有 a_0、a_1 和 b_0，其余系数均为零，则表示其数学模型的微分方程为

$$a_1 \frac{\mathrm{d}Y(t)}{\mathrm{d}t} + a_0 Y(t) = b_0 X(t) \tag{4-24}$$

即

$$a_1 \frac{\mathrm{d}Y(t)}{\mathrm{d}t} + a_0 Y(t) = b_0 X(t) \tag{4-25}$$

则有

$$\tau \frac{\mathrm{d}Y(t)}{\mathrm{d}t} + Y(t) = KX(t) \tag{4-26}$$

其中，τ 为时间常数；K 为静态灵敏度，分别为

$$\tau = \frac{a_1}{a_0} \tag{4-27}$$

$$K = \frac{b_0}{a_0} \tag{4-28}$$

传递函数为

$$W(s) = \frac{K}{1 + \tau s} \tag{4-29}$$

频率特性为

$$H(\mathrm{j}\omega) = \frac{K}{1 + \mathrm{j}\omega\tau} \tag{4-30}$$

幅频特性为

$$|A(\omega)| = \frac{k}{\sqrt{1 + (\omega\tau)^2}} \tag{4-31}$$

相频特性为

$$\varphi(\omega) = \arctan(\omega\tau) \tag{4-32}$$

在实际的工业应用中，大量的传感器属于一阶传感器。对于一阶传感器系统，时间常数 τ 为具有时间的量纲，其反映了传感器响应的速度，或者说传感器惯性的大小，因此一阶系统也被称为惯性系统。在实际的传感器应用中，不带套管的测温热电偶即为惯性系统的典型代表。

（3）二阶传感器的数学模型

对于二阶传感器而言，对照式（4-13），其动态数学模型的系数只有 a_0、a_1、a_2 和 b_0，其余系数均为零，则表示其数学模型的微分方程为

$$a_2 \frac{\mathrm{d}^2 Y(t)}{\mathrm{d}t^2} + a_1 \frac{\mathrm{d}Y(t)}{\mathrm{d}t} + a_0 Y(t) = b_0 X(t) \tag{4-33}$$

则有

$$(\tau^2 s^2 + 2\zeta\tau s + 1)Y(t) = KX(t) \tag{4-34}$$

其中，时间常数为

$$\tau = \sqrt{\frac{a_2}{a_0}} \tag{4-35}$$

自振角频率为

$$\omega_0 = \frac{1}{\tau} \tag{4-36}$$

阻尼比为

$$\zeta = \frac{a_1}{2\sqrt{a_0 a_2}} \tag{4-37}$$

静态灵敏度为

$$K = \frac{b_0}{a} \tag{4-38}$$

传递函数为

$$W(s) = \frac{K}{s^2 + 2\zeta\tau s + 1} \tag{4-39}$$

频率特性为

$$H(\mathrm{j}\omega) = \frac{K}{1 - \omega^2\tau^2 + 2\mathrm{j}\zeta\omega\tau} \tag{4-40}$$

幅频特性为

$$A(\omega) = \frac{k}{\sqrt{(1 - \omega^2\tau^2)^2 + (2\zeta\omega\tau)^2}} \tag{4-41}$$

相频特性为

$$\varphi(\omega) = -\arctan\frac{2\zeta\omega\tau}{1 - \omega^2\tau^2} \tag{4-42}$$

根据二阶微分方程特征方程根的性质不同，二阶系统又可以分为二阶惯性系统和二阶振荡系统。其中，二阶惯性系统特征方程的根为两个负实根，相当于两个一阶系统串联；二阶振荡系统特征方程的根为一对带负实部的共轭复根。

常见的振动传感器以及力敏传感器等都属于二阶传感器，带有套筒的热电偶、电磁式的动圈仪表以及 RLC 振荡电路等都可以看作为二阶系统。二阶传感器可以用于许多应用中，包括工业控制、机械运动监测、振动分析等。例如，在机械运动监测中，二阶传感器可以检测到物体的加速度变化，从而判断其位置、速度和加速度的变化情况。在振动分析中，二阶传感器可以测量物体的振动频率和振动幅度，从而判断物体的结构稳定性和振动状况。

2. 传感器的动态响应特性

传感器的动态特性不仅与传感器材料、结构等本身固有因素有关，还与传感器输入量的变化形式有关。也就是说，同一个传感器在不同形式的输入信号作用下，输出量的变化是不同的，通常选用几种典型的输入信号作为标准输入信号，用于研究传感器的响应特性。

（1）瞬态响应特性

传感器的瞬态响应是关于时间的响应。在研究传感器的动态特性时，有时需要从时域中对传感器的输入-输出响应和过渡过程进行分析，这种分析方法称为时域分析法。在时域内研究传感器的动态特性时，常用的激励信号有阶跃函数、脉冲函数和斜坡函数等。此时，传感器对所加激励信号的响应称为瞬态响应。一般认为，阶跃输入信号对于传感器来说是最严峻的工作状态。如果在阶跃函数的作用下，传感器能满足动态性能指标，那么在其他函数作用下，其动态性能指标也必定会令人满意。在理想情况下，阶跃输入信号的大小对过渡过程的曲线形状是没有影响的。但在实际做过渡过程实验时，应保持阶跃输入信号在传感器特性曲线的线性范围内。下面以传感器的单位阶跃响应评价传感器的动态性能。

1）一阶传感器的单位阶跃响应：由式（4-25）可知，一阶传感器的微分方程为

$$\tau \frac{dY(t)}{dt} + Y(t) = KX(t) \tag{4-43}$$

由于在线性传感器中灵敏度 K 为常数，在动态特性分析中，K 的作用为使输出量增加 K 倍的作用。为方便接下来的讨论，设 $K=1$，此时传感器的传递函数为

$$H(s) = \frac{Y(s)}{X(s)} = \frac{K}{\tau s + 1} = \frac{1}{\tau s + 1} \tag{4-44}$$

对初始状态为零的传感器而言，若输入信号为单位阶跃信号，即

$$X(t) = \begin{cases} 0, t \le 0 \\ 1, t > 0 \end{cases} \tag{4-45}$$

输入信号 $X(t)$ 的拉普拉斯变换为

$$X(s) = \frac{1}{s} \tag{4-46}$$

一阶传感器的单位阶跃响应拉普拉斯变换为

$$Y(s) = H(s)X(s) = \frac{1}{\tau s + 1} \cdot \frac{1}{s} \tag{4-47}$$

对式（4-47）进行拉普拉斯反变换，则一阶传感器的单位阶跃响应信号为

$$Y(t) = 1 - e^{\frac{t}{\tau}} \tag{4-48}$$

相应的响应曲线如图 4-7 所示。由图可见，传感器存在惯性，输出的初始上升斜率为 $1/\tau$，若传感器保持初始响应速度不变，则在 τ 时刻输出将达到稳态值。但实际的响应速率随时间的增加而减慢。理论上传感器的响应在趋于无穷时才达到稳态值，但通常认为 $t = (3 \sim 4)\tau$ 时，如当 $t = 4\tau$ 时，其输出已达到稳态值的 98.2%，可以认为已达到稳态。所以，当一阶传感器的时间常数 τ 越小，响应曲线越接近于输入阶跃曲线，即动态误差越小。

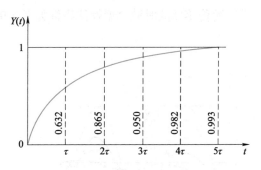

图 4-7　一阶传感器单位阶跃响应曲线

2）二阶传感器的单位阶跃响应：接下来对二阶传感器的单位阶跃响应进行分析，由式（4-33）可得二阶传感器的微分方程为

$$a_2 \frac{\mathrm{d}^2 Y(t)}{\mathrm{d}t^2} + a_1 \frac{\mathrm{d}Y(t)}{\mathrm{d}t} + a_0 Y(t) = b_0 X(t) \tag{4-49}$$

二阶传感器的传递函数为

$$H(s) = \frac{Y(s)}{X(s)} \frac{\omega_{\mathrm{n}}^2}{s^2 + 2\zeta\omega_{\mathrm{n}}s + \omega_{\mathrm{n}}^2} \tag{4-50}$$

式中，ω_{n} 为传感器的自然频率；ζ 为传感器的阻尼比。

传感器的自然频率为

$$\omega_{\mathrm{n}} = \sqrt{\frac{a_0}{a_2}} \tag{4-51}$$

二阶传感器的单位阶跃响应拉普拉斯变换为

$$Y(s) = H(s)X(s) = \frac{\omega_{\mathrm{n}}^2}{s(s^2 + 2\zeta\omega_{\mathrm{n}}s + \omega_{\mathrm{n}}^2)} \tag{4-52}$$

二阶传感器对阶跃信号的响应在很大程度上取决于其阻尼比 ζ 和自然频率 ω_{n}。自然频率 ω_{n} 由传感器主要结构参数所决定，ω_{n} 越高，传感器的响应越快。当 ω_{n} 为常数时，传感器的响应取决于阻尼比 ζ。图 4-8 所示为二阶传感器的单位阶跃响应曲线，由图可知，阻尼比 ζ 直接影响超调量和振荡次数。

当 $\zeta = 0$ 时，为临界阻尼，超调量为 100%，产生等幅振荡，达不到稳态；当 $\zeta > 1$ 时，为过阻尼，无超调也无振荡，但达到稳态所需时间较长；当 $\zeta < 1$ 时，为欠阻尼，衰减振荡，达到稳态值所需时间随阻尼比的减小而加长。当 $\zeta = 1$ 时响应时间最短。在实际使用中为了兼顾有短的上升时间和小的超调量，一般传感器都设计成欠阻尼式的，阻尼比一般被设定为 0.7~0.8。

3）瞬态响应特性指标：时间常数 τ 是描述一阶传感器动态特性的重要参数，τ 越小，响应速度越快。

二阶传感器的时域典型性能指标如图 4-9 所示，各指标定义如下：

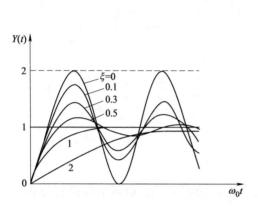

图 4-8 二阶传感器单位阶跃响应曲线

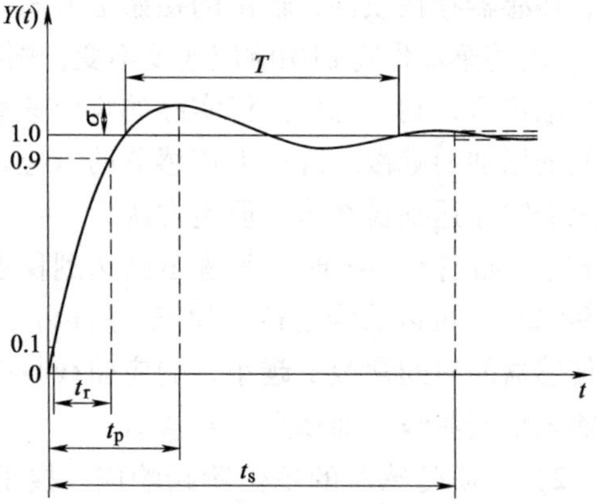

图 4-9 二阶传感器（$\zeta<1$）时域动态特性

①上升时间 t_r：输出由稳态值的 10% 变化到稳态值的 90% 所用的时间。它表示了传感器的响应速度，上升时间越小表明传感器对于输入的响应速度越快。

②调整时间 t_s：系统从阶跃输入开始到输出值进入稳态值所规定的范围内所需的时间。调整时间在一定程度上也能表示传感器的响应速度。

③峰值时间 t_p：阶跃响应曲线达到第一个峰值所需的时间。

④超调量 σ：传感器输出超过稳态值的最大值 ΔA，常用相对于稳态值的百分比 σ 表示。即

$$\sigma = \frac{Y(t_p) - Y(\infty)}{Y(\infty)} \tag{4-53}$$

（2）频率响应特性

传感器对不同频率成分的正弦输入信号的响应特性即为传感器的频率响应特性。根据线性时不变系统具有的频率保持性来看，一个传感器输入端有正弦信号作用时，其输出响应仍然是同频率的正弦信号，只是与输入端正弦信号的幅值和相位不同。频率响应法是从传感器的频率特性出发研究传感器的输出与输入的幅值比和相位差的变化。

此处以一阶传感器的频率响应特性说明。将一阶传感器的传递函数式（4-29）中的 s 用 $j\omega$ 代替，即得频率特性表达式为

$$H(j\omega) = \frac{1}{j\omega\tau + 1} = \frac{1}{1 + (\omega\tau)^2} - j\frac{\omega\tau}{1 + (\omega\tau)^2} \tag{4-54}$$

幅频特性为

$$A(\omega) \equiv \frac{1}{\sqrt{1 + (\omega\tau)^2}} \tag{4-55}$$

相频特性为

$$\varphi(\omega) = -\arctan(\omega\tau) \tag{4-56}$$

从式（4-56）可以看出，时间常数 τ 越小，频率响应特性越好。当 $\omega\tau \ll 1$ 时，$A(\omega) \approx 1$，$\varphi(\omega) \approx 1$，表明传感器输出与输入呈线性关系，且相位差也很小，输出 $Y(t)$ 能够比较真实地反映了输入 $X(t)$ 的变化规律。因此，减小 τ 可改善传感器的频率特性。除了使用时间

常数 τ 表示一阶传感器的动态特性外，在频率响应中也用截止频率来描述传感器的动态特性。截止频率是指幅值比下降到零频率幅值比的 $1/\sqrt{2}$ 倍时所对应的频率，截止频率反映传感器的响应速度，截止频率越高，传感器的响应越快。对一阶传感器而言，其截止频率为 $1/\tau$。

4.4　常用传感器介绍

4.4.1　温度传感器

1. 温度测量方法

温度是物体内部分子或原子的热运动程度的度量，它是描述物体冷热程度的物理量，通常以摄氏度（℃）或开尔文（K）为单位。温度与自然界中的各种物理和化学过程相联系，在工业与农业的实际生产过程中，各个环节都与温度紧密相联。温度概念的建立及温度的测量都是以热平衡为基础的，当两个冷热程度不同的物体接触后就会产生导热、换热，换热结束后两物体处于热平衡状态，此时它们具有相同的温度，这就是温度最本质的性质。

温度测量方法有接触式测温和非接触式测温两大类。接触式测温是指需要敏感元件直接与被测物体接触才能进行温度测量的方法。接触式测温时，温度敏感元件与被测对象接触，经过换热后两者温度相等。以下是几种常见的接触式温度测量仪表：

1）膨胀式温度计：膨胀式温度计是一种常见的温度测量装置，基于物质的热膨胀性质随温度变化而引起的尺寸变化。它们使用不同材料的热膨胀系数来测量温度变化，最常见的基于液体膨胀的水银温度计以及基于固体膨胀的双金属温度计。

2）热电偶温度计：热电偶可以通过两种不同金属导线的热电效应来测量温度。它们需要与被测物体直接接触，通过测量热电偶电极之间的温差来确定温度。

3）热电阻温度计：热电阻传感器以电阻值随温度的变化来测量温度。常用的热电阻材料是铂。热电阻需要与被测物体接触，通过测量电阻值来确定温度。

4）热导率温度计：热导率温度计通过测量物体的热导率来推导温度。需要与被测物体接触，并通过测量热导率的变化来确定温度。热导率温度计在一些特定的应用中使用较多，如液体测温和材料热导率测量等。

接触式测温需要测温元件与仪表直接同被测物体直接接触，以便准确地感知被测物体的温度。这要求测温仪表能够良好地与被测物体接触，并且对物体的表面性质和形状有一定的适应性。

非接触式测温是一种无需敏感元件与被测物体直接接触的温度测量方法。它通过测量物体发出的热辐射或其他物理特性来推断温度。以下是常见的非接触式测温仪表：

1）热像仪：热像仪是一种能够实时捕捉物体热辐射并生成温度分布图像的设备。它们使用红外热敏探测器来测量物体表面的热辐射，并将其转换为可视化的热图像。热像仪可以提供全景温度分布信息，对于分析温度差异和检测异常热点非常有用。

2）光纤光栅温度计：光纤光栅温度计利用光纤光栅的光学特性来测量温度。光栅中的折射率随温度变化而发生变化，从而导致光的频率或波长发生变化。通过测量这些光学特性的变化，可以推断温度的变化。

非接触式测温仪表在使用时一般不需要与物体直接接触，不会破坏原有的温度场，适用于测量运动物体的温度变化，但是精度一般不高。

2. 热电阻传感器

热电阻传感器的工作原理基于热电效应，即电阻材料的电阻值会随温度的变化而发生变化。热电阻传感器根据使用电阻材料的不同分为金属热电阻传感器和半导体热电阻传感器两大类，其中金属热电阻一般被称为热电阻，而半导体热电阻一般被称为热敏电阻。

（1）金属热电阻传感器（热电阻）

热电阻是由电阻体、绝缘套管和接线盒等主要部件组成的，其中，电阻体是热电阻的最主要部分。图 4-10 为工业用热电阻的结构示意图。虽然各种金属材料的电阻率均随温度变化，但作为热电阻的材料，则要求：

① 电阻温度系数要大，以便提高热电阻的灵敏度；
② 电阻率尽可能大，以便在相同灵敏度下减小电阻体尺寸；
③ 热容量要小，以便提高热电阻的响应速度；
④ 在整个测量温度范围内，应具有稳定的物理和化学性能；
⑤ 电阻与温度的关系最好接近于线性；
⑥ 应有良好的可加工性，且价格便宜。

根据上述要求及金属材料的特性，目前使用最广泛的热电阻材料是铂和铜。

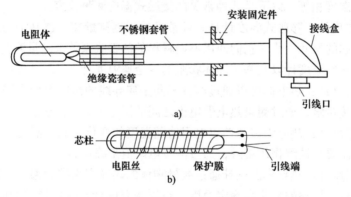

图 4-10　热电阻结构示意图

1）铂热电阻：铂的物理以及化学稳定性能良好，其长时间稳定的复现性可达 10^{-4} K，是目前测温复现性最好的一种温度计，广泛应用于温度基准、标准的传递和工业在线测量。工业用铂电阻作为测温传感器，通常用来和显示、记录、调节仪表配套使用，直接测量各种生产过程中从 $-200 \sim 500 ℃$ 范围内的液体、蒸汽和气体等介质的温度，也可测量固体的表面温度。

铂电阻的精度与铂的提纯程度有关，铂的纯度通常用百分电阻比 $W(100)$ 表示，即

$$W(100) = \frac{R_{100}}{R_0} \tag{4-57}$$

式中，R_{100} 为 100℃时的电阻值；R_0 为 0℃时的电阻值。

$W(100)$ 越高，表示铂丝纯度越高，国际实用温标规定，作为基准器的铂电阻，比值 $W(100)$ 不得小于 1.3925。目前技术水平已达到 1.3930，与之相应的铂纯度为 99.9995%，

工业用铂电阻的电阻比 $W(100)$ 为 1.387~1.390。

铂丝的电阻值与温度之间的关系，即特性方程如下

$$R_t = \begin{cases} R_0[1 + At + Bt^2 + C(t - 100)t^3], & -200℃ \leqslant t \leqslant 0℃ \\ R_0(1 + At + Bt^2), & 0℃ \leqslant t \leqslant 650℃ \end{cases} \quad (4\text{-}58)$$

式中，R_t、R_0 是温度分别为 $t℃$ 和 0℃时的铂电阻值；A、B、C 为常数。

对于 $W(100) = 1.391$，有 $A = 2.96847×10^{-3}/℃$，$B = -5.847×10^{-7}/℃^2$，$C = -4.22×10^{-12}/℃^4$。

由特性方程式（4-58）可知，铂电阻的电阻值与温度 t 和初始电阻 R_0 有关，不同的 R_0 值，R_t 与 t 的对应关系不同。目前，工业铂电阻的 R_0 值有 10Ω、50Ω、100Ω 和 1000Ω，对应的分度号分别为 Pt10、Pt50、Pt100 和 Pt1000，其中应用最广泛的是 Pt100。在实际测量中，只要测得铂热电阻的阻值 R_t，便可从分度表（给出阻值和温度的关系）中查出对应的温度值。

铂电阻具有检测精度高，稳定性好，性能可靠，复现性好的特点。在氧化性介质中，即使是在高温情况下仍有稳定的物理、化学性能。但它的缺点是电阻温度系数小，电阻与温度呈非线性。在还原性介质中，尤其在高温情况下，易被从氧化物中还原出来的蒸汽所玷污，使铂丝变脆，从而改变其电阻与温度之间的关系。因此，在高温下不宜在还原性介质中使用。另外，铂是贵重金属，资源少，价格较高。

2）铜热电阻：出于经济性考量，在一些测量精度要求不高且温度较低的场合，普遍采用铜热电阻进行温度的测量，测量范围一般为 -50~150℃。在此温度范围内铜电阻的线性关系好，灵敏度比铂电阻高，容易提纯、加工，价格便宜，复现性能好。但是铜易于氧化，一般只用于150℃以下的低温测量和没有水分及无侵蚀性介质的温度测量。与铂相比，铜的电阻率低，所以铜电阻的体积较大。

铜电阻的阻值与温度之间的关系为

$$R_t = R_0(1 + \alpha t) \quad (4\text{-}59)$$

式中，α 为铜的温度系数，取值为 $(4.25~4.28)×10^{-3}/℃$。

由式（4-59）可知，铜电阻与温度的关系是线性的。目前工业上使用的标准化铜热电阻的 R_0 按照统一设计取为 50Ω 和 100Ω 两种，分度号分别为 Cu50 和 Cu100。

（2）半导体热电阻传感器（热敏电阻）

一般来说，半导体比金属具有更大的电阻温度系数。半导体热敏电阻是利用半导体的电阻值随温度发生显著变化的特性而制作的热敏元件。它是由某些金属氧化物同其他化合物按照不同的配方比例进行烧结制作的，具有以下优点：

① 热敏电阻的温度系数比金属大，大 4~9 倍，半导体材料可以有正或负的温度系数，可以根据不同的需要进行选择；

② 电阻率大，可以制成极小的电阻元件，体积小，热惯性小，适于测量点温，表面温度以及快速变化的温度；

③ 结构简单、机械性能好。可根据不同要求，制成各种形状。

热敏电阻的最大缺点是线性度较差，只在某较窄温度范围内有较好的线性度，由于是半导体材料，其复现性和互换性较差。

根据热敏电阻率随温度变化的特性不同，热敏电阻基本可分为正温度系数（PTC）、负温度系数（NTC）和临界温度系数（CTR）3 种类型，其特性如图 4-11 所示。此外，热敏电阻还可以按照电阻值随温度变化的大小以及速率的不同分为缓变型和突变型；按照受热方式的不同可分为直热式和旁热式。下面以 NTC 型热敏电阻为例，进行热敏电阻的特性说明。

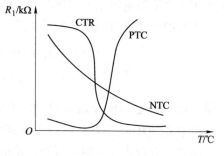

图 4-11　热敏电阻的温度特性曲线

1）温度特性：NTC 型热敏电阻在较小的温度范围内，其电阻-温度特性符合指数规律，具体表达式为

$$R_T = R_0 e^{B\left(\frac{1}{T}-\frac{1}{T_0}\right)} = R_0 \exp\left[B\left(\frac{1}{273+t} - \frac{1}{273+t_0}\right)\right] \tag{4-60}$$

式中，R_T 和 R_0 为热敏电阻在热力学温度 T 和 T_0 时的电阻值（Ω）；T_0 和 T 为介质的起始温度和变化终止温度（K）；t_0 和 t 为介质的起始温度和变化温度（℃）；B 为热敏电阻材料常数，一般为 2000~6000K，其具体数值取决于材料的不同。

热敏电阻在其本身温度变化为 1℃时，其电阻值的相对变化量被称为热敏电阻的温度系数，计算为

$$\alpha = \frac{1}{R_T}\frac{dR_T}{dT} = -\frac{B}{T^2} \tag{4-61}$$

热敏电阻的材料常数与温度系数是表征热敏电阻材料性能的两个重要参数，热敏电阻的温度系数比金属丝的电阻温度系数高很多，所以其灵敏度很高。

2）伏安特性：伏安特性表征热敏电阻在恒温介质下流过的电流 I 与其上电压降 U 之间的关系，负温度系数热敏电阻的伏安特性如图 4-12 所示。

当电流 $I<I_a$ 时，由于电流较小，不足以引起自身加热，阻值保持恒定，电压降与电流之间符合欧姆定律，所以图 4-12 中 oa 为线性区。当电流 $I>I_a$ 时，随着电流增加，功耗增大，产生自热，阻值随电流增加而减小，电压降增加速度逐渐减慢，因而出现非线性的正阻区 ab。电流增大到 I_m 时，电压降达到最大值 U_m。此后，电流继续增大时，自热更为强烈，由于热敏电阻的电阻温度系数大，阻值随电流增加而减小的速度大于电压降增加的速度，于是就出现负阻区 bc 段。当电流超过允许值时，热敏电阻将被烧坏。

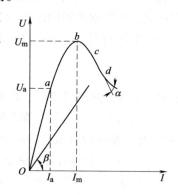

图 4-12　热敏电阻的
伏安特性曲线

3）热敏电阻的主要参数：除了已介绍的材料常数和温度系数以外，热敏电阻还有以下几个主要参数：

① 标称电阻值 R_H。在环境温度为（25±0.2）℃时测得的电阻值，又称冷电阻。其大小取决于热敏电阻的材料与几何尺寸。

② 耗散系数 H。指热敏电阻的温度与周围介质的温度相差 1℃时热敏电阻所耗散的功率，单位为 W/℃。

③ 热容量 C。热敏电阻的温度变化 1℃ 所需吸收或释放的热量，单位为 J/℃。

④ 能量灵敏度 G。使热敏电阻的阻值变化 1% 所需耗散的功率，单位为 W，能量灵敏度 G 与耗散系数 H、电阻温度系数 α 之间的关系为

$$G = H/\alpha \tag{4-62}$$

⑤ 时间常数 τ。温度为 T_0 的热敏电阻突然置于温度为 T 的介质中，热敏电阻的温度增量 $\Delta T = 0.63(T-T_0)$ 时所需的时间，亦即为热容量 C 与耗散系数 H 之比，即

$$\tau = C/H \tag{4-63}$$

⑥ 额定功率 P_E。指热敏电阻在规定的技术条件下，长期连续使用所允许的耗散功率，单位为 W。在实际使用时，热敏电阻所消耗的功率不得超过额定功率。

3. 热电偶传感器

（1）热电偶的工作原理

热电偶的测温原理是基于热电效应。在两种不同的导体（或半导体）A 和 B 组成的闭合回路中，如果它们两个结点的温度不同，则回路中会产生一个电动势，通常称这种电动势为热电动势，这种现象就是热电效应，如图 4-13 所示。

在图 4-13 所示的回路中，两种丝状的不同导体（或半导体）组成的闭合回路，称之为热电偶。此处，导体 A 或 B 称为热电偶的热电极或热偶丝。热电偶的两个结点中，置于温度为 T 的被测对象中的结点称为测量端，又称工作端或热端；而温度为参考温度 T_0 的另一结点称为参比端或参考端，又称自由端或冷端。

（2）热电偶的测温原理

当热电偶的材料均匀时，热电偶的热电势大小与电极的几何尺寸无关，仅与热电偶材料的成分和冷、热端的温差有关。图 4-14 为常见的热电偶结构，当热端与冷端有温差时，测量仪表便能测出介质的温度。通常情况下，要求冷端的温度恒定，此时，热电偶的热电势就是被测介质温度的单值函数，即

$$E_{AB} = \Phi(T) \tag{4-64}$$

式中，T 为测量端的温度。

热电偶基于这一特性就可以用于温度的测定。

图 4-13　热电偶示意图　　　　　　　　　图 4-14　热电偶结构图

（3）使用热电偶基于的定律

1）中间温度定律：如果在两个热电偶接点之间加入一个中间温度点（通常称为冷端温度），则两个热电偶的测量电势差（热电势）之和等于两个热电偶分别与中间温度点之间的热电势之和。通过使用中间温度定律，可以消除热电偶引线温度变化对温度测量的影响。通过测量热电偶接点与中间温度点之间的热电势，可以校正由于引线温度变化引起的误差，从而提高温度测量的准确性。

2）中间导体定律：如果在两个不同类型的热电偶中插入一个中间导体（通常称为第三种金属），则两个热电偶接点之间的电势差等于各热电偶与中间导体之间的电势差之和。利用中间导体定律，可以通过测量两个热电偶与中间导体之间的电势差，来间接测量两个热电偶接点之间的温度差。

3）标准电极定律：如果在两个不同类型的热电偶之间插入一个连接导体（通常是同一种金属），则两个热电偶的电势差等于各热电偶与连接导体之间的电势差之和。利用连接导体定律，可以通过测量两个热电偶与连接导体之间的电势差，来间接测量两个热电偶接点之间的温度差。

（4）热电偶应用中的问题

由热电偶的作用原理可知，热电偶热电动势的大小不仅与测量端的温度有关，而且与冷端的温度有关，是热端温度与冷端温度的函数差。为了保证输出电动势是被测温度的单值函数，就必须使一个结点的温度保持恒定，而使用的热电偶分度表温度之和的串联电路中的热电动势值，都是在冷端温度为0℃时给出的。因此如果热电偶的冷端温度不是0℃，而是其他某一数值，且又不加以适当处理，那么即使测得了热电动势的值，仍不能直接应用分度表，即不可能得到测量端的准确温度，会产生测量误差。但在工业使用时，要使冷端的温度保持为0℃是比较困难的，通常采用如下一些温度补偿办法。

1）导线补偿法：补偿导线法的基本原理是在温度测量仪表端引入冷端补偿导线，并将补偿导线与热电偶的引线连接。在测量过程中，仪表同时测量热电偶引线的热电势和补偿导线的热电势，然后根据补偿导线的热电势值进行相应的补偿计算，消除引线端温度变化对温度测量的影响。

补偿导线法的优点是简单易行，适用于大多数热电偶测量应用。然而，需要注意的是补偿导线与热电偶的材料和特性要匹配，并且在使用过程中要确保补偿导线与热电偶的连接牢固可靠，以保证准确的温度测量。

2）计算法：在实际测量时，当热电偶冷端温度不是0℃，而是环境温度 T_1 时，这时测量出的回路热电势较小。根据热电偶中间温度定律，可得到热电动势的计算矫正公式：

$$E(T,0) = E(T,T_1) + E(T_1,0) \tag{4-65}$$

因此只要知道热电偶参比端的温度 T_1，就可以从分度表中查出对应 T_1 的热电动势。此时，将这个热电动势值与显示仪表所测的读数值相加，得出的结果就是热电动势的参比端温度为0℃时，对应于测量端的温度为 T 时的热电动势。然后从分度表中查得对应于该电动势的温度，这个温度的数值就是热电偶测量端的实际温度。

3）0℃恒温法：0℃恒温法又称为冰点槽法，具体而言就是将热电偶的冷端置于冰水混合物中，使其冷端温度保持为0℃以消除温度的影响，此方法仅限于实验室环境。为避免冰水导电引起的连接点短路，在具体使用时需要将连接点置于不同容器，使其相互绝缘。

4）采用不需要冷端补偿的热电偶：对于某些特定类型的热电偶，存在不需要冷端补偿的情况。这些热电偶类型被称为自补偿热电偶或内部冷端补偿热电偶。自补偿热电偶通常是由两种不同材料的热电对组成，这两种材料之间存在内部冷端补偿效应。内部冷端补偿热电偶的设计使得热电势在不同冷端温度下变化较小，因此不需要额外的冷端补偿。常见的内部冷端补偿热电偶包括铂铑-铂热电偶和铂铑-镍铬热电偶等。这些热电偶在正常工作温度范围内，由于其独特的热电特性，可以自动抵消引线端温度变化对温度测量的影响，不需要考虑冷端误差。

4.4.2　力学量传感器

力学量传感器，又称为力敏传感器，主要用于测量力、加速度、位移、速度、扭矩和质量等物理量。这些物理量的测量都与机械应力有关，因此，传感器种类繁多，性能差别较大，应用较多的力学量传感器主要有电阻式、电容式、磁阻式、振弦式、压阻式、压电式和光纤式等。压力电阻效应或压电效应等物理效应将机械力和加速度等物理量转换成电信号的元件，通常使用应变片作为转换的敏感元件。

1. 力敏元件的应用原理

（1）应力应变

应力是由载荷所引起的内部抵抗力。或指工程上习惯所说的单位面积上的内力。在古典力学中，应力被视为应变的原因，弹性体的应变与应力之间的关系，可以通过胡克定律来描述。应力通常被定义为单位面积上的载荷。常用的单位是帕斯卡（Pa）或兆帕（MPa），具体计算为

$$\sigma = \frac{F}{S} \tag{4-66}$$

式中，F 为物体所受拉伸或压缩载荷；S 为物体截面积。

当应力与物体表面相垂直时，该应力为正应力，根据正应力大小的不同，它可以简单分为两种类型：

1）拉伸应力：$\sigma > 0$，物体受到拉力作用，导致物体伸长。

2）压缩应力：$\sigma < 0$，物体受到压力作用，导致物体压缩。

在外力的作用下物体会发生形变，应变是描述物体形变大小程度的力学量。

（2）压力电阻效应

压力电阻效应是指某些材料在受到力或压力作用时，其电阻发生变化的现象。压力电阻材料常用半导体材料，这种效应基于材料的压阻效应，其中压力导致材料内部电荷载流子的重新分布，从而导致电阻的变化。

当施加压力或应力于具有压力敏感性的材料时，其晶格结构会发生微小的变形。这种变形会导致材料内部电子或空穴的重新排列，从而改变了电荷载流子的流动性能。结果，材料的电阻发生变化，产生了与施加的压力成正比的电阻变化，表示为

$$\frac{dR}{R} = K\varepsilon \tag{4-67}$$

式中，dR/R 为电阻的相对变化量；K 为压阻值的灵敏度系数；ε 为材料的应变。

（3）压电效应

压电效应是指某些特定材料在受到机械应力作用时，会产生电荷分离或电势差的现象。这种效应是由于材料的晶格结构具有非中心对称性而导致的。根据压电效应的性质，压电材料可以分为正压电材料和负压电材料：

1）正压电效应：当正压力施加在正压电材料上时，材料会产生正电荷和负电荷的分离，从而产生电势差。这种效应被称为正压电效应。

2）负压电效应：当负压力施加在负压电材料上时，材料会产生负电荷和正电荷的分

离，也会产生电势差。这种效应被称为负压电效应。

2. 电阻式传感器

电阻式传感器是一种由电阻应变片和弹性敏感元件组合起来的传感器。将应变片粘贴在各种弹性敏感元件上，当弹性敏感元件受到外作用力、力矩、压力、位移、加速度等各种参数作用时，将产生位移、应力和应变，此时电阻应变片就可将其转换为电阻的变化。这种传感器可用不同弹性的敏感元件形式完成多种参数的转换，构成检测各种参数的应变式传感器。电阻应变片就是传感器中的转换元件，它是电阻应变式传感器的核心元件。

（1）电阻应变片的种类

电阻应变片的分类方法很多，按照制造应变片敏感栅所用的材料的不同分为金属电阻应变片和半导体应变片两大类。

1）金属电阻应变片：金属电阻应变片简称为应变片，其结构大体相同，通常由敏感栅、基底、覆盖层、引线和黏结剂等组成。金属材料的电阻是由其电阻率决定的，电阻率表示了金属材料对电流的阻碍程度。电阻率通常以 $\Omega \cdot m$ 为单位。由于金属材料的电阻率与其几何形状和尺寸有关，当金属电阻应变片受到应变或外力作用时，金属材料的形状会发生微小变化，导致电阻率改变。在弹性范围内，金属电阻应变片的电阻变化与应变成正比，这意味着应变片的电阻变化可以用线性方程来描述。为了测量金属电阻应变片的电阻变化，通常将其作为电路的一部分连接到电源和测量电路中。当电阻变化时，电流通过应变片的电阻也会发生相应变化。测量电路可以检测到电流变化并转换为相应的电压信号。金属电阻应变片通常具有细长的形状，以增加其对应变的敏感度。根据结构的不同，金属电阻应变片可以分为丝式和箔式，如图4-15所示。

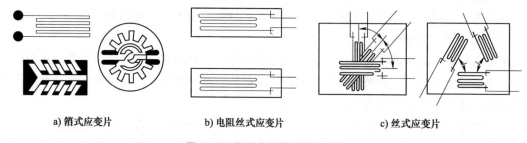

a) 箔式应变片　　　　b) 电阻丝式应变片　　　　c) 丝式应变片

图 4-15　常见应变片的基本形式

总之，金属电阻应变片通过测量金属材料的电阻变化来间接测量应变或外力。应变片的电阻变化与其所受应变的大小成正比，可以通过适当的电路测量和解读这种电阻变化，从而实现应变或力的测量。

2）半导体应变片：半导体应变片是一种使用半导体材料制造的应变传感器，用于测量应变或力的变化，它基于压力电阻效应，即半导体材料的电阻随应变的变化而变化的原理。

半导体应变片通常使用硅等半导体材料制造。硅具有良好的电学特性和机械稳定性，使其成为制造应变片的常用材料。为了增加半导体应变片的敏感度和可控性，通常会对半导体材料进行掺杂。掺杂是向材料中引入特定类型的杂质，改变其电子结构和电导性能。当应变作用于半导体应变片时，它会引起半导体材料的微小变形。这些变形会导致材料内部的电阻发生变化，产生相应的电阻差。

半导体应变片通常采用桥式电阻结构，包括四个电阻组成的电桥，两个电阻作为应变感受器，受到应变影响而发生电阻变化，而另外两个电阻作为参考电阻，用于校准和补偿。如图 4-16 所示，E 为供电电源，令 R_1 为电阻应变片，R_2、R_3、R_4 为电桥固定电阻，R_L 为负载电阻，这就构成了单臂电桥。在无应变情况下，桥路中的电阻保持平衡，输出电压 U_o 为零。但当应变作用于应变感受器时，其电阻发生变化，破坏桥路平衡，从而产生输出电压信号。将半导体应变片作为电路的一部分连接到电源和测量电路中。测量电路检测输出电压信号，并转换为对应的应变或力值。

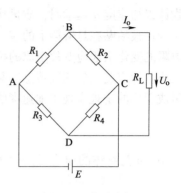

图 4-16　直流电桥

半导体应变片的灵敏度取决于材料的特性、几何结构和掺杂类型。校准过程可以通过应用已知应变或力来调整电路，以获得准确的测量结果。

（2）电阻应变式传感器的应用

电阻应变片有两个方面的应用，一是作为敏感元件，直接用于被测试件的应变测量；二是作为转换元件，通过弹性元件构成传感器，用以对任何能转变为弹性元件应变的其他物理量做间接测量。

应变式传感器一般由弹性敏感元件、应变片以及测量转换电路三部分组成。其中，弹性敏感元件用于将被测物理量（如力、扭矩、加速度、压力等）转换为弹性体的应变值；应变片作为转换元件，将应变转换为电阻的变化；测量转换电路用于电阻值转换为相应的电势信号输出给后续环节。

应变式传感器除直接测量应力应变外，还可以制成各种专用的应变式传感器。按其用途不同分为应变式力传感器、应变式压力传感器和应变式加速度传感器等。

1）应变式力传感器：应变式力传感器主要作为各种电子秤和材料实验机的测力元件，用于测量施加在物体上的力的大小。其工作原理是利用应变片的电阻随受力而发生变化。当物体受到力的作用时，应变片产生应变，导致电阻发生变化。通过测量电阻变化，可以确定施加在物体上的力的大小。根据使用场合以及载荷的不同，应变式压力传感器的弹性元件由柱（筒）式、环式、悬臂式等多种。

2）应变式压力传感器：应变式压力传感器用于测量介质（如气体或液体）对物体施加的压力。它的工作原理类似于应变式力传感器，使用应变片测量受力引起的应变。当介质对传感器施加压力时，应变片会发生应变，导致电阻发生变化。通过测量电阻变化，可以确定介质施加的压力。

3）应变式加速度传感器：应变式加速度传感器基于应变测量原理，用于检测物体的加速度或振动。它包含一个或多个应变片，由于加速度是运动参数而不是力，因此，它首先需

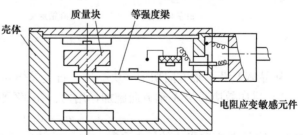

图 4-17　电阻应变片式加速度传感器结构示意图

要经过质量惯性系统将加速度转换成力，再作用于弹性元件上来实现测量。图 4-17 为应变片式加速度结构传感器的结构示意图，测量时，将传感器壳体与被测对象刚性连接，当被测

物体以加速度 a 运动时，质量块受到一个与加速度方向相反的惯性力作用，使悬臂梁变形，该变形被粘贴在悬臂梁上的应变片感受到并随之产生应变，从而使应变片的电阻发生变化。电阻的变化引起应变片组成的桥路出现不平衡，从而输出电压，通过运算得到应变片的受力大小。即应变式加速度传感器利用了物体运动的加速度与作用于它的力成正比，与物体的质量成反比的定理实现了加速度的测量，即

$$a = \frac{F}{m} \tag{4-68}$$

式中，a 为物体的加速度；F 为物体所受到的作用力；m 为物体的质量。

3. 压电式传感器

压电式传感器是典型的有源传感器，其基于压电效应实现相应的参数测量，即当压电材料受力作用而变形时，其表面会有电荷产生，从而实现非电量测量。压电式传感器具有体积小、质量轻、工作频带宽等特点，因此在各种动态力、机械冲击与振动的测量，以及声学、医学、力学、宇航等方面都得到了非常广泛的应用。

（1）压电材料

具有压电效应的材料称为压电材料，压电材料能实现机-电能量的相互转换，具有一定的可逆性。压电材料常用晶体材料，但自然界中多数晶体压电效应非常微弱，很难满足实际检测的需要，因而没有实用价值。目前能够广泛使用的压电材料只有石英晶体和人工制造的压电陶瓷、钛酸钡、锆钛酸铅等材料，这些材料都具有良好的压电效应。

石英晶体（SiO_2）是典型的压电晶体，为单晶体结构，理想形状为六角锥体，参见图4-18。石英晶体是各向异性材料，不同晶向具有各异性的物理特性，其中，Z 轴（光轴）是通过锥顶端的纵向轴，沿该方向受力不会产生压电效应；X 轴（电轴）经过六面体的棱线并垂直于 Z 轴，压电效应只在该轴的两个表面产生电荷集聚，即纵向压电效应；Y 轴（机械轴）与 X、Z 轴同时垂直，即横向压电效应。

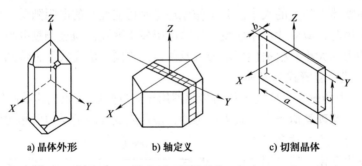

a) 晶体外形　　　　　b) 轴定义　　　　　c) 切割晶体

图 4-18　石英晶体

从晶体上沿 Y 轴方向切下一块晶片，石英晶体切片受力发生压电效应，具体情况如下：

1）纵向效应：沿 X 轴方向施加作用力，在 YZ 平面上产生电荷 q_x，即

$$q_x = d_{11}f_x \tag{4-69}$$

式中，d_{11} 是 X 方向受力的压电系数；f_x 是 X 轴方向的作用力。

纵向效应表明，沿电轴方向的力作用于晶体时所产生电荷量 q_x 的大小与切片的几何尺寸无关。

2）横向效应：沿 Y 轴方向施加作用力，在 XY 平面上产生电荷，但极性方向相反，即

$$q_y = d_{12} \frac{a}{b} f_y = -d_{11} \frac{a}{b} f_y \tag{4-70}$$

式中，d_{12} 是 Y 方向受力的压电系数（$d_{12} = -d_{11}$）；a 是切片的长度；b 是切片的厚度；f_y 是 Y 轴方向作用力。

横向效应表明，沿机械轴方向的力作用于晶体时产生的电荷 q_y 与晶体切片的几何尺寸有关，同时沿机械轴的压力所引起的电荷极性与沿电轴的压力所引起的电荷极性相反。

3）电荷与沿 X 轴方向的剪切力成正比，与石英元件的尺寸无关。

4）沿 Z 轴方向施加作用力，不会产生压电效应，没有电荷产生。

压电传感器在承受沿其敏感轴的外力作用下产生电荷，相当于一个电荷源（静电发生器）。当压电元件电极表聚集电荷时，相当于以压电材料为电介质的电容器，电容的大小为

$$C_a = \varepsilon\varepsilon_0 \frac{A}{\delta} \tag{4-71}$$

式中，C_a 为压电传感器内部电容；ε_0 为真空介电常数，大小为 $8.85 \times 10^{-12} \mathrm{F \cdot m^{-1}}$；$\varepsilon$ 为压电材料介电常数；A 为极板面积；δ 为压电元件厚度。

因此，压电传感器既是电荷源又是电容器，当压电传感器未接负载，即负载开路时，可得压电传感器的开路电压为

$$U_a = \frac{Q}{C_a} \tag{4-72}$$

式中，U_a 为压电传感器开路电压；Q 为等效电容器输出电荷。

（2）压电式传感器的工作原理

在低频应用时，从功能上讲，压电器件实际上是一个电荷发生器。设压电材料的相对介电常数为 ε_r，极化面积为 A，两级面间距（压电片厚度）为 d，此时可以将压电式传感器视为具有电容 C_a 的电容器，且有

$$C_a = \varepsilon_0\varepsilon_r A/d \tag{4-73}$$

因此，从性质上讲压电元件为一个有源电容器，通常其绝缘电阻 $R_a \geqslant 10^{10}\Omega$。

当需要压电器件输出电压时，可把它等效成一个与电容串联的电压源，如图 4-19a 所示。在开路状态，其输出端电压和电压灵敏度分别为

$$U_a = Q/C_a \tag{4-74}$$

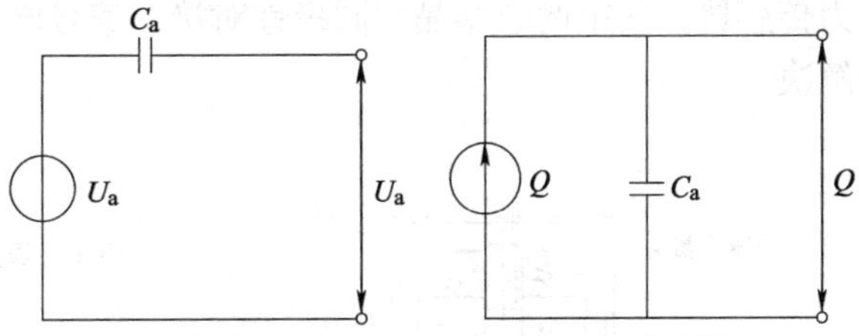

图 4-19　压电元件等效电路模型

$$K_u = U_a/F = Q/(C_a F) \tag{4-75}$$

式中，F 为作用于压电器件外的外力。

当需要压电器件输出电荷时，则可把它等效成一个与电容相并联的电荷源，如图 4-19b 所示。同样，在开路状态，输出端电荷为

$$Q = C_a U_a \tag{4-76}$$

式中，U 即极板电荷形成的电压，这时的输出电荷灵敏度为

$$K_q = Q/F = C_a U_a/F \tag{4-77}$$

显然 K_u 与 K_q 之间有如下关系

$$K_u = K_q U_a / Q \tag{4-78}$$

必须指出，上述等效电路及其输出，只有在压电器件本身理想绝缘、无泄漏、输出端开路（$R_a = R_L = \infty$）条件下才成立。

（3）压电式传感器的应用

1）压电式加速度传感器：压电式加速度传感器是用于测量物体加速度以及振动状态的传感器，图 4-20 所示为一种压电式加速度传感器的结构图，其主要由质量块、压电元件、预压弹簧、机座及外壳组成。压电式加速度传感器的原理是通过测量作用在质量块上的惯性力来测量加速度。质量块通常是一个小块的重物，用于产生惯性力。惯性力是由于传感器本身的惯性质量受力不平衡而产生的，当物体以惯性方式保持静止或匀速直线运动时，惯性质量受力平衡。

如果物体以加速度 a 运动，则惯性质量受力将不均衡，产生一个附加力 F，其大小为

$$F = ma \tag{4-79}$$

式中，F 为惯性附加力；m 为质量块的质量；a 为质量块加速度。

压电元件通常是一块或多块压电材料，用于转换惯性力为电信号输出。当加速度传感器感受到加速度时，质量块会将力施加到压电材料上，导致材料产生电荷，这个电荷可以被测量电路拾取并转换为电压输出。压电式加速度传感器广泛应用于各种测量应用中，包括振动测量、声学测量、结构健康监测等。它们具有高灵敏度、低功耗、响应快、微型化等优点。但是，它们也有一些缺点，例如对于高温环境和低频测量不太适用，需要结合其他技术进行优化改进。

2）压电式力传感器：压电式测力传感器是利用压电元件直接实现力-电转换的传感器，在拉、压场合，通常较多采用双片或多片石英晶片作为压电元件。其刚度大，测量范围宽，线性及稳定性高，动态特性好。当采用大时间常数的电荷放大器时，可测量准静态力。按测力状态分，有单向、双向和三向传感器，它们在结构上基本一样。图 4-21 为单向压缩式压电力传感器，其中两敏感晶片同极性对接，信号电荷提高一倍，晶片与壳体绝缘问题得到较好解决。

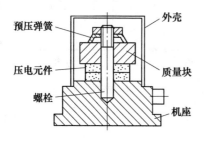

图 4-20　压电式加速度传感器结构图

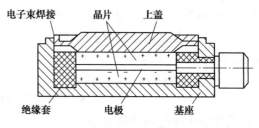

图 4-21　单向压缩式压电力传感器

压电式压力传感器的结构类型很多，但它们的基本原理与结构仍与前述压电式加速度和力传感器大同小异。突出的不同点是，它必须通过弹性膜、盒等，把压力采集、转换成力，再传递给压电元件。为保证静态特性及其稳定性，通常多采用石英晶体作为压电元件。

4.4.3　图像传感器

图像传感器是电子摄影技术中的核心部件，它的作用是将光线转换为电信号，然后通过后续的电路处理，最终将图像呈现于屏幕上，被广泛应用于各种领域，如摄影、视频、安全监控、医疗诊断等。

1. 基本原理

图像传感器的基本原理是光电效应。当光线照射到半导体表面时，光线中的光子会与半导体中的原子发生碰撞，使得电子从价带跃迁到导带，从而形成电子空穴对。这种效应无论是在可见光、紫外线还是红外线范围内都存在。

在图像传感器中，每个像素都有一个硅基层和其上的感光层，感光层通常由硒、镉、铅等元素构成。当光线照射到感光层时，感光层中的电子会漂移到硅基层中，从而在每个像素上形成一个电荷。这些电荷会被读出并传输到后续的电路中，最终将图像显示出来。

2. 图像传感器的主要类型

图像传感器中最常见的类型是 CCD（Charge Coupled Device）和 CMOS（Complementary Metal-Oxide-Semiconductor）。这两种传感器都基于光电效应原理工作，但其内部结构和工作原理略有不同。

（1）CCD 图像传感器

CCD 图像传感器是一种电荷耦合器件，它由一片感光芯片和模拟信号处理器组成。在感光芯片中，每个像素都有一个硅基层和其上的感光层，当光线照射到感光层时，电荷会在每个像素上形成。这些电荷会被逐个读取并传输到模拟信号处理器中，最终将图像显示出来。其基本工作原理如下：

① 光感知：CCD 传感器中的光敏元件也对应图像中的每个像素。光子击中光敏元件时，光子的能量被转换为电子。

② 电荷传输：被激发的电子通过电荷耦合器件进行传输，沿着 CCD 传感器中的像素行和列进行移动。

③ 电荷放大：沿着传感器的行和列进行传输的电子在移动过程中会被放大。这样，电荷信号随着移动逐渐增强。

④ 电荷读取：最终的电荷信号由输出电路读取，并转换为模拟或数字信号。这些信号通过数字信号处理器进行处理，生成最终的图像。

（2）CMOS 图像传感器

CMOS 图像传感器是一种互补金属氧化物半导体器件，它由一个硅基层和一个感光层组成。在 CMOS 图像传感器中，每个像素都有一个光电二极管和控制电路。当光线照射到感光层时，电荷会在每个像素上形成。控制电路会将这些电荷读出并传输到后续的电路中，最终将图像显示出来。其基本工作原理如下：

① 光感知：CMOS 传感器由大量的光敏元件组成，每个光敏元件都对应图像中的一个像素。当光照射到 CMOS 传感器上时，光子被吸收并转换为电子。

② 电子收集：被光激发的电子在光敏元件中产生，并通过微小的电路传输到电荷耦合放大器。

③ 电荷放大：电荷耦合放大器将接收到的电荷转换为电压信号，并进行放大。每个像

素的电压信号都会被存储在对应的像素存储单元中。

④ 信号读取：CMOS 传感器上的像素存储单元被顺序读取，并将电压信号转换为数字信号。这些数字信号经过数字信号处理器进行处理，生成最终的图像。

CMOS 图像传感器与 CCD 图像传感器相比，具有低功耗、低成本、高集成度的优点。因此，目前 CMOS 图像传感器占据了大部分的图像传感器市场。

3. 图像传感器的主要参数

图像传感器的主要参数包括以下几个方面：

1）分辨率：图像传感器的分辨率指的是它能够捕捉到的像素数量，通常用水平像素数和垂直像素数表示。较高的分辨率意味着图像具有更多的细节和更高的清晰度。

2）像素大小：像素大小表示单个像素的物理尺寸，通常以 μm 为单位。较大的像素大小通常能够捕捉到更多的光线，提供更好的低光条件下的性能。

3）动态范围：动态范围是指图像传感器能够捕捉到的亮度范围。较宽的动态范围意味着图像传感器能够在亮度差异较大的场景中保留更多的细节和阴影细节。

4）帧率：帧率表示图像传感器每秒钟能够捕捉和输出的图像帧数。较高的帧率能够实现更流畅的图像显示和视频录制。

5）噪声：噪声是图像传感器输出中的非期望信号成分。图像传感器的噪声级别影响图像的质量和清晰度，较低的噪声水平意味着更清晰的图像。

6）灵敏度：灵敏度表示图像传感器对光的敏感程度。较高的灵敏度意味着图像传感器可以在低光条件下捕捉到更多的细节，并具有较低的噪声水平。

7）饱和度：饱和度是指图像传感器达到其最大响应时的光强度。较高的饱和度意味着图像传感器能够捕捉到更大范围的亮度，避免了亮部细节的丢失。

8）功耗：功耗是指图像传感器在工作过程中消耗的电能。较低的功耗有助于延长电池寿命和减少设备的能耗。

这些参数在选择和评估图像传感器时非常重要，具体取决于应用的需求和场景。不同的应用领域可能对这些参数有不同的要求，因此在选择图像传感器时需要综合考虑各个参数的平衡和权衡。

4. 图像传感器技术的应用

图像传感器技术广泛应用于各个领域，以下是其中几个具体的应用。

（1）摄影和摄像领域

图像传感器在摄影摄像领域有广泛的应用，它是数码相机、摄像机和手机等设备中的核心组件，如图 4-22 所示。数码相机使用图像传感器来捕捉光线并转换为数字图像，不同类型和规格的图像传感器可以提供不同的图像质量和性能。图像传感器在摄像

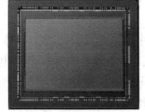

a) CMOS传感器   b) 相机

图 4-22 图像传感器用于摄影摄像

机中扮演着关键的角色，它们能够实时捕捉视频，并将其转换为数字信号进行处理和传输。高速的图像传感器可以实现流畅的视频录制，而具有广阔动态范围的传感器能够捕捉到更多的细节和阴影细节。随着智能手机的普及，图像传感器在手机摄影中的应用也变得非常重

要。手机摄像头通常使用小尺寸的图像传感器，但随着技术的进步，它们能够提供出色的图像质量和功能。高分辨率的传感器和先进的图像处理算法使得手机摄影可以获得令人印象深刻的照片和视频。

（2）安全监控领域

安全监控系统中最常见的应用就是使用摄像头作为图像传感器，如图 4-23 所示。摄像头可以通过图像传感器捕捉现场的实时图像，并将其传输到监控中心或存储设备上。这种实时监控系统可以用于监控公共场所、建筑物、停车场等地方，帮助识别和记录潜在的安全威胁。一旦发生突发事件，可以通过回放监控录像来查看事情的发生经过，为破案提供有力的证据。

（3）自动驾驶领域

图像传感器通过捕捉道路上的图像，能够检测和识别各种道路上的目标物体，如车辆、行人、交通标志和交通信号灯等，如图 4-24 所示。这些目标信息对于自动驾驶系统做出正确决策和规划路径至关重要。通过图像传感器获取道路和车道线的信息，自动驾驶系统可以实现车道保持功能，确保车辆在合适的车道内行驶。同时，图像传感器还可以帮助车辆进行自动转向，确保安全且精准的转弯操作。图像传感器能够识别前方的障碍物，并实时监测与前方车辆的距离。在发现潜在碰撞风险时，自动驾驶系统可以通过图像传感器提供的数据，进行预警和紧急制动，以确保车辆的安全。

图 4-23　图像传感器用于安全监控

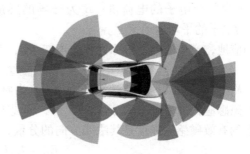

图 4-24　图像传感器用于自动驾驶

（4）农业生产领域

图像传感器在农业领域的应用具有广泛的潜力，可以提供实时的农田信息和精确的农业管理。图像传感器在农业可以实时监测和识别作物的病虫害情况，通过分析图像数据中的色彩、纹理和形状等特征，可以及时发现和诊断作物的病虫害问题，帮助农民采取适当的防治措施，如图 4-25 所示。通过图像传感器获取的高分辨率图像数据，可以用于土地利用规划和农田分布的分析。利用遥感技术和图像处理算

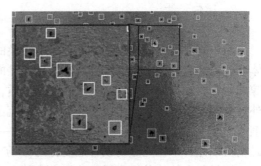

图 4-25　图像传感器用于农业病虫害监测

法，可以提取出土地利用类型、农作物种植面积和土地利用变化等信息，为农业决策和土地资源管理提供参考。

4.4.4 霍尔传感器

1. 霍尔效应

霍尔传感器是基于霍尔效应进行工作的传感器。1879 年，霍尔（Edwin H. Hall）在金属中发现了这一效应，由于金属材料的霍尔效应太弱而没有得到应用。随着半导体技术的发展，使用半导体制造的霍尔元件具有显著的霍尔效应，因此霍尔式传感器开始广泛应用于电磁、压力、加速度和振动等方面的测量。

当载流导体或半导体处于与电流相垂直的磁场中时，在其两端将产生电位差，这一现象被称为霍尔效应。霍尔效应产生的电动势被称为霍尔电动势。霍尔效应的产生是由于运动电荷受磁场中洛伦兹力作用的结果。

如图 4-26 所示，在一块长为 l、宽度为 b、厚度为 d 的长方形导电板上，两对垂直侧面各装上电极。如果在长度方向通入控制电流 I，在厚度方向施加磁感应强度为 B 的磁场时，那么导电板中的自由电子在电场作用下定向运动，而在垂直于电流和磁场的方向产生电动势，此时，每个电子受到洛伦兹力 f_L 的作用，f_L 的大小为

$$f_L = eBv \qquad (4\text{-}80)$$

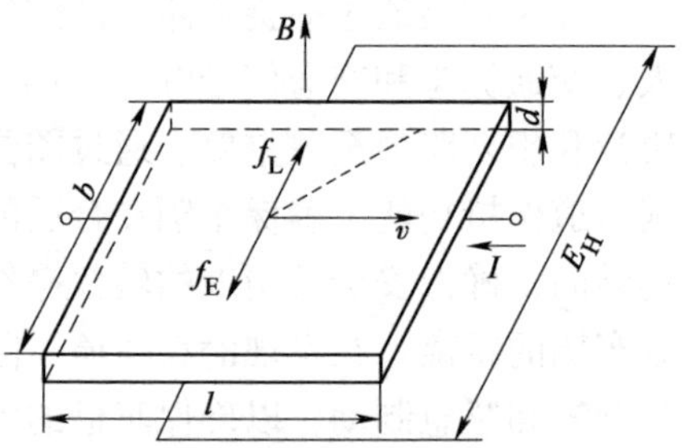

图 4-26 霍尔效应原理图

式中，e 为单个电子的电荷量；B 为磁场的感应强度；v 为电子的平均运动速度。

相应地，产生的电动势称为霍尔电势 U_H，表示为

$$U_H = K_H IB \qquad (4\text{-}81)$$

式中，K_H 为霍尔灵敏度；I 为激励电流；B 为磁场的感应强度。

若磁感应强度 B 不垂直于霍尔元件，而是与其法线成某一角度时，实际上作用于霍尔元件上的有效磁感应强度是其法线方向的分量，这时的霍尔电势为

$$E_H = K_H IB\cos\theta \qquad (4\text{-}82)$$

霍尔电势与输入电流 I、磁感应强度 B 成正比，且当 B 的方向改变时，霍尔电势的方向也随之改变。如果所施加的磁场为交变磁场，则霍尔电势为同频率的交变电势。

2. 霍尔元件

（1）霍尔元件的结构

霍尔元件是根据霍尔效应进行磁电转换的磁敏元件，其结构比较简单，通常由霍尔半导体片、磁感应区域以及电极组成。霍尔元件的主体是一个薄片状的半导体材料，通常是硅或镓砷化物，该半导体片具有一定的电阻性质，是霍尔效应的感应区域。在半导体片中，通过外加电源施加电流，产生载流子。这些载流子可以是电子或空穴，取决于半导体的类型（N 型或 P 型）。磁场感应区域是在半导体片的一侧或两侧加入一个垂直于电流方向的磁场，该磁场可以是一个恒定磁场或者是变化的磁场。此外，霍尔半导体片的两侧通常有金属电极，用于接触半导体片并提取霍尔效应产生的电压信号。由于霍尔元件可能的磁极感应方式有单极性、双极性和全极性的区分，实际的霍尔元件金属引脚可能是三端、四端或五端。

（2）霍尔元件的基本特性

1）线性特性与开关特性：霍尔元件分为线性特性和开关特性两种（根据霍尔元件的功

能特性将其分为霍尔线性器件和霍尔开关器件，分别输出模拟量和数字量），如图 4-27 所示。线性特性是指霍尔元件的输出电动势 U_H 分别和基本参数 I、B 成线性关系。开关特性是指霍尔元件的输出电动势 U_H，在一定区域随 B 的增加而迅速增加的特性。磁通计中的传感器大多采用具有线性特性的霍尔元件；开关特性随磁体本身的材料及形状不同而异，低磁场时磁通饱和，直流无刷电动机的控制一般采用具有开关特性的霍尔传感器。

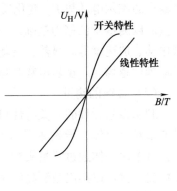

图 4-27　霍尔元件的线性
特性与开关特性

2）不等位电阻：不等位电阻表示为未加磁场时，霍尔半导体片中的不等位电动势与相应电流的比值，即

$$r_0 = \frac{U_0}{I} \qquad (4\text{-}83)$$

式中，U_0 为不等位电动势；I 为激励电流。

产生不等位电阻的原因在于：

① 霍尔电极安装位置不对称或不在同一等电位上；

② 半导体材料不均匀造成了电阻率不均匀或几何尺寸不对称；

③ 激励电极接触不良造成激励电流不均匀分配。

3）负载特性：在线性特性中描述的霍尔电动势，是指霍尔电极间开路或测量仪表阻抗无穷大情况下测得的。当霍尔电极间串接有负载时，由于要流过霍尔电流，故在其内阻上产生了压降，实际的霍尔电动势比理论值略小。这就是霍尔元件的负载特性。

4）温度特性：通常温度对半导体材料有较大的影响，用半导体材料制作的霍尔元件同样遵守这一特性。霍尔元件的温度特性包括霍尔电动势、灵敏度、输入阻抗和输出阻抗的温度特性，它们归结为霍尔系数和电阻率与温度的关系。

5）磁灵敏度：霍尔传感器的磁灵敏度是指单位磁场强度变化引起的霍尔输出电压的变化。它是评估霍尔传感器对磁场的敏感程度的重要指标。磁灵敏度通常以特定工作条件下的霍尔输出电压变化与磁场强度变化之间的比率表示，其常用是单位为 mV/mT 或 V/T。

6）乘积灵敏度：霍尔传感器的乘积灵敏度是指霍尔输出电压与磁场强度的乘积，用于评估传感器对磁场的感应能力。乘积灵敏度是磁灵敏度和工作点偏移的乘积，其单位为 V/(A·T)。半导体材料的载流子迁移率越大，或者半导体片厚度越小，则乘积灵敏度就越高。

3. 霍尔传感器的应用

霍尔式传感器具有结构简单、体积小、质量轻、频带宽、动态特性好和寿命长等许多优点，因而得到了广泛应用。在电磁测量中，用它测量恒定的或交变的磁感应强度、有功功率、无功功率、相位、电能等参数；在自动检测系统中，多用于位移、压力的测量，如微位移和压力的测量及磁场的测量。

（1）微位移和压力的测量

由式（4-82）看出，当控制电流 I 恒定时，霍尔电势与磁感应强度 B 成正比，若磁感应强度 B 是位置的函数，则霍尔电势的大小就可以用来反映霍尔传感器的位置。这就需要制造一个在某方向上磁感应强度 B 呈线性变化的磁场。当霍尔传感器在这种磁场中移动时，其输出的霍尔电动势 U_H 变化反映了霍尔传感器的位移 x。利用这个原理可以对位移进行电测量。以测量微位移为基础，可以测量许多与微位移有关的非电量，如力、压力、应变、机械振动、加速度等。显然，磁场的梯度越大，测量的灵敏度越高。沿霍尔传感器移动方向的磁场梯度越均匀，霍尔电势与位移的关系越接近线性。

（2）转速的测量

利用霍尔元件的开关特性可以实现对转速的测量。将被测非磁性材料的旋转体上粘贴一对或多对永磁体，导磁体霍尔元件组成的测量头，置于永磁体附近。当被测物以角速度旋转，每个永磁体通过测量头时，霍尔器件上就会产生一个相应的脉冲，测量单位时间内的脉冲数目，就可以推出被测物的旋转速度。

由式（4-82）可知，在控制电流恒定条件下，霍尔电势大小与磁感应强度成正比。由于霍尔元件的结构特点，它特别适用于微小气隙中的磁感应强度、高梯度磁场参数的测量。若磁感应强度 B 方向与霍尔片法线方向成 θ 角时，此时，只有磁感应强度 B 在霍尔半导体片法线方向上的分量 $B\cos\theta$ 才产生霍尔电动势，即

$$U_H = K_H I B \cos\theta \tag{4-84}$$

式（4-84）表明，霍尔电势 U_H 是磁场方向与霍尔片法线方向之间夹角 θ 的函数。运用这一原理可以制成霍尔式磁罗盘、霍尔式方位传感器、霍尔式转速传感器等测量装置。

4.5 新型传感器

4.5.1 湿敏传感器

湿敏传感器也称为湿度传感器，是能够感受外界湿度变化，并通过湿敏材料的物理或化学性质变化将湿度大小转化为电信号的器件。现在，湿度检测已广泛应用于工业、农业、国防、科技、生活等各个领域。

早期的湿敏传感器有毛发湿度计、干湿球湿度计等，但这些传感器的响应速度、灵敏度、准确度等都不高。随着现代工农业的发展，湿度的检测与控制成为生产和生活中必不可少的手段。如在大规模集成电路生产车间，相对湿度低于30%时容易产生静电，影响产品质量；仓库、军械库，以及农业育苗、种菜、水果保鲜、食用菌保鲜技术、室内环境湿度、气象监测等场合，都要对湿度进行检测或控制。

湿度检测较其他物理量的检测更为困难。这首先是因为空气中水蒸气含量很少，此外，液态水会使一些高分子材料和电解质材料溶解，一部分水分子电离后与融入空气中的杂质结合成酸或碱，使湿敏材料受到不同程度的腐蚀和老化，从而丧失其原有的性质；再者，湿度信息的传递必须靠水对湿敏器件直接接触来完成，因此湿敏器件只能直接暴露于待测环境中不能密封。通常，对湿敏器件特性有如下要求：在各种气体环境下稳定性好、响应时间短、寿命长、有互换性、耐污染和受温度影响小等。微型化、集成化及廉价是湿敏器件的发展方向。

1. 湿度的表示方法

在自然界中凡是有水和生物的地方，在其周围的大气里总是含有或多或少的水汽，大气中含有水汽的多少表明了大气的干湿程度，通常用湿度来表示。湿度是指大气中的水蒸气含

量多少的物理量，常采用绝对湿度、相对湿度和露点三种方法表示。

（1）绝对湿度

绝对湿度定义为单位体积空气里所含水蒸气的质量，即

$$\rho = \frac{m_{\text{V}}}{V} \tag{4-85}$$

式中，ρ 为待测空气的绝对湿度（$\text{g} \cdot \text{m}^{-3}$）；$m_{\text{V}}$ 为待测空气的水蒸气质量（g）；V 为待测空气的总体积（m^3）。

（2）相对湿度

相对湿度为某一被测蒸汽压（P_{W}）与相同温度下的饱和蒸气压（P_{N}）的比值的百分数，即

$$H_{\text{T}} = \left(\frac{P_{\text{W}}}{P_{\text{N}}} \right)_{\text{T}} \times 100\% RH \tag{4-86}$$

通常用 "%RH" 表示相对湿度，这是一个无量纲值。当温度和压力变化时，因饱和水蒸气变化，所以，即使气体中水蒸气气压相同，其相对湿度也会发生变化。绝对湿度给出空气内水分的具体含量，而相对湿度则指出了大气的潮湿程度，日常生活中所说的空气湿度，实际上就是指相对湿度。

（3）露点

保持压力一定，当待测气体的温度降至某一数值时，该气体中的水蒸气达到饱和状态，开始结露或结霜，此时的温度称为此气体的露点或霜点（℃）。气温和露点的差越小，表示空气越接近饱和。

2. 湿敏传感器的特征参数

湿敏传感器将湿度转换为与其有一定比例关系的电量输出，其特性参数主要有湿度量程、感湿特性、灵敏度、湿度温度系数、响应时间、湿滞回差等。

（1）湿度量程

湿度量程是指在规定的精度内能够测量的最大范围。由于各种湿敏传感器的敏感元件所使用的功能材料不同，以及所依据的物理效应或化学反应的不同，导致不是所有敏感元件都能在整个相对湿度范围内（0%～100%）具有可用的湿度敏感特性。某些湿度敏感元件就只能适用于某一段相对湿度范围。例如，氯化锂湿度敏感元件的每片使用范围大约只有 20%RH，因此使用时就需要采用多片组合形式。

（2）感湿特性

感湿特性表示湿敏传感器的感湿特征量（电阻）随被测相对湿度变化的规律。一般可从感湿特性曲线上确定湿敏传感器的灵敏度及最佳使用范围。对于性能良好的湿敏传感器，其感湿特性曲线应在整个相对湿度范围内连续变化，且斜率保持不变。图 4-28 所示为以二氧化钛/五氧化二矾为敏感元件的湿敏传感器特性曲线。

（3）灵敏度

灵敏度是指湿度传感器输出增量与输入增量之比，它反映被测湿度作为单位变化时所引起的感湿特征量的变化程度，即它对应着感湿特性曲线的斜率。但是，对于一般湿敏传感器来说，其特性是非线性的，因此，在不同的被测湿度下，其传感器的灵敏度是不同的。

（4）湿度温度系数

湿度温度系数定义为：在感湿特征量保持不变的条件下，环境相对湿度随环境温度的变化率。它通常用 α 表示，即

$$\alpha = \left.\frac{\mathrm{d}(RH)}{\mathrm{d}T}\right|_{K=常数} \tag{4-87}$$

式中，T 为热力学温度；K 为感湿特征量；α 为湿度温度系数（%RH/℃）。

湿度温度系数是表示感湿特性曲线随环境温度变化而改变的特性参数。在不同的环境温度下，其感湿特性是不相同的，它直接给测量带来误差。即由湿度温度系数 α 值可知由环境温度变化所引起的测湿误差。图 4-29 所示为 $CO_3O_4\text{-}T_iO_2$ 湿敏传感器在 0℃、25℃和50℃环境温度下的特性曲线。

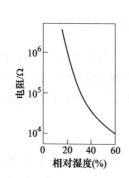

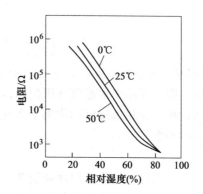

图 4-28　二氧化钛/五氧化　　图 4-29　$CO_3O_4\text{-}T_iO_2$ 湿敏传感器

二矾湿敏传感器特性曲线　　　　温度的特性曲线

（5）响应时间

响应时间是指在规定的环境温度下，由起始相对湿度达到稳定相对湿度时，感湿特征量由起始值变化到稳定相对湿度对应值所需要的时间。通常情况下，当被测相对湿度有 $\Delta(RH)$ 的阶跃变化时，输出感湿特征量 ΔR 将按指数规律随时间变化而变化，即

$$(\Delta R)_t = \Delta R(1 - \mathrm{e}^{-t/\tau}) \tag{4-88}$$

式中，ΔR 为对应于 $\Delta(RH)$ 的输出量的稳定值；τ 为时间常数。

由式（4-88）可知，当 $t = \tau$ 时，$(\Delta R)_t = 0.632\Delta R$，即此时的输出量为最终稳定值的 63.2%。在实际中，常用时间常数 τ 来度量传感器的响应时间。

（6）湿滞回线和湿滞回差

湿滞回线是指湿敏传感器的吸湿特性曲线与脱湿特性曲线不一致而形成的回线，如图 4-30 所示。湿滞回线表示传感器在吸湿和脱湿两种情况下，对应同一数值的感湿特征量所指示相对湿度不一致，最大差值称为湿滞回差。显然，传感器的湿滞回差越小越好。

3. 湿敏传感器的应用

（1）自动气象站遥测

湿敏传感器被广泛应用于自动气象站的遥测装置上，采用耗电量很低的湿敏元件，就可以由蓄电池供电而长期工作，几乎不需要维护。图 4-31 所示为自动气象站对湿度进行遥测的原理框图。图中的 $R\text{-}f$ 变换器将湿敏传感器输出的感湿特征量（即电阻值）转换为相应的

频率 f，再经自校器控制使频率数 f 与相对湿度一一对应，最终经电子门电路记录在自动记录仪上。

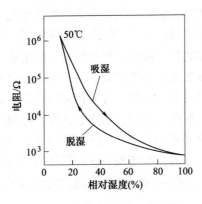

图 4-30 湿敏传感器湿滞特性

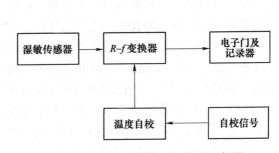

图 4-31 自动气象站湿度测报原理框图

湿敏传感器还被广泛应用于仓库管理，以防止仓库中的食品、武器弹药、金属材料等物品受潮腐烂或生锈。此外，有些物品如水果、种子、肉类等需要在一定的湿度环境下保存。因此，将湿敏传感器的输出信号与某一标定值（与预先设置的湿度相对应）比较和调节，即可构成自动湿度控制装置，它在以上诸场合中有着广泛的应用。

（2）汽车风挡玻璃自动除湿装置

图 4-32 所示为汽车风挡玻璃自动除湿装置电路。其中，图 4-32a 为风挡玻璃示意图，R_s 为嵌入玻璃内的加热电阻丝，H 为结露感湿元件。图 4-32b 为具体电路，VT_1 和 VT_2 构成施密特触发器，继电器 K 的线圈绕组作为 VT_2 的集电极负载，而 VT_1 的基极回路电阻为 R_1、R_2 和湿敏元件 H 的等效电阻 R_p。事先选择好各电阻值，保证常温、常湿下，VT_1 导通，VT_2 截止。当由于阴雨使湿度持续增大时，H 的阻值 R_p 会不断下降，当 R_p 下降到某一设定值时，会使得 R_2 和 R_p 并联的阻值下降到不足以维持 VT_1 的导通。此时，由于电路的强正反馈作用，使得 VT_2 迅速导通，VT_1 截止。因此，当继电器 K 通电后，其常开触点 II 接通电源点亮小灯泡 HL，电阻丝 R_s 通电，加热风挡玻璃除湿。当湿度降低到某一设定值时，施密特触发器又翻转回初始状态，小灯泡 HL 熄灭，电阻丝停止加热，从而实现了自动除湿的功能。如利用集成电压比较器（如 LM311 等）替换由 VT_1 和 VT_2 构成的施密特电路，则会进一步提高电路的可靠性，并减小此装置的体积。

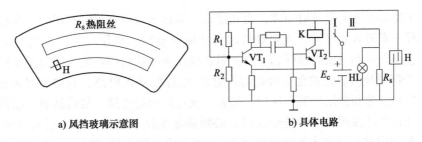

a）风挡玻璃示意图   b）具体电路

图 4-32 汽车风挡玻璃自动除湿装置电路

4.5.2 光纤传感器

光纤传感器是利用光纤进行光的传输，并利用被测量对光的调制作用以实现测量的传感器。调制作用主要是指被测量引起光的强度、波长、频率、相位、偏振态等特性的变化。

光纤传感器是 20 世纪 70 年代末发展起来的一种新型传感器。它具有灵敏度高，体积小，质量轻，易弯曲，可传输信号的频带宽，电绝缘性能好，耐火、耐水性好，抗电磁干扰强，可实现不带电的全光型探头等独特的优点。在防爆要求较高的领域和某些将要在电磁场下应用的技术领域，可以实现点位式测量或分布式参数测量。利用光纤的传光特性和感光特性，可实现位移、速度、加速度、转角、压力、温度、液位、流量、水声、浊度、电流、电压和磁场等物理量的测量；它还能应用于气体（尤其是可燃性气体）浓度等化学量的检测，也可以用于生物、医学等领域中。当然，对于光纤式传感器，在实现方案和具体的应用中一定要充分考虑测量过程中参数之间的干扰问题。总之，光纤传感器具有广阔的应用前景，被认为是 21 世纪传感器发展的一个重点方向。

1. 光导纤维

（1）光纤的结构

光纤结构如图 4-33 所示，主要由三部分组成：中心-纤芯；外层-包层；护套-尼龙塑料。光纤的基本材料多为石英玻璃，有不同掺杂。光纤的导光能力取决于纤芯和包层的性质，即光导纤芯的折射率 N_1 和包层折射率 N_2，N_1 略大于 N_2（即 $N_1 > N_2$）。

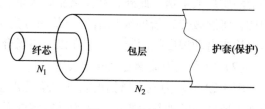

图 4-33 光纤结构

（2）传输原理

光在空间是直线传播的，光被限制在光纤中，并能随光纤传递到很远的距离。光纤传光原理如图 4-34 所示（N_0 为光在空气中的折射率）。

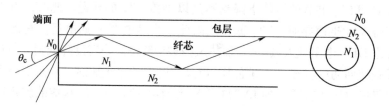

图 4-34 光纤传光示意图

光纤的传播基于光的全反射原理，当光线以不同角度入射到光纤端面时，在端面发生折射后进入光纤。光进入光纤后，入射到纤芯（光密介质）与包层（光疏介质）交界面，一部分透射到包层，一部分反射回纤芯。当入射光线在光纤端面中心的入射角减小到某一角度 θ_c 时，光线全部被反射。光被全反射时的入射角 θ_c 称临界入射角，只要满足入射角 $\theta < \theta_c$，入射光就可以在纤芯和包层界面上反射，经若干次反射向前传播，最后从另一端面射出。

为保证光在光纤端面入射时是全反射，必须满足全反射条件，即入射角 $\theta < \theta_c$。由斯乃尔（Snell）折射定律可导出光线从折射率为 N_0 的介质处射入纤芯时，发生全反射的临界入射角为

$$\theta_c = \arcsin\left(\frac{1}{N_0}\sqrt{N_1^2 - N_2^2}\right) \tag{4-89}$$

外介质一般为空气，在空气中 $N_0 = 1$ 时，上式可表示为

$$\theta_c = \arcsin(\sqrt{N_1^2 - N_2^2}) \tag{4-90}$$

可见，光纤临界入射角的大小是由光纤本身的性质（N_1、N_2）决定的，与光纤的几何尺寸无关。

（3）光纤的分类

光导纤维按其折射变化情况可分为阶跃型和渐变型。

阶跃型光纤的纤芯与包层的折射率是突变的，如图 4-35a 和图 4-35b 所示。

渐变型光纤在横截面中心处折射率最大，其值由中心向外逐渐变小，到纤芯边界时变为色层折射率。通常折射率变化呈抛物线形式，即在中心轴附近有更陡的折射率梯度，而在按近边缘处折射率减少得非常缓慢，保证传递的光束集中在光纤轴线附近前进。因为这类光纤有聚焦作用，所以也称为自聚焦光纤，如图 4-35c 所示。

光导纤维按其传输模式多少可分为单模和多模两种。在纤芯内传输的光波，可以分解为沿纵向传播和沿横向传播的两种平面波成分。后者在纤芯和包层的界面上会产生全反射。当它在横切向往返一次的相位变化为 2π 的整数倍时，将形成驻波。只有能形成驻波的那些以特定角度射入光纤的光才能在光纤内传播，这些光波就称为模。在光纤内只能传输一定数量的模。

单模光纤通常是指光纤中纤芯尺寸很小（通常仅几微米），光纤传输的模式很少，原则上只能传送一种模式的光纤。这类光纤传输性能好，频带很宽，制成的单模传感器比多模传感器有更好的线性、灵敏度和动态测量范围。但单模光纤由于芯径太小，制造、连接和耦合都很困难。

多模光纤通常是指光纤中纤芯尺寸较大（通常为 $50 \sim 100\mu m$）、传输模式很多的光纤。通常纤芯直径较粗时，能传播几百个以上的模，这类光纤性能较差，带宽较窄，但由于纤芯的截面积大，容易制造，连接耦合也比较方便。

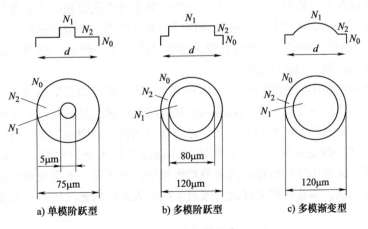

图 4-35　光纤的种类

2. 光纤传感器原理及种类

（1）光纤传感器原理

如图 4-36 所示，光源发出的光经耦合器注入光纤，由光纤传输而通过敏感元件，当光在通过敏感元件时，因敏感元件暴露在被测对象（如温度、压力、磁场等）之中且对被测对象极其敏感，所以光在这里受到被测对象的调制，如光的强度、偏振面、频率和相位等；调制光由耦合器进入光纤，再经光纤传输到信号处理器上，经光电检测和信号处理而得到被测对象的信息。

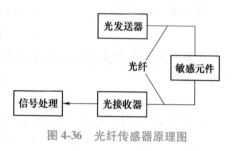

图 4-36 光纤传感器原理图

（2）光纤传感器的种类

按光纤在传感器中的作用划分：

功能型光纤传感器，是把光纤本身作为敏感元件，光纤中传输的光受被测量的作用，其强度、相位、频率或偏振态等特性会发生改变。功能型传感器又称为传感型、全光纤型、本征型或内调制型光纤传感器。功能型光纤传感器的优点是结构紧凑、灵敏度高；缺点是需要用特殊的光纤，成本高。

非功能光纤传感器，利用的是其他敏感元件敏感被测参数，光纤仅作为光的传输介质。非功能光纤传感器也称为传光型、非本征型或外调制型光纤传感器。

按光参数被调制的类型划分：

1）光强度调制型传感器。光强度调制是光纤传感技术中相对比较简单、用得最广泛的一种调制方法。其基本原理是利用外界信号（被测量）改变光纤中光（宽谱光或特定波长的光）的强度（即调制），再通过测量输出光强的变化（解调）实现对外界信号的测量。这种传感器通常是利用被测对象的变化引起敏感元件的折射率、吸收率或反射率等参数变化，导致光强度变化实现测量的。例如，利用位移引起光纤微弯损耗、各物质对光的吸收特性以及振动膜或液晶反射光强度变化等实现测量。

其优点是结构简单、容易实现、成本比较低；缺点是受光源强度波动和其他光损耗等影响比较大。后面所述的非强度调制型的光纤传感器的优缺点正好与此相反。

2）光相位调制型传感器。光相位调制是指外界信号（被测量）按照一定的规律，使光纤中传播的光波相位发生相应的变化。

光纤传感技术中使用的光相位调制大体有三类。第一类为功能型调制，外界信号通过光纤的力应变效应、热应变效应、弹光效应及热光效应使传感光纤的几何尺寸和折射率等参数发生变化，从而导致光纤中的光相位变化，以实现对光相位的调制。第二类为萨尼亚克效应调制，外界信号（一般是角度变化，即旋转）不改变光纤本身的参数，而是通过旋转惯性场中的环形光纤，使其中相向传播的两光束产生相应的光程差，来实现对光相位的调制。第三类为非功能型调制，即在传感光纤之外通过改变进入光纤的光波程差，来实现对光相位的调制。

这类光纤传感器的灵敏度很高，但是由于需要特殊光纤和高精度检测系统，成本也较高。

3）偏振调制型传感器。偏振调制是指外界信号（被测量）通过一定的方式使光纤中光波的偏振面发生规律性偏转（旋光）或产生双折射，从而导致光的偏振特性变化的一种调制方式。通过检测光偏振态的变化即可测出外界被测量。例如，利用光在磁场介质中传播的法拉第效应来敏感电流或磁场；利用物质的光弹效应来敏感压力、振动或声波等。

4）波长调制型传感器。外界信号（被测量）通过选频、滤波等方式改变光纤中传输光的波长，测量波长变化即可检测到被测量，这类调制方式称为波长调制。

目前用于光波长调制的方法主要是光学选频和滤波。传统的光波长调制的方法主要有F-P（法布里-珀罗，Fabry-Perot）干涉式滤光、里奥特偏振双折射滤光及各种位移式光谱选择等外调制技术。近 20 多年来，尤其近几年迅速发展起来的光纤光栅滤光技术为功能型光波长调制技术开辟了新的前景。

5）频率调制型传感器。光频率调制是指外界信号（被测量）对光纤中传输的光波频率进行调制，频率偏移即反映被测量。目前使用较多的频率调制方法为多普勒法，即外界信号通过多普勒效应对接收光纤中的光波频率实施调制，是一种非功能型调制。例如，利用运动物体反射光的多普勒效应来测量速度、振动等；利用物质受强光照射的拉曼散射来测量敏感气体浓度；利用光致发光来测量温度等。

光频率调制原则上与波长调制是等价的，但是为了直观起见，很多资料将两者分开描述。

按测量范围划分：

1）单点式光纤传感器。沿一根光纤只有单个传感器，只能测量一个点上的参数。

2）分布式光纤传感器（DOFS）。沿一根光纤布置了多个传感器，可以实现多点分布式测量。分布式光纤传感器用来检测大型结构的应变分布，可以快速无损测量结构的位移、内部或表面应力等重要参数。

按测量时是否发生光的干涉划分：

按测量时是否发生光的干涉划分，又可分为干涉型和非干涉型等传感器。一般光相位调制型光纤都用光干涉的方法获得精确的相位参数。

3. 光纤传感器的应用

随着光纤传感器相关技术的不断推进，各类传感器发展日益成熟，光纤传感器在各个领域中都有着广泛的用途。医学领域、石油领域均已广泛运用了此类技术，对其相关应用研究具有代表性。医用光纤传感器目前主要是传光型的，以其小巧、绝缘、不受射频和微波干扰测量精度高及与生物体亲和性好等优点备受重视。在光纤传感石油测井技术中，以其抗腐蚀、高温、高压、地磁地电干扰以及灵敏度高的优点备受关注。

（1）血压的检测

当前临床医学中应用的压力传感器基本是用来监测人体血管内的血压、颅内压、膀胱、尿道压力与心内压等。例如，测量血压的压力传感器如图 4-37 所示，其中，测量压力大小的部分是探针导管末端侧壁上的一层防水薄膜，悬臂上带有的微型反射镜与薄膜相连，中心光纤束正对反射镜，作用是传递入射光到反射镜，同时也把反射光传递出来。当压力作用在薄膜上时，薄膜将发生形变并带动悬臂改变反射镜角度，由光纤传出的光束照射到反光镜上，然后又反射到光纤的端点。因为反射光的方向随反射镜角度的变化而变化，由此光纤所接收的反射光强也会发生改变。改变光纤传到另一端的光电探测器进而变成电信号，所以通过电压的变化即可知晓探针处的血压参数。

（2）位移的检测

反射强度调制型位移传感器是通过改变反射面与光纤端面之间的距离来调制反射光的强度。Y 形光纤束由几百根至几千根直径为几十微米的阶跃型多模光纤集束而成。它被分成纤维数目大致相等、长度相同的两束，原理图如图 4-38 所示。其中一根光纤表示传输入射光线，另一根表示传输反射光线。传感器与被测物的反射面的距离变化时，可以通过测量显示电路将距离显示出来。

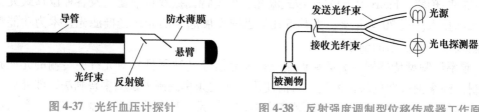

图 4-37　光纤血压计探针　　　　　　　图 4-38　反射强度调制型位移传感器工作原理

光纤位移传感器一般用来测量小位移，最小能检测零点几微米的位移量。这种传感器已在镀层不平度、零件椭圆度、锥度、偏斜度等测量中得到应用，还可用来测量微弱振动，而且是非接触测量。

（3）角速度的检测

1976 年，美国学者成功地制作了第一个光纤陀螺（FOG），它标志着第二代光学陀螺的诞生（第一代光学陀螺为激光陀螺）。四十多年来获得了很大的研究进展，大部分技术问题基本上得到解决，其灵敏度提高了 4 个数量级。下一步要解决的技术问题是如何构成低成本，小尺寸，而且其性能接近理论极限的光纤陀螺仪。

光纤陀螺是随着光纤技术迅速发展而出现的一种新型光纤旋转传感器。由于它的相位调制传感方式具有极高灵敏度以及精巧和高机械强度的实用性，将成为航天、航空、航海等诸多领域中最具有发展前景的惯性部件。光纤陀螺与传统的机械陀螺相比具有很多优点，比如没有运动部件、不存在磨损、寿命长、启动快、构造简单、可靠性高、耗电小、动态范围宽等。

光纤陀螺由 N 匝光纤线圈、激光器和检测器等构成。激光器发射的光由分光器（或合光器）分为两束光，分别被耦合到光纤线圈的两端，并沿相反的方向传送，最后再由同一分光器（作合光器用）组合在一起送到光电检测器。当系统不旋转时，两束光将产生相消或相长的干涉（取决于分光器类型）。当光纤线圈以角速度 ω 顺时针或者逆时针旋转时，由两光束到达检测器时的相差就可确定角速度 ω。光纤陀螺原理结构图如图 4-39 所示。

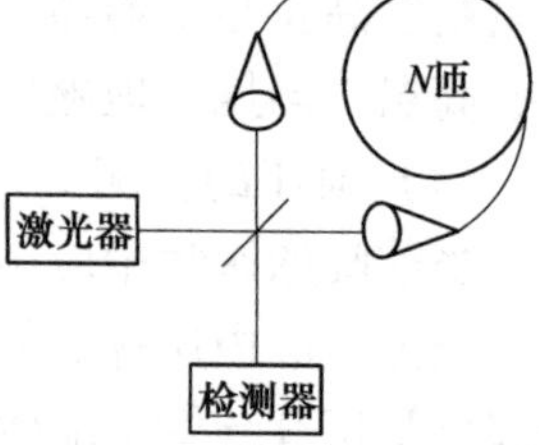

4.5.3　触觉传感器

触觉是指人与对象物体直接接触时所得到的重要感觉功能。触觉传感器是用于机器人中模仿触觉功能的传感器。在自动驾驶车辆和机器人中，触觉传感器能指出与周围障碍物碰撞的情况。正如其名称所包含的意思，检测过程包括了传感器及所关心的物体之间的直接物理接触。

图 4-39　光纤陀螺原理
结构图

人的触觉通常包括热觉、冷觉、痛觉、触压觉和力觉等。机器人触觉实际上是对人触觉的某些模仿，它是有关机器人和对象物之间直接接触的感觉，包含的内容较多，通常指以下几种。

1) 接近觉。对机器人手指与被测物是否接触进行检测。

2) 压觉。垂直于机器人和对象物接触面上压力的感觉。

3) 力觉。机器人动作时各自由度力的感觉。

4) 滑觉。物体向着垂直于手指把握面方向的移动或变形。

机器人的触觉主要有两方面的功能。

1) 检测功能。对对象物进行物理性质检测，如光滑性、硬度等，其目的是感知危险状态，实施自身保护；灵活地控制手指及关节以操作对象物；使操作具有适应性和顺从性。

2) 识别功能。识别对象物的形状。

1. 接触觉传感器

接触觉传感器有微动开关式、导电橡胶式、含碳海绵式、碳素纤维式、气动复位式装置等类型。

1) 微动开关式。开关是用于检测物体是否存在的一种最简单的触觉制动器件。由弹簧和触头构成。当按触发生时它就连通或者断开。可以有不同的灵敏度和动作范围。触头接触外界物体后离开基板，造成信号通路断开，从而测到与外界物体的接触。这种常闭式（未接触时一直接通）微动开关的优点是使用方便、结构简单，缺点是易产生机械振荡和触头易氧化。图4-40展示了一些接触觉传感器常用的开关。当机器人本体撞到障碍物时或者手爪抓到一个物体时，开关就会触发。

2) 导电橡胶式。它以导电橡胶为敏感元件。导电橡胶是在硅橡胶中添加导电颗粒或者半导体材料构成的材料。当触头接触外界物体受压后，压迫导电橡胶，利用两个电极接触导通的办法使它的电阻发生改变，其阻值可以从绝缘状态到几十欧，从而使流经导电橡胶的电流发生变化。这种材料的优点是具有柔性、价格低廉、使用方便，可用于抓爪表面。缺点是由于导电橡胶的材料配方存在差异，出现的漂移、蠕变和滞后特性也不一致。

图4-41所示的接触觉传感器的结构采用的是导电橡胶制作的细丝，像人的头发一样从传感器的表面凸出来，一旦物体与突起接触，它就变形，夹住绝缘体的上下金属成为导通状态，实现接触觉传感的功能。

图4-40　接触觉传感器常用的开关

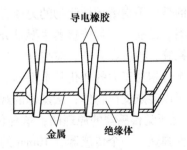

图4-41　导电橡胶式接触觉传感器

3) 含碳海绵式。它在基板上装有由海绵构成的弹性体，在海绵中按阵列布以含碳海绵。接触物体受压后，含碳海绵的电阻减小，测量流经含碳海绵电流的大小，可确定受压程度。这种传感器也可用做压力觉传感器。优点是结构简单、弹性好、使用方便。缺点是碳素分布均匀性直接影响测量结果和受压后恢复能力较差。图 4-42 所示为含碳海绵式接触觉感器，每个元件呈圆桶状。上下有电极，元件周围用海绵包围。

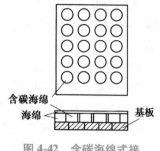

图 4-42　含碳海绵式接触觉传感器

4）碳素纤维式。以碳素纤维为上表层，下表层为基板，中间装以氨基甲酸酯和金属电极。接触外界物体时碳素纤维受压与电极接触导电。碳毡是一种渗碳的纤维材料，小压力时，阻值变化较大，所以，用它制作的传感器很灵敏，具有较强的耐过载能力，柔性好，可装于机械手臂曲面处。其缺点是有迟滞，线性差。将碳毡和碳素纤维夹入金属电极间，从而构成压阻传感器。图 4-43 所示为碳毡触觉传感器原理图。

5）气动复位式。它有柔性绝缘表面，受压时变形，脱离接触时则由压缩空气作为复位的动力，与外界物体接触时其内部的弹性圆泡与下部触点接触而导电。它的优点是柔性好、可靠性高，但需要压缩空气源。计算机键盘和质量好的计算器一般都有触觉的键，这种键减压时能发出听得见的咔嗒声，在许多情况下，咔嗒声由薄片金属制成的线球形罩发出。

薄片金属球形罩的形状受外力作用就可使球形罩塌陷，并使它和有关的电极接触而形成电路。借助增压流体或气体源给开关施加背压，从而调整开关的阈值。图 4-44 所示为薄片金属球形罩的形状。

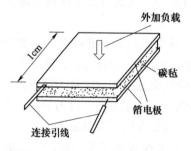

图 4-43　碳毡触觉传感器原理图

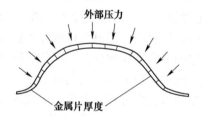

图 4-44　薄片金属球形罩的形状

2. 压觉传感器

压觉指的是对手指给予被测物的力或者加在手指上外力的感觉。压觉用于握力控制与手的支撑力检测。目前，压觉传感器主要是分布型压觉传感器，即把分散敏感组件排列成矩阵格式。导电橡胶、感应高分子、应变计、光电器件和霍尔元件常用作敏感元件的阵列单元。这些传感器本身相对于力的变化基本上不发生位置变化，能检测其位移量的压觉传感器具有如下优点：可以多点支撑物体；从操作的观点来看，能牢牢抓住物体。

图 4-45 是压觉传感器的原理图，这种传感器是对小型线性调整器的改进。在调整器的轴上安装线性弹簧。一个传感器有 10mm 的有效行程。在此范围内，将力的变化转换为遵从胡克定律的长度位移，以便进行检测。在一侧手指上，以每个 6mm×8mm 的面积分布一个传感器来计算，共排列了 28 个（4 行 7 排）传感器。左右两侧总共有 56 个传感器输出。用 4 路 A/D 转换器，变速多路调制器对这些输出进行转换后再进入计算机。图 4-45 显示出了手指从图 4-45a 稍微握紧状态到图 4-45b 完全握紧状态的过程；图 4-45a 中压力 F 计算为

$$F = KR \cdot (TR_0 - TR_r) \tag{4-91}$$

或

$$F = KL \cdot (TL_0 - TL_r) \tag{4-92}$$

式中，TL_0、TR_0、TL_r、TR_r 为无负载时和握紧时左右弹簧的长度；KL、KP 为左右弹簧的弹性系数。整个手指所受的压力可通过将一侧手指的全部传感器上的这种力相加求得。

如果用这种触觉，也可以鉴别物体的形状与评价其硬度。也就是说，根据相邻同类传感器的位置移动判别物体的几何形状，并根据下式可计算物体的弹性系数 K_0：

$$F' - F = KR(TR_0 - TR_r) = K_0[(l_f - TR_f - TL_f) - (l_s - TR_s - TL_s)] \tag{4-93}$$

式中，F' 为图 4-45b 中所受的压力；TL_s 和 TR_s 为同一位置的左右弹簧的长度，l_f、l_s 为图 4-45a 和 b 手指基片间的距离。

因此

$$K_D = \frac{\Delta TR \cdot KR}{\Delta l - \Delta TR - \Delta TL} \tag{4-94}$$

或

$$K_D = \frac{\Delta TL \cdot KL}{\Delta l - \Delta TR - \Delta TL} \tag{4-95}$$

式中，$\Delta l = l_f = l_s$；$\Delta TR = TR_f - TR_s$；$\Delta TL = TL_f - TL_s$。

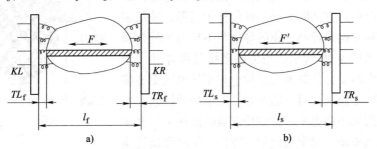

图 4-45 压觉传感器原理图

3. 力觉传感器

力觉传感器的作用有：感知是否夹起工件或是否夹持在正确部位上；控制装配、打磨、研磨、抛光的质量；在装配中提供信息，以产生后续的修正补偿运动来保证装配质量和速度；防止碰撞、卡死和损坏机件。

压觉是一维力的感觉，而力觉则为多维力的感觉。用于力觉的触觉传感器，为了检测多维力的成分，要把多个检测组件立体地安装在被夹物体不同位置上。力觉传感器主要有应变式、压电式、电容式、光电式和电磁力等。由于应变式力觉传感器的价格低廉，可靠性好，易制造，故得到广泛采用。机器人力觉传感器主要包括关节力传感器、腕力传感器、基座力传感器等。

（1）关节力传感器

关节力传感器为直接通过驱动装置测定力的装置。若关节由直流电动驱动，则可用测定转子电流的方法来测关节力。若关节由油压装置带动，则可由测背压的方法来测定关节力。这种测力装置的程序中包括对重力和惯性力的补偿。此法的优点是不需分散的传感器。但测量精度和分辨率受手的惯性负荷及其位置变化的影响，还要受自身关节不规则的摩擦力矩的影响。

（2）腕力传感器

机器人在完成装配作业时，通常要把轴、轴承、垫圈及其他环形零件装入其他零件部件中。其中核心任务一般包括确定零件的质量，将轴类零件插入孔里，调准零件的位置，拧动螺钉等。这些都是通过测量并调整装配过程中零件的相互作用力来实现的。

通常可以通过一个固定的参考点将一个力分解成 3 个互相垂直的力和 3 个顺时针方向的力矩，传感器就安装在固定参考点上，此传感器要能测出这 6 个力（力矩）。因此，设计这种传感器时要考虑一些特殊要求，如交叉灵敏度应很低，每个测量通道的信号应只受相应分力的影响，传感器的固有频率应很高，以便使作用于手指上的微小扰动力不致产生错误的输出信号。这类腕力传感器可以是应变式、电容式或压电式。

（3）基座力传感器

基座力传感器装在基座上，机械手装配时用来测量安装在工作台上工件所受的力。此力是装配轴与孔的定位误差所产生的。测出力的数据用来控制机器人手的运动。基座力传感器的精度低于腕力传感器。

4. 滑觉传感器

滑觉传感器用于判断和测量机器人抓握或搬运物体时物体所产生的滑移。它实际上是一种位移传感器，采用表面包有绝缘材料并构成经纬分布的导电与不导电区的金属球制作而成，如图 4-46 所示。当传感器接触物体并产生滑动时，球发生转动，使球面上的导电与不导电区交替接触电极，从而产生通断信号，通过对适断信号的计数和判断可测出滑移的大小和方向。这种传感器的制作工艺要求较高。为了检测滑动，通常采用如下方法：①将滑动转换成滚球的旋转；②用压敏元件和触针，检测滑动的微小振动；③检测出即将发生滑动时，手爪部分的变形和压力通过手爪载荷检测器检测手的压力变化，从而推断出滑动的大小。

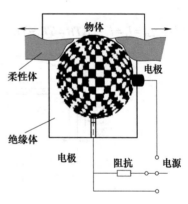

图 4-46 球式滑觉传感器

4.5.4 智能传感器

智能传感器是为了代替人的感觉器官并扩大其功能而设计制作出来的一种装置。人和生物体的感觉有两个基本功能：一个是检测对象的有无或检测变换对象发生的信号；另一个是判断、推理、鉴别对象的状态。前者称为"感知"，而后者称为"认知"。一般传感器只有对某一物体精确"感知"的本领，而不具有"认识"（智慧）的能力。智能传感器则可将"感知"和"认知"结合起来，起到人的"五感"功能的作用。智能传感器就是带微处理器，并且具备信息检测和信息处理功能的传感器。从一定意义上讲，它具有类似于人工智能的作用。需要指出，这里讲的"带微处理器"包含两种情况：一种是将传感器与微处理器集成在一个芯片上，构成"单片智能传感器"；另一种是指传感器能够配微处理器。显然，后者的定义范围更宽，但两者均属于智能传感器的范畴。不论哪一种情况都说明智能传感器的主要特征就是敏感技术和信息处理技术的结合。也就是说，智能传感器必须具备"感知"

和"认知"的能力。如要具有信息处理能力，就必然使用计算机技术；考虑到智能传感器的体积问题，只能使用微处理器。

通常，智能传感器是将传感单元、微处理器和信号处理电路等装在同一壳体内组成的，输出方式常采用 RS-232 或 RS-422 等串行输出，或采用 IEEE488 标准总线并行输出。智能传感器是最小物理的微机系统，其中作为控制核心的微处理器通常采用单片机，其基本结构框图如图 4-47 所示。

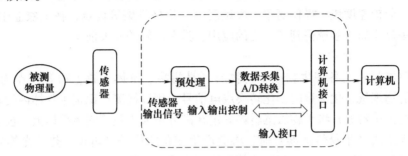

图 4-47　智能传感器的基本结构框图

与传统传感器相比，智能传感器有以下特点。

1）精度高。智能传感器可通过自动校零去除零点；与标准参考基准进行实时对比，以自动进行整体系统标定；自动进行整体系统的非线性等系统误差的校正；通过对所采集的大量数据进行统计处理来消除偶然误差的影响等，保证了智能传感器有较高的精度。

2）可靠性与稳定性强。智能传感器能自动补偿因工作条件与环境参数的变化引起的系统特性漂移，如由温度变化产生的零点和灵敏度的漂移；当被测参数发生变化后，能自动改换量程；能实时、自动进行系统的自我检验，分析、判断所采集到的数据的合理性，并给出异常情况的应急处理（报警或故障提示）方案。这些功能保证了智能传感器具有很高的可靠性与稳定性。

3）高信噪比与高分辨率。由于智能传感器具有数据存储、记忆与信息处理功能，通过软件进行数字滤波、数据分析等处理后，可以去除输入数据中的噪声，从而将有用信号提取出来；通过数据融合、神经网络技术，可以消除多参数状态下交叉灵敏度的影响，从而保证在多参数状态下对特定参数进行测量的分辨能力，因此具有很高的信噪比与分辨率。

4）自适应性强。由于智能传感器具有判断、分析与处理功能，它能根据系统工作情况决定各部分的供电情况、优化与上位计算机的数据传送速率，并保证系统工作在最优低功耗状态。

5）性价比高。智能传感器所具有的上述高性能，不是像传统传感器技术那样追求传感器本身的完善，对传感器的各个环节进行精心设计与调试来获得的，而是通过与微处理器/微计算机相结合来实现的，因此具有高的性价比。

4.5.5　生物传感器

生物传感器是指由生物活性材料与相应转换器构成，并能测定特定的化学物质（主要是生物物质）的传感器，是近 20 年来发展起来的一门高新技术。20 世纪 60 年代发展起来的离子选择性电极具有操作简单、一般无需对样品预处理，同时具有分析迅速等特点，被称为无试剂快速分析，但多限于检测无机离子。1962 年，Clark 和 Lyons 最先提出生物传感器的设想，将酶与 ISE 结合，构成了利用酶分子进行识别的酶电极。1967 年，Updike 和 Hicks 组装成第一个酶电极-葡萄糖传感器，随后有机物无试剂分析技术得到极大的发展。

作为一种新型的检测技术，生物传感器的产生是生物学、医学、电化学、热学、光学及电子技术等多门学科相互交叉渗透的产物，与常规的化学分析及生物化学分析方法相比，具有选择性高、分析速度快、操作简单、灵敏度高、价格低廉等优点，在工农业生产、环保、食品工业、医疗诊断等领域得到了广泛的应用，具有广阔的发展前景。

1. 生物传感器的基本原理

生物传感器是利用各种生物或生物物质（是指酶、抗体、微生物等）作为敏感材料，并将其产生的物理量、化学量的变化转换成电信号，用以检测与识别生物体内的化学成分的传感器。生物传感器通常将生物敏感材料固定在高分子人工膜等固体载体上，被识别的生物分子作用于人工膜（生物传感器）时，将会产生变化的信号（电位、热、光等）输出，然后采用电化学法、热测量法或光测量法等方法测出输出信号。

生物传感器基本原理如图 4-48 所示，它是由敏感膜和敏感元件两部分组成。被测物质经扩散进入生物敏感膜层，经分子识别，发生生物学反应（物理、化学变化），产生的物理、化学现象或产生新的化学物质，由相应的敏感元件转换成可定量和可传输、处理的电信号。

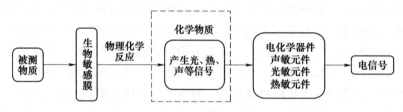

图 4-48　生物传感器原理框图

生物敏感膜又称分子识别元件，是利用生物体内具有奇特功能的物质制成的膜，它与被测物质相接触时伴有物理、化学变化的生化反应，可以进行分子识别。生物敏感膜是生物传感器的关键元件，它直接决定着传感器的功能与质量。由于选材不同，可以制成酶膜、全细胞膜、组织膜、免疫膜、细胞器膜、复合膜等。各种膜的生物物质见表 4-1。

表 4-1　生物传感器的生物敏感膜

生物敏感膜	生物活性材料
酶膜	各种酶类
全细胞膜	细菌、真菌、动植物细胞
组织膜	动植物组织切片
免疫膜	抗体、抗原、酶标抗原等
细胞器膜	线粒体、叶绿体

2. 生物传感器的分类

按照敏感膜材料（分子识别元件）和敏感元件（电信号转换元件）的不同，生物传感器有多种分类方法，但主要有两种分类法。

（1）敏感膜材料

按照敏感膜材料的不同，生物传感器可分为细胞器传感器（Organall Sensor）、微生物传感器（Microbial Sensor）、免疫传感器（Immunol Sensor）、酶传感器（Enzyme Sensor）和组织传感器（Tissue Sensor）等五大类，如图 4-49 所示。

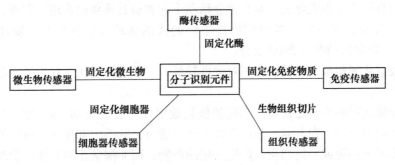

图 4-49 生物传感器按敏感膜分类

（2）敏感元件

按照敏感元件的工作原理不同，生物传感器可分为生物电极（Bioeletrode）、热生物传感器（Calorimetric Biosensor）、压电晶体生物传感器（Piezoelectric Biosensor）、半导体生物传感器（Semiconduct Biosensor）、光生物传感器（Optical Biosensor）和介体生物传感器（Medium Biosensor）等，如图 4-50 所示。

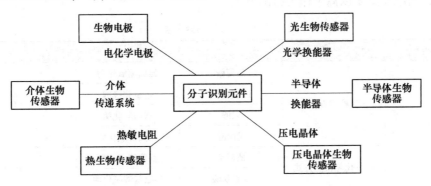

图 4-50 生物传感器按敏感元件分类

但随着生物传感器技术的不断发展，近年来又出现了新的分类方法。如微型生物传感器是指直径在微米级甚至更小的生物传感器统称；亲和生物传感器是指以分子之间的识别和结合为基础的生物传感器统称；复合生物传感器是指由两种以上不同分子敏感膜材料组成的生物传感器（如多酶复合传感器）；多功能传感器是指能够同时测定两种以上参数的生物传感器（如味觉传感器、嗅觉传感器、鲜度传感器等）。

3. 生物传感器的特点

与通常的化学分析法相比，生物传感器具有以下特点：

1）分析速度快，可以在较短的时间内得到结果；

2）准确度高，一般相对误差可以达到1%；

3）操作较简单，容易实现自动分析；

4）生物传感器的主要缺点是使用寿命较短。

4. 应用举例：酶传感器

（1）酶的特性与特点

酶是由生物体内产生并具有催化活性的一类蛋白质，此类蛋白质表现出特异的催化功能，因此，酶被称为生物催化剂。酶在生命活动中起着极其重要的作用，它参加新陈代谢过程的所有生化反应，并以极高的速度维持生命的代谢活动（包括生长、发育、繁殖与运动）。目前，已鉴定出的酶有 2000 余种。

酶与一般催化剂相似之处是：在相对浓度较低时，仅能影响化学反应的速度，而不改变反应的平衡点。

酶与一般催化剂的不同之处是：①酶的催化效率比一般催化剂要高 $10^6 \sim 10^{13}$ 倍；②酶催化反应条件较为温和，在常温、常压条件下即可进行；③酶的催化具有高度的专一性，即一种酶只能作用于一种或一类物质，产生一定的产物，而非酶催化剂对作用物没有如此严格的选择性。

（2）酶传感器的结构与原理

目前，常见的酶传感器有电流型和电位型两种。其中，电流型是由与酶催化反应相关物质电极反应所得到的电流来确定反应物质的浓度，一般采用氧电极、H_2O_2 电极等；而电位型是通过电化学传感器件测量敏感膜电位来确定与催化反应有关的各种物质的浓度，一般采用 NH_3 电极、CO_2 电极、H_2 电极等。表 4-2 列出了两类传感器，电流型是以氧或 H_2O_2 作为检测方式，而电位型是以离子作为检测方式。

表 4-2 酶传感器分类

检测方式		被测物质	酶	检测物质
电流型	氧检测方式	葡萄糖	葡萄糖氧化酶	O_2
		过氧化氢	过氧化级酶	
		尿酸	尿酸氧化酶	
		胆固醇	胆固醇氧化酶	
	过氧化氢检测方式	葡萄糖	葡萄糖氧化酶	H_2O_2
		L-氨基酸	L-氨基酸氧化酶	
电位型	离子检测方式	尿素	尿素酶	NH_4^+
		L-氨基酸	L-氨基酸氧化酶	NH_4^+
		D-氨基酸	D-氨基酸氧化酶	NH_4^+
		天门冬酰胺	天门冬酰胺酶	NH_4^+
		L-酪氨酸	酪氨酸脱羧酶	CO_2
		L-谷氨酸	谷氨酸脱氧酶	NH_4^+
		青霉素	青霉素酶	H^+

下面以葡萄糖酶传感器为例说明其工作原理与检测过程。图 4-51 所示为葡萄糖酶传感器的结构原理图，它的敏感膜为葡萄糖氧化酶，固定在聚乙烯酰胺凝胶上。敏感元件由阴极 Pt，阳极 Pb 和中间电解液（强碱溶液）组成。在电极 Pt 表面上覆盖一层透氧化的聚四氟乙

烯膜，形成封闭式氧电极，它避免了电极与被测液直接接触，防止电极毒化。当电极 Pt 浸入含蛋白质的介质中，蛋白质会沉淀在电极表面上，从而减小电极有效面积，使两电极之间的电流减小，传感器受到毒化。

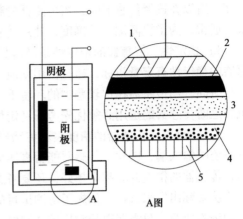

图 4-51　葡萄糖酶传感器的结构原理图
1—Pt 阴极　2—聚四氟乙烯膜　3—固相酶膜
4—半透膜多孔层　5—半透膜致密层

测量时，葡萄糖酶传感器插入到被测葡萄糖溶液中，由于酶的催化作用而耗氧（过氧化氢 H_2O_2），其反应式为

$$葡萄糖 + H_2O + O_2 \xrightarrow{GOD} 葡萄糖酸 + H_2O_2 \tag{4-96}$$

式中，GOD 为葡萄糖氧化酶。

由式（4-96）可知，葡萄糖氧化时产生 H_2O_2，而 H_2O_2 通过选择性透气膜，使聚四氟乙烯膜附近的氧化量减少，相应电极的还原电流减少，从而通过电流值的变化来确定葡萄糖的浓度。

值得指出是，酶作为生物传感器的敏感材料虽然已有许多应用，但其价格比较昂贵和性能不够稳定，其应用也受到限制。

4.6　传感器的选型

一般来说，对于同一种类的被测物理量，可供选择的传感器类型很多。为了选择最适合测试目的的传感器，应根据实际使用传感器的目的、指标环境等因素，考虑不同的侧重点，仔细研究测试信号，确定测试方式和初步确定传感器类型；分析测试环境和干扰因素，如测试环境是否有磁场、电场、温度的干扰，测试现场是否潮湿等；根据测试范围确定某种传感器；确定测量方式，是接触测量还是非接触测量；确定传感器的体积和安装方式，应保证被测位置能放下和安装传感器；确定传感器的来源、价格等因素。

在考虑完上述问题后，就能确定选用何种类型的传感器，然后再考虑传感器的具体性能指标。

1）灵敏度。传感器的灵敏度越高，可以感知的变化量越小，即当被测量稍有微小变化时，传感器即有较大的输出。但灵敏度越高，与测量信号无关的外界噪声也越容易混入，并且噪声会被放大，因此，要求传感器有较高的信噪比。一般来说，如果被测量是一维向量，则传感器在测量方向上的灵敏度越高越好，而横向灵敏度越低越好；如果被测量是二维或三维向量，那么对传感器还应要求交叉灵敏度越低越好。

2）频率响应特性。传感器的响应特性必须在所测频率范围内尽量保持不失真。但实际传感器的响应总有一些延迟，但延迟时间越短越好。在动态测量中，传感器的响应特性对测试结果有直接影响，因此在选用时应充分考虑到被测物理量的变化特点（如稳态、瞬变、随机等）。

3）线性范围。传感器的线性范围是指输出输入成正比的范围。从理论上讲，在此范围内，灵敏度应该保持不变。传感器的线性范围越宽，其量程越大，并且能保证一定的测量精确度。所以在选择传感器时，当传感器的种类确定以后，首要考虑的就是其量程是否满足要求。通常，为了提高测量精确度，使用传感器时的显示值应在满量程的 2/3 左右。

4）稳定性。传感器的稳定性是经过长期使用以后，其输出特性不发生变化的性能。传感器的稳定性有定量指标，超过使用期应及时进行标定。影响传感器稳定性的因素主要是环境与时间。当传感器在比较恶劣的环境下工作时，如灰尘、油污、温度、振动等干扰都很严重，这时传感器的选用必须优先考虑稳定性因素。

5）精确度。传感器的精度表示传感器的输出与被测量的对应程度。因为传感器处于测试系统的输入端，因此，传感器能否真实地反映被测量，对整个测试系统具有直接影响。然而，传感器的精度并非越高越好，还要考虑到经济性。传感器的精度越高，价格越昂贵，因此应从实际出发来选择。如先了解测试目的，是定性分析还是定量分析。如果属于相对比较性的试验研究，只需获得相对比较值即可，那么对传感器的精度要求可低些。然而对于定量分析，为了获得精确的量值，要求传感器具有足够高的精度。

4.7 传感器的信号调理

信号调理，就是对传感器敏感元件的输出信号进行再加工，使其更适合于后续的信号传输与处理。传感器技术中常用相关电路来进行信号的调理，通常包括信号放大电路、信号转换电路、信号滤波电路和调制与解调。

4.7.1 信号放大电路

传感器敏感元件所感测到的信号一般都非常微弱，而且敏感元件输出的信号往往被深埋在噪声之中，因此，要对这样的微弱信号进行处理，一般都要先进行预处理，将大部分噪声滤除掉，并将微弱信号放大到后续处理器所要求的电压幅度。

1. 基本放大器电路

如图 4-52 所示为反相与同相放大器电路，它们是集成运算放大器两种最基本的应用电路，许多集成运放的功能电路都是在这两种放大器电路的基础上组合和演变而来的。

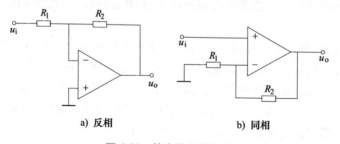

a) 反相   b) 同相

图 4-52 基本放大器电路

反相放大器电路的特点是输入信号和反馈信号均加在运放的反相输入端。反相放大器电路的电压增益为

$$A_{vf} = \frac{u_o}{u_i} = -\frac{R_2}{R_1} \tag{4-97}$$

同相放大器电路的特点是输入信号加在同相输入端，而反馈信号加在反相输入端。同样，由理想运放特性可知，同相放大器电路的电压增益为

$$A_{vf} = \frac{u_o}{u_i} = 1 + \frac{R_2}{R_1} \tag{4-98}$$

2. 测量放大器电路

在许多测试场合，传感器输出的信号往往很微弱，而且伴随有很大的共模电压，一般对这种信号需要采用测量放大器。如图 4-53 所示是目前广泛应用的三运放测量放大器电路。

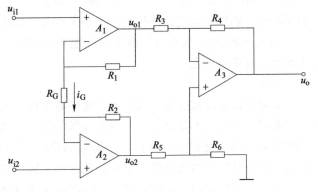

图 4-53　三运放测量放大器电路

测量放大器利用两个相同特性的运算放大器组成对称电路，并采用共模负反馈电路的方法，解决极间耦合和克服零点漂移问题。该放大器前级为同相并联型差动比例放大器 A_1 和 A_2 组成，后级是差动比例放大器 A_3。由于 A_1、A_2 是高性能运放，开环增益很大，因此，A_1 和 A_2 的两输入端电位相同，A_3 放大的是 A_1 和 A_2 的输出之差，如果它们的输出失调是同相的，就可以互相抵消。因此，总失调主要由 A_3 本身引起，将 A_3 的增益压低，主要增益由前级担任，这样既可降低输出温漂，又降低了 A_3 的失调电流引起的温漂和输出。

测量放大器电路还具有增益调节功能，调节 R_G 可以改变增益而不影响电路的对称性。由电路结构分析可知测量放大器的增益为

$$A_v = \frac{u_o}{u_{i1} - u_{i2}} = -\frac{R_4}{R_3}\left(1 + \frac{2R_1}{R_G}\right) \tag{4-99}$$

目前，许多公司已开发出各种高质量的单片集成测量放大器，通常只需外接电阻 R_G 用于设定增益，外接元件少，使用灵活，能够处理几微伏到几伏的电压信号。

3. 程控测量放大器电路

随着数字化技术的不断发展，各类测量仪表越来越趋于采用数字化和智能化方向。这些设备一般由前端的传感器、放大器电路和后端的数据处理电路组成。对于前端电路，由于传感器输出信号的幅度和驱动能力比较微弱，必须接高精度的测量放大器以满足后端电路的要求；而传感器在不同测量中，其输出信号的幅度可能相差很多，为了保证必要的测量精度，针对不同的测量常会采用改变量程的办法。改变量程时，测量放大器的增益也应相应地加以改变。传统的处理方法是对放大器增加手动挡位调节，人工挡位调节增加了仪表操作的复杂性、影响了数据测量的实时性，同时，挡位调节通常采用机械旋钮，又增加了仪器的不可靠性和接触电阻对测量精度的影响。另外，在数据采集系统中，被测信号变化的幅度在不同的场合表现出不同的动态范围，信号电平可以从微伏级到伏级，模数转换器不可能在各种情况下都与之相匹配，如果采用单一的增益放大，往往使 A-D 转换器的精度不能被最大限度地利用，或致使被测信号削顶饱和，造成很大的测量误差，甚至使 A-D 转换器损坏。

综上所述，在传感技术中，有必要采用一种增益可以通过确定的程序调节控制的放大

器，即程控测量放大器电路，也称为程控增益放大器电路，简称 PGA。其基本原理可用图 4-54 来说明。基本放大器电路由运放和电阻组成。该放大器的增益 $G=-R_f/R_1$，其大小取决于反馈电阻 R_f 和输入电阻 R_1 的阻值。可见，只要合理选择 R_f 和 R_1 的阻值，该放大器的增益就可以达到所需要的值。如果能通过软件程序的控制来改变反馈电阻 R_f 或者输入电阻 R_1，从而可以改变放大电路的增益，即可实现放大器增益可变。

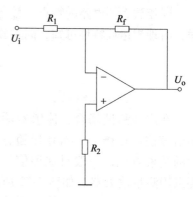

图 4-54 程控测量放大器的基本工作原理

4. 隔离放大器电路

对生物电信号以及强电、强电磁干扰环境下信号的放大，需要采用隔离放大器以保证人身及设备的安全并降低干扰的影响。隔离放大器应用于高共模电压环境下的小信号测量，是一种特殊的测量放大电路，其输入、输出和电源电路之间没有直接的电路耦合，信号在传输过程中没有公共的接地端。隔离放大器电路由输入放大器、输出放大器、隔离器以及隔离电源等部分组成，如图 4-55 所示。

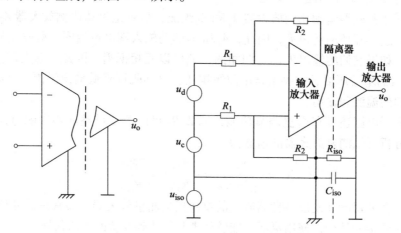

图 4-55 隔离放大器的电路符号及其基本电路

在隔离放大器中采用的隔离方式主要是采用变压器耦合和光电耦合信号方式。变压器耦合具有较高的线性度和隔离性能，共模抑制比高，技术较成熟，但通常带宽较窄，约数千赫以下，且体积大、工艺成本复杂。光电耦合结构简单、成本低廉、器件质量轻、频带宽，但光耦合器是非线性器件，尤其在信号较大时，将出现较大的非线性误差。

由于隔离放大器采用浮置式（浮置电源、浮置放大器输入端）设计，输入、输出端相互隔离，不存在公共地线的干扰，因此具有极高的共模抑制能力，能对信号进行安全准确的放大，有效防止高压信号对低压测试系统造成的破坏。

4.7.2 信号转换电路

信号转换是指将信号从一种形式转换为另一种形式。信号转换主要有电压-电流转换、电流-电压转换、电压-频率转换、频率-电压转换、模拟-数字转换和数字-模拟转换等。

1. 电压-电流转换

输出负载中的电流正比于输入电压的电路，称为电压-电流转换。由于电路的传输系数是电导，所以又称其为转移电导放大器。当输入电压为恒定值时，负载中的电流为恒定值，与负载无关，则构成恒流源电路。电压-电流转换器电路有多种构成方法。如图 4-56a 展示了由运算放大器构成的基本电压-电流转换电路，由图可知，流过负载的电流为 $I_L = U_i/R_i$，实现了电压-电流的转换。集成芯片有 AD693 等。

2. 电流-电压转换

将输入电流转换为输出电压的转换称为电流-电压变换。由于转换电路的传递系数为电阻，所以又称为转移电阻放大器。图 4-56b 所示为由运算放大器构成的基本电流-电压转换电路，出图可知，放大器输出的电压为 $U_o = -I_i R_f$。

光电检测是电流-电能转换最典型的应用。光敏二极管就是将光信号转换为二极管的反向电流，因此传感器的检测电路首先就需要将电流转换成电压。

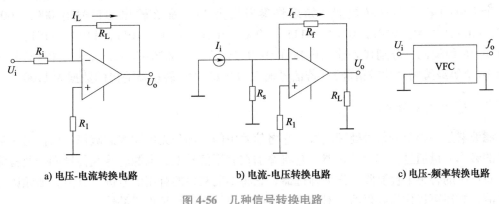

a) 电压-电流转换电路   b) 电流-电压转换电路   c) 电压-频率转换电路

图 4-56 几种信号转换电路

3. 电压-频率转换

电压-频率转换就是把电压喜好转变为频率信号的电路，它有良好的线性度、精度和积分输入特性。此外，它的应用电路简单、外围元件性能要求不高、对环境适应能力强、转换速度不低于一般的双积分型 A/D 转换器件，且价格较低。一般来说，电压-频率转换器适用于一些非快速而需要进行远距离信号传输的 A/D 转换过程。另外，某些场合虽然不需要远距离传输信号，但对电路成本要求比较苛刻，也可以采用电压-频率转换达到简化电路、降低成本、提高性价比的目的。图 4-56c 所示为电压-频率转换电路。目前，实现电压-频率转换的方法很多，市场上也有集成化的芯片出售，一般的集成化芯片既可作为电压-频率转换器，又可作为频率-电压转换器使用。典型的产品有美国 Telcom 公司的 TC9401，美国 ADI 公司的 AD650，LMx31 系列等。

4. 模拟-数字（A/D）转换和数字-模拟（D/A）转换

随着计算机技术的普及，以单片机、嵌入式系统乃至分布式计算机网络为主的信息获取与处理系统已经成为主流。在这类系统中，测量对象往往是一些连续变化的模拟量，如温度、压力、流量和速度等。传感器的输出一般为模拟量，必须经过 A/D 转换后才能被计算机所接受。如果需要进行计算机控制，则计算机输出的数字信号必须经过 D/A 转换后才能驱动相应的执行机构。将模拟量转换为数字量的器件称为 A/D 转换器（或 ADC），将数字量转换为模拟量的器件称为 D/A 转换器（或 DAC）。

通常的 A/D 转换器是将一个输入电压信号转换为一个输出的数字信号。由于数字信号本身不具有实际意义，仅仅表示一个相对大小。故任何一个 A/D 转换器都需要一个参考模拟量作为转换的标准，比较常见的参考标准为最大的可转换信号大小。而输出的数字量则表示输入信号相对于参考信号的大小。

A/D 转换器最重要的参数是转换的精度，通常用输出的数字信号的位数的多少来表示。转换器能够准确输出的数字信号的位数越多，表示转换器能够分辨输入信号的能力越强，转换器的性能也就越好。

A/D 转换一般要经过采样、保持、量化及编码 4 个过程。在实际电路中，有些过程是合并进行的，如采样和保持，量化和编码在转换过程中是同时实现的。举例说明：

对于一个 2 位的电压 A/D 转换器，如果将参考设为 1V，那么输出的信号有 00, 01, 10, 11 四种编码，分别代表输入电压在 0~0.25V, 0.26~0.5V, 0.51~0.75V, 0.76~1V 时的对应输入，分为四个等级编码，当一个 0.8V 的信号输入时，转换器输出的数据为 11。对于一个 4 位的电压 A/D 转换器，如果将参考设为 1V，那么输出的信号有 0000, 0001, 0010, 0011, 0100, 0101, 0110, 0111, 1000, 1001, 1010, 1011, 1100, 1101, 1110, 1111 共 16 种编码，分别代表输入电压在 0~0.0625V, 0.0626~0.125V, …, 0.9376~1V, 分为 16 个等级编码（比较精确）。若信号输入为 0.8V 时，转换器输出的数据为 1100。

4.7.3　信号滤波电路

滤波器是一种交变信号处理装置，它将信号中的一部分无用频率衰减掉，而让另一部分特定的频率分量通过；作为净化器，它将叠加在有用信号上的电源、导线传导耦合及检测系统自身产生的各种干扰滤除；作为筛选器，它将不同频率的有用信号进行分离，如频谱分析和检波；它还可以作为补偿器，对检测系统的频率特性进行校正或补偿。

滤波器按信号形式可以分为模拟信号滤波器和数字信号滤波器；按采用元件可分为有源滤波器和无源滤波器等；按输出滤波形式不同，滤波器可以分为低通、高通、带通和带阻等形式的滤波器。

1. 信号滤波器的基本原理

设传感器敏感元件输出的信号为周期性信号，可以将其展开成傅里叶级数的形式，表示为

$$U_0 = A_0 + A_1\sin(\omega_0 t + \Phi_1) + \cdots + A_n\sin(n\omega_0 t + \Phi_n) \tag{4-100}$$

式中，A_0 为信号的直流分量；ω_0 为 $U_i(t)$ 的基波频率（或者称一次谐波频率）；n 为倍频数，$n=1, 2, 3, \cdots$；$A_n\sin(n\omega_0 t + \Phi_n)$ 为 n 次谐波分量，其中 Φ_n 为 n 次谐波分量的初始相位；A_n 为 n 次谐波分量的幅值。

当含有不同谐波分量的信号经过滤波器滤波后，理想情况下，滤波器允许范围内的谐波分量可以不失真地通过，而允许范围之外的谐波分量将衰减为零。也就是说，可以将理想滤波器看成是一个放大倍数为 K 的放大器，且

$$K = \begin{cases} 1 & (\omega_1 < \omega < \omega_2) \\ 0 & (其他) \end{cases} \tag{4-101}$$

式中，ω_1 和 ω_2 为滤波器通频范围的上、下截止频率，即当传感器敏感元件输出的信号 $U_0(t)$ 经过滤波器后，只保留其中 ω_1 到 ω_2 频率范围内的谐波分量。

2. 信号滤波器的基本性能参数

与理想滤波器相比，实际滤波器需要用更多的概念和参数去描述它，主要参数有截止频率、带宽和品质因数、纹波幅度、倍频程选择性等。

(1) 截止频率

设 K_0 为中频时的放大倍数，当幅频特性值等于 0.707K_0 时所对应的频率即为滤波器的截止频率。以 K_0 为参考值，0.707K_0 对应于−3dB 点，即相对于 K_0 衰减 3dB。若以信号的幅值平方表示信号功率，则所对应的点正好是半功率点。如图 4-57 所示，ω_1 和 ω_2 是滤波器通频范围的上、下截止频率，ω_1 到 ω_2 之间为通频带。

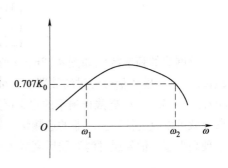

图 4-57 截止频率示意图

(2) 带宽 B 和品质因数 Q

如图 4-57 所示，ω_1 到 ω_2 的通频带称为滤波器的带宽 B，$\omega_0 = \sqrt{\omega_1\omega_2}$ 称为滤波器的中心频率，而中心频率于带宽 B 之比成为品质因数，即 $Q = \omega_0/B$。这两个指标描述了滤波器筛选信号的分辨力和分辨率。

(3) 纹波幅度

在一定频率范围内，实际滤波器的幅频特性可能呈波纹变化。可用纹波幅度来表示滤波器的波动情况，用 $\delta\%$ 来表示，即

$$\delta\% = \frac{K_{\max} - K_0}{K_0} \times 100\% \tag{4-102}$$

纹波幅度应越小越好，一般应远小于 3dB。$\delta\%$ 越大，说明滤波器抑制谐振的能力越差，通常应不超过 5%。

(4) 倍频程选择性

在两截止频率外侧，实际滤波器有一个过渡带，这个过渡带的幅频特性曲线倾斜程度表明了幅频特性衰减的快慢，它决定着滤波器对带宽外频率成分衰减的能力。通常，用倍频程选择性来表征。所谓倍频程选择性是指在上截止频率 $\omega_2 \sim 2\omega_2$ 之间或者在下截频率 $\omega_1 \sim \omega_1/2$ 之间幅频特性的衰减值，即频率变化一个倍频程时的衰减量。倍频程衰减量也可以用 dB/10 倍频表示。显然，衰减越快，滤波器的选择性就越好。

3. 无源滤波器

无源滤波器通常由 R、C 和 L 组成的网络来实现，具有电路结构简单、元件易选、容易调试、抗干扰能力强和稳定可靠等特点。

(1) 低通滤波器

图 4-58a 所示为最简单的一阶 RC 低通滤波器结构，输入信号为 $u_i(t)$，输出信号为 $u_o(t)$。根据电路理论可知，滤波器的传递函数为

$$K(s) = \frac{u_o(s)}{u_i(s)} = \frac{1}{RCs + 1} = \frac{1}{\tau s + 1} \tag{4-103}$$

式中，$\tau = RC$ 称为滤波器的时间常数。

用 $s = j\omega$ 代入，可得

$$K(\mathrm{j}\omega) = \frac{1}{\mathrm{j}\omega\tau + 1} = A(\omega)\mathrm{e}^{\mathrm{j}\varphi(\omega)} \qquad (4\text{-}104)$$

另外，其幅频特性和相频特性为

$$\begin{cases} A(\omega) = \dfrac{1}{\sqrt{1 + (\tau\omega)^2}} \\ \varphi(\omega) = -\arctan(\tau\omega) \end{cases} \qquad (4\text{-}105)$$

该网络的频率特性如图 4-58b、c 所示。从频率特性看，当 $\omega \ll 1/(RC)$ 时，$A(\omega) \approx 1$，$\varphi(\omega) \approx 0$，输入信号经过滤波器后，可以不失真地输出；当 $\omega = 1/(RC)$ 时，$A(\omega) = 0.707$，$\varphi(\omega) = -45°$，根据截止频率的定义可知滤波器的截止频率为 $\omega_{\mathrm{c}} = 1/(RC)$，所以调整 RC 的参数就可以改变低通滤波器的通频带。当 $\omega \gg 1/(RC)$ 时，$A(\omega) \approx 0$，$\varphi(\omega) \approx -90°$，滤波器呈现高阻态，信号通过滤波器后衰减为零。

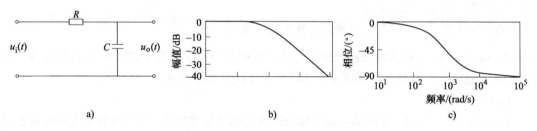

图 4-58　一阶低通滤波器及其频率特性

（2）高通滤波器

简单的高通滤波器如图 4-59 所示。

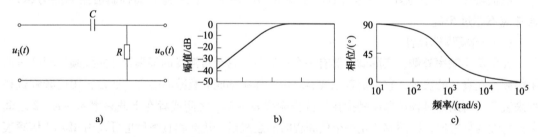

图 4-59　一阶高通滤波器及其频率特性

其传递函数为

$$K(s) = \frac{u_{\mathrm{o}}(s)}{u_{\mathrm{i}}(s)} = \frac{RCs}{RCs + 1} = \frac{\tau s}{\tau s + 1} \qquad (4\text{-}106)$$

用 $s = \mathrm{j}\omega$ 代入，可得到其幅频特性和相频特性分别为

$$\begin{cases} A(\omega) = \dfrac{\tau\omega}{\sqrt{1 + (\tau\omega)^2}} \\ \varphi(\omega) = 90° - \arctan(\tau\omega) \end{cases} \qquad (4\text{-}107)$$

令 $A(\omega) = 1/\sqrt{2}$，求出截止频率 $\omega_{\mathrm{c}} = 1/(RC)$，即 $f_{\mathrm{c}} = 1/(2\pi RC)$。所以当 $f \gg f_{\mathrm{c}}$ 时，输入信号不失真地经过滤波器，而当 $f < f_{\mathrm{c}}$ 时，信号被滤波器衰减。

4. 有源滤波器

有源滤波器通常由运算放大器和 R、C 和 L 元件组成，与无源器件相比有较高的增益，输出阻抗低，易于实现各种类型的高阶滤波器，在构成超低频滤波器时无须大电容和大电感，但在参数调整和抑制自激等方面要复杂些。

（1）二阶有源低通滤波器

二阶有源低通滤波器如图 4-60 所示。可得到低通滤波器的传递函数为

$$K_{L}(s) = \frac{u_o(s)}{u_i(s)} = \frac{k_F}{R_1 R_2 C_1 C_2 s^2 + [(R_1 + R_2)C_2 + (1 - R_f)R_1 C_1]s + 1} \tag{4-108}$$

式中，k_F 为电路的增益。在最佳阻尼下，应满足确定

$$\begin{cases} \dfrac{1}{R_1 R_2 C_1 C_2} = \omega_c^2 \\ \dfrac{1}{R_1 C_1} + \dfrac{1}{R_2 C_1} + \dfrac{1}{R_2 C_2}(1 - k_F) = 1.414\omega_c \\ 1 + \dfrac{R_f}{R_0} = k_F \end{cases} \tag{4-109}$$

各元件参数是首先确定增益 k_F 或者最后用 k_F 来做调整，其次是根据截止频率 ω_c 的大小确定 C_1 和 C_2。通常电容的选取是依据经验及其具体情况来定。

（2）二阶有源高通滤波器

二阶有源高通滤波器如图 4-61 所示。与二阶有源低通滤波器相比，R_1 和 C_1，R_2 和 C_2 互换了位置，因此可写出高通滤波器的传递函数为

$$K_{H}(s) = \frac{u_o(s)}{u_i(s)} = \frac{R_1 R_2 C_1 C_2 k_F s^2}{R_1 R_2 C_1 C_2 s^2 + [(C_1 + C_2)R_2 + (1 - R_f)R_2 C_2]s + 1} \tag{4-110}$$

对于高通滤波器来说，$0<\omega<\omega_c$ 是阻带区，$\omega>\omega_c$ 是通带区，截止频率 $\omega_c = 2\pi f_c$ 的参数选择和计算与低通滤波器一致。

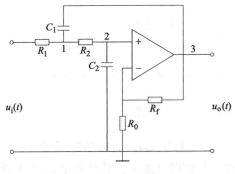

图 4-60　二阶有源低通滤波器

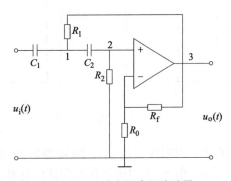

图 4-61　二阶有源高通滤波器

4.7.4　调制与解调

被测物理量经过传感器交换以后，多为低频缓变的微弱信号，如果直接送入级间直接耦合式的直流放大器进行放大，将会受到零点漂移的影响。当漂移信号大小接近或超过被测信号时，经过逐级放大后，被测信号会被零点漂移淹没。为了解决这个问题，通常要将测量信

号搭载于一个特定的交变信号上，也即进行调制。在测量时，则需要将测量信号从载波中还原出来，也即进行解调。

对应于信号的三要素：幅值、频率和相位，**根据载波的幅值、频率和相位随调制信号变化的过程**，调制可以分为幅值调制、频率调制和相位调制，简称为调幅、调频和调相，其波形称为调幅波、调频波和调相波。

1. 幅值调制与解调

调幅是将一个高频载波信号与被调制信号相乘，使载波信号随被调制信号的变化而变化。调幅的目的是为了便于缓变信号的放大和传送，然后再通过解调从放大的调制波中取出有用的信号，即解调的目的就是恢复被调制的信号。

把调幅波再次与原载波信号相乘，其结果如图 4-62 所示。当用一低通滤波器滤去频率大于 f_m 的成分时，则可以复现原信号的频谱。与原频谱的区别在于幅值为原来的 1/2，这可以通过放大来补偿。这一过程称为同步解调，同步是指解调时所乘的信号与调制时的载波信号具有相同的频率和相位。用等式表示为

$$x(t)\cos2\pi f_0 t(\cos2\pi f_0 t) = \frac{x(t)}{2} + \frac{1}{2}x(t)\cos4\pi f_0 t \tag{4-111}$$

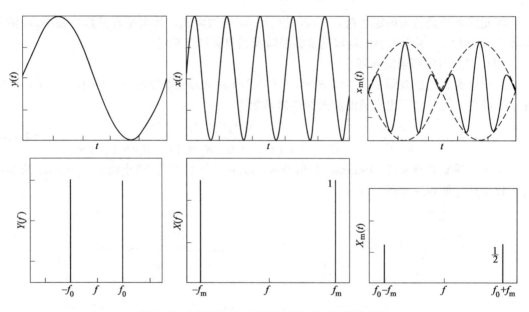

图 4-62 幅值调制的时域波形及对应的频域谱图

所以，调幅使被测 $x(t)$ 的频谱从 $f=0$ 向左、右迁移了 $\pm\omega$，而幅值降低了 1/2，如图 4-62 所示。但 $x(t)$ 中所包含的全部信息都完整地保存在调幅波中。载波频率 f_0 称为调幅波的中心频率，f_0+f_m 称为上旁频带，f_0-f_m 称为下旁频带。调幅以后，原信号 $x(t)$ 所包含的全部信息均转移到以 f_0 中心，宽度为 $2f_m$ 的频带范围之内，即将有用信号从低频区推移到高频区。因为信号中不包含直流分量，可以用中心频率为 f_0，通频带宽是 $\pm f_m$ 的窄带交流放大器放大，然后再通过解调从放大的调制波中取出有用的信号，所以调幅过程就相当于频谱"搬移"过程。由此可见，调幅的目的是为了便于缓变信号的放大和传送，而解调的目的则是恢复被调制的信号。如在电话电缆、有线电视电缆中，由于不同的信号被调制到不同的频

段，因此在一根导线中可以传输多路信号。为了减小放大电路可能引起的失真，信号的频宽（$2f_m$）相对中心频率（载波频率 f_0）应越小越好，实际载波频率通常至少是调制信号频率的数倍甚至数十倍。

最常见的解调方法是整流检波和相敏检波。若把调制信号进行偏置，叠加一个直流分量，使偏置后的信号都具有正电压，那么调幅波的包络线将具有原调制信号的形状。把该调幅波进行简单的半波或全波整流、滤波，并减去所加的偏置电压就可以恢复原调制信号，这种方法又称做包络分析。

2. 频率调制与解调

频率调制是利用信号电压的幅值控制一个振荡器，振荡器输出的是等幅波，但其振荡频率偏移量和信号电压成正比。信号电压为正值时调频波的频率升高，为负值时调频波的频率则降低，信号电压为零时，调频波的频率就等于中心频率，如图 4-63 所示。

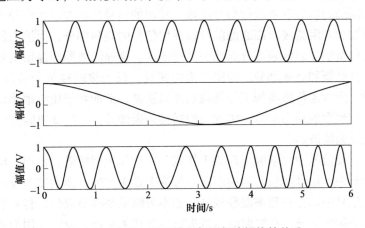

图 4-63　载波、调制信号与调频波幅值的关系

调频波的瞬时频率 f 为

$$f = f_0 + \Delta f \tag{4-112}$$

式中，f_0 为载波频率；Δf 为偏移频率，与调制信号的幅值成正比。

设幅值为 X_0、频率为 f_m 的余弦波，初始相位为 0 的调制信号 $x(t)$ 为

$$x(t) = X_0 \cos 2\pi f_m t \tag{4-113}$$

载波信号为

$$y(t) = Y_0 \cos(\cos 2\pi f_0 t + \varphi_0) \qquad (f_0 \gg f_m) \tag{4-114}$$

调频时载波的幅度 Y_0 和初始相位角 φ_0 不变，瞬时频率 $f(t)$ 围绕着 f_0 随调制信号电压作线性的变化，因此

$$f(t) = f_0 + k_f X_0 \cos 2\pi f_m t = f_0 + \Delta f_f \cos 2\pi f_m t \tag{4-115}$$

式中，Δf_f 是由调制信号 X_0 决定的频率偏移，$\Delta f_f = k_f X_0$，k_f 为比例常数，其大小由具体的调频电路决定。

由上式可见，频率偏移与调制信号的幅值成正比，与调制信号的频率无关，这是调频波的基本特征之一。

调频波是以正弦波频率的变化来反映被测信号的幅值变化的，因此调频波的解调是先将调频波变换成调幅波，然后进行幅值检波的。

3. 相位调制与解调

载波的相位对其参考相位的偏离值随调制信号的瞬时值成比例变化的调制方式，称为相位调制，调相波可表示为

$$y(t) = A\cos\{2\pi f_z t + [\varphi + x(t)]\} \tag{4-116}$$

因为调相制主要是用来作为得到调频的一种方法，在实际使用时很少采用。

4.8 数字滤波技术

数字滤波在数字信号处理中有两类作用：一是滤除噪声及虚假信号，二是对传感元件所监测到的信号进行补偿。

1. 滤除噪声及虚假信号

对传感器监测到的信号首先进行信号滤波。常用的信号滤波方法主要分为高通滤波、低通滤波、带通滤波和带阻滤波。高通滤波可以保留信号的高频部分，而滤去低频噪声。低通滤波则相反，它保留信号的低频部分而滤去高频噪声。带通滤波器则保留信号某一个频段总的信号，而去除其低频和高频部分。带阻又恰恰相反，仅去除信号某个频段上的干扰信号。滤波器在使用时，应考虑传感器的工作频段而加以选择，例如对于压电敏感元件，其监测信号一般为具有一定频率的动态信号，因此一般后接带通滤波器；应变电阻元件一般监测低频信号，一般后接低通滤波器。

在测量时，有效信号中常常混入高频干扰成分，例如大型桥梁、水坝、旋转机械等的振动测试及模态分析中，信号所包含的频率成分理论上是无穷的，而测试系统的采样频率不可能无限高，因此信号中总存在频率混叠成分，如不去除混叠频率成分，将对信号的后续处理带来困难。为解决频率混叠，在对监测信号进行离散化采集前，通常采用低通滤波器滤除高于 1/2 采样频率的频率成分，这种低通滤波器就称为抗混叠滤波器。

2. 信号补偿

数字滤波器也可用来对传感器所监测到的信号进行优化。例如，对于智能压电传感器，可采用数字滤波器对压电传感器的温度特性进行补偿。

4.9 传感器非线性补偿处理

在检测系统中，往往存在非线性环节。特别是传感器的输出量与被测物理量之间的关系，大部分是非线性的。造成非线性的因素主要有两个：一是许多传感器的转换原理并非线性，例如，温度测量时热电阻的阻值与温度、热电偶的电动势与温度都是非线性关系；二是采用的测量电路的非线性，例如，测量热电阻用四臂电桥，电阻的变化引起电桥失去平衡，此时输出电压与电阻之间的关系为非线性。对于这类问题，解决办法一般有 3 种：采用非线性的指示刻度；缩小测量范围，并取近似值；增加非线性补偿环节（亦称线性化器）。显然前两种方法的局限性和缺点比较明显，所以在检测系统中通常采取增加非线性补偿环节的方法，使系统的输出与被测量成为线性关系。

一般情况下，如果在整个测量范围内非线性程度不是很严重，或者说非线性误差可以忽略，那么就可以简单地采用线性逼近的方法将传感器的输出近似地用线性关系代替，常用的

线性逼近的方法有端点法和最小二乘法等。但如果在整个测量范围内非线性程度比较严重，或者说在非线性误差不可忽略的情况下，就需要采用另外的非线性补偿手段，主要是开环补偿法和闭环补偿法。

1. 开环补偿法

开环补偿法就是在传感器信号（或者经过放大了的传感器信号）之后串接一个适当的补偿环节（线性化器），将来自传感器的非线性特性的输入信号变换为呈线性特性的输出信号，其结构框图如图 4-64 所示。

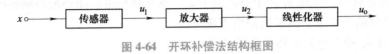

$$ x \circ \longrightarrow \boxed{\text{传感器}} \xrightarrow{u_1} \boxed{\text{放大器}} \xrightarrow{u_2} \boxed{\text{线性化器}} \xrightarrow{u_o} $$

图 4-64　开环补偿法结构框图

图中的传感器是非线性的，因此传感器的输出 u_1 与被测量 x 之间的关系是非线性函数

$$ u_1 = f(x) \tag{4-117} $$

u_1 经放大器放大后可获得一个电平较高的电压 u_2。设放大器的放大倍数为 K，并认为放大器的线性度良好，则

$$ u_2 = a + Ku_1 \tag{4-118} $$

u_2 与 x 仍然是非线性关系。u_2 作为线性化器的输入，从线性化器输出的电压 u_o 与被测量 x 之间的关系则是线性的，即 u_o 与 x 之间满足

$$ u_o = b + Sx \tag{4-119} $$

联立式 （4-117）、式 （4-118）、式 （4-119），并消去中间变量 u_1、x，从而可得到线性化器的输出-输入关系式为

$$ u_2 = a + Kf\left(\frac{u_o - b}{S}\right) \tag{4-120} $$

显然，线性化器的输出-输入关系是非线性的。根据式 （4-120）设计线性化器，就可以将传感器的非线性输出特性转换为电路输出电压 u_o 随被测量 x 呈线性关系的变化。例如铂热电阻的电阻相对变化与温度之间的关系为非线性的，即

$$ \frac{\Delta R}{R_0} = A + Bt + Ct^2 + Dt^3 \tag{4-121} $$

经过电桥放大器线性放大后的电压为

$$ u_2 = K\frac{\Delta R}{R_0}E \tag{4-122} $$

其中，u_2 为桥路供电电压。

设经线性化器后，电路的输出 u_o 与温度 t 之间满足

$$ u_o = St \tag{4-123} $$

联立 （4-121）、式 （4-122）、式 （4-123）可得

$$ u_2 = KE\left(A + \frac{B}{S}u_o + \frac{C}{S^2}u_o^2 + \frac{D}{S^3}u_o^3\right) \tag{4-124} $$

式 （4-124）为线性化器的输入-输出关系表达式。式中的 K、E、A、B、C、D、S 均是已知的常数，因此式 （4-124）的函数关系被唯一确定。按照这样的输出-输入关系设计的线

性化器就可以将铂热电阻的非线性输出进行线性补偿。

2. 闭环补偿法

闭环补偿法的原理结构如图 4-65 所示，图中的传感器是非线性的。与开环补偿不同是，其线性化器接在反馈支路，与放大器组成一闭合环路。假设放大器的放大倍数足够大，则有限的输出 u_o 对应放大

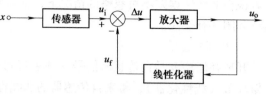

图 4-65 闭环补偿法原理框图

器的输入 Δu 为足够小，这样 u_f 就十分接近于 u_i，从而使得带有闭环反馈网络的放大器输出 u_o 和输入 u_i 之间的关系主要由反馈网络来决定。

设传感器输入-输出之间非线性关系的表达式为

$$u_i = f(x) \tag{4-125}$$

放大器输入-输出关系的表达式为

$$u_o = K\Delta u \tag{4-126}$$

其中，$\Delta u = u_i - u_f$。

可见，整个电路的输出 u_o 与被测量 x 的关系为线性，即

$$u_o = Sx \tag{4-127}$$

联立（4-125）、式（4-126）、式（4-127），并消去中间变量 x、Δu、u_i，可得到线性化器的输出-输入关系式为

$$u_f = f\left(\frac{u_o}{S}\right) - \frac{u_o}{K} \tag{4-128}$$

从式（4-128）可以看出，线性化器的输出-输入关系是非线性的，同时根据该式设计线性化器就可以将传感器的非线性输出转换为电路输出电压 u_o 随被测量 x 呈线性关系的变化。

3. 微机软件的非线性补偿技术

采用硬件电路虽然可以补偿测量系统的非线性，但由于硬件电路复杂、调试困难、精度低和通用性差等诸多问题，所以很难达到理想效果。在有微机的智能化检测系统中利用软件功能可方便地实现系统的非线性补偿。这种方法补偿精度高、成本低、通用性强。线性化的软件处理经常采用的有线性插值法、二次曲线插值法和查表法等。

阅读材料 D　我国传感器技术和产业的发展及其现状

传感技术是新一代信息技术三大组成部分之一，传感器是发展物联网及其应用的关键和瓶颈，是发展装备制造业的关键基础部件。我国传感器技术和产业发展经历了 70 年的风风雨雨，经历了从无到有、从有到全、全而不大、多而不强等阶段。随着物联网、智能制造、人工智能、云计算、大数据等技术的蓬勃发展和广泛应用，给传感器技术和产业带来新的机遇和挑战。

1. 我国传感器产业发展经历了中试生产、批量生产、工程化研究、产业化研究和规模化生产 5 个阶段

（1）"七五"期间：在重视产品开发的同时，重视"中试生产"

此期间开发扩散硅 2 英寸硅片的芯片制备工艺、力敏器件封接工艺、硅杯加工工艺，以及薄膜溅射工艺，厚膜浆料配制及元件刻蚀、调阻等传感器制造的新工艺。开发了十几种新

型敏感材料，使敏感材料依靠国外的局面有了很大的改善。扩散硅力敏器件、压力传感器、液位传感器、薄膜铂电阻、厚膜铂电阻、电涡流传感器等新产品，进行了小批量生产，并在电站故障诊断系统等工程中应用。在沈阳仪器仪表工艺研究所和大连仪表元件厂进行硅压力传感器的中试生产，产品的技术水平与当时国外同类产品水平相当。

（2）"八五"期间：加强传感技术研究，开展"批量生产研究"

此期间以工业控制、测试仪器和机电一体化为服务对象，选择力、磁、热、湿、气五大类传感器为攻关重点，形成沈阳仪器仪表工艺研究所、上海冶金研究所、哈尔滨 49 所三个传感器研发中心。取得新技术、新工艺 37 项，开发了 74 个品种 132 个规格的新产品，获得国家专利 15 项。首次开发了 InSb 磁敏薄膜和霍尔元件。小型廉价压力传感器、磁敏电流传感器、厚膜压力传感器、高性能 NTC 热敏电阻、可燃气体传感器、廉价湿度传感器等产品开始批量生产。

（3）"九五"期间："工程化研究"正式立项

此期间攻关以提高技术水平、可靠性水平和产业化程度为目标，以市场需求为导向，进行工程化、新产品开发、共性关键技术研究。获得科技成果 59 项，有 6 项成果进行了技术转让，取得专利 32 项，其中发明专利 7 项。18 个品种 75 个规格新型传感器中试生产，年生产能力 2257 万只，石英谐振式称重传感器的批量生产在国内外属于首创，开发了两大系列 7 个品种的电子衡器，建立了深圳清华力合传感科技有限公司。微机电系统（MEMS）加工工艺在压力传感器的生产中得到实际应用。完成了 51 个品种、72 个规格的新产品开发。微压传感器、高温硅集成开关、快响应电流传感器、硅集成线性传感器、电化学 CO 传感器、低浓度 NO_2 传感器、长寿命高分子湿度传感器、低功耗气体传感器、小型固态 PH 传感器等新产品进行批量生产。在突破关键技术之后，建立了新疆传感器公司和武汉湖北中邦电子有限公司，产业化生产超小型 NTC 热敏电阻、过载保护用 PTC 热敏电阻。

（4）"十五"期间："产业化研究"成为攻关重要内容

此期间传感器产业化技术研究是重要攻关内容之一，列了三个专题，分别是：①差压、静压、温度三参数一体化多功能传感器产业化技术，为国内智能工业变送器配套。②低功耗强磁体薄膜磁阻器件系列产品开发，为工业计量仪表配套。③可靠性增长技术研究，实现上述两种传感器的可靠性增长。一体化多功能传感器寿命达到 5 万小时，低功耗强磁体薄膜磁阻器件达到六级。

（5）"十一五"至今

"传感器的规模化产业化问题"成为传感器的热点，引起多方关注。

2. 再识中国传感器

目前形成了以中科院研究所、国家重点实验室、高等院校为核心的研发体系。以传感器国家工程研究中心、企业为主体的产业体系。以物联网、智能制造、人工智能、消费电子、民生工程等为对象的应用体系。

传感器产业链从设计、制造、封装、测试、产业化到应用已基本打通。传感器标准制订工作卓有成效，构建了传感器标准体系，传感器国家标准 97 项（包括国家军用标准），行业标准 125 项，基本能满足传感器产业的需求。培育了沈阳仪表科学研究所有限公司、航天长征火箭技术有限公司、郑州汉威科技集团股份有限公司等传感器企业，传感器研发水平不断提高，涌现了一批新技术，如清华大学微纳电子系研发的石墨烯织物应变传感器、中国科学院苏州纳米技术与纳米仿生研究所实现了柔性微纳传感器的工程化、印刷批量制造与部分专利技术的产业化等。

目前我国传感器技术与国际差距有12~20年。在设计技术、制造技术、产业化技术、应用技术四个方面与国外差距明显，见表4-3。

表4-3　我国传感器与国外差距

类型		中国	国际
设计技术	设计软件	有，但不成熟	有，较成熟
	可靠性设计	基本没有	有
	采用程度	很少	普遍
	设计人才	很少	普遍
制造技术	工艺成熟度	基本成熟	成熟
	工艺材料	有，关键材料、关键辅料进口	材料性能优良
	工艺标准（规范）	少数企业有企标	各企业均有标准
	工艺装备	国产装备少，大部分进口	有专业装备制造厂商，性能先进优良
产业化技术	产业化水平	低	高
	产业化投入	少，且不连续	高，连续，重视
	标志性企业	少，无法与国外相比	GE、西门子、博世、霍尼韦尔、横河、欧姆龙……
应用技术	市场份额	占全球市场10%	美国29%，日本21%，德国19%，其他21%
	应用领域	未进入重点领域、重点行业、重大工程	几乎涉及所有领域
	应用水平	中等、不全	高、齐全、配套

3. 中国传感器（技术、产业）发展趋势

（1）系统化

按照信息论和系统论要求，应用工程研究方法，强调传感器和传感技术发展的系统性和协同性。将传感器置于信息识别和处理技术的一个重要组成部分，将传感技术与计算机技术、通信技术协同发展，系统地考虑传感技术、计算技术、通信技术之间的独立性、相融性、依存性。而智能网络化传感器正是这种发展趋势的主要标志之一。

（2）创新性

创新性主要包括利用新原理、新效应、新技术。

如利用纳米技术，制作纳米传感器。利用量子效应研制具有敏感某种被测量的量子传感器，像共振隧道二极管、量子阱激光器、量子干涉部件等，具有高速（比电子敏感器件快1000倍）、低耗（能耗比电子敏感器件低1000倍）、高效、高集成度、高效益等优点。利用新材料开发新型传感器。如利用纳米材料，制作的钯纳米112传感器、金纳米聚合物传感器、碳纳米聚合物传感器、电阻应变式纳米压力传感器。利用纳米材料的巨磁阻效应，科学家们已经研制出各种"纳米磁敏传感器"。利用3D打印技术的传感器等。

（3）微型化

在自动化和工业应用领域，要求传感器本身的体积越小越好。

传感器的微型性是指敏感元件的特征尺寸为"毫米（mm）-微米（μm）-纳米（nm）"类传感器。这类传感器具有尺寸上的微型性和性能上的优越性，要素上的集成性和用途上的多样性，功能上的系统性和结构上的复合性。传感器的微型化绝不仅仅是特征尺寸的缩微或减小，而是一种有新机理、新结构、新作用和新功能的高科技微型系统。其制备工艺涉及MEMS技术、IC技术、激光技术、精密超细加工技术等。

（4）智能化

传感器的智能化是指传感器具有记忆、存储、思维、判断、自诊等人工智能。其输出不再是单一的模拟信号，而是经过微处理器后的数字信号，甚至具有执行控制功能。

技术发展表明：数字信号处理器（DSP）将推动众多新型下一代传感器产品的发展。随着5G通信、大数据、AR、VR，云计算等的发展，以及机器人自动驾驶、人工智能等新技术应用，世界从原有的电子时代进入智能时代，传感器也迎来一个新的智能化时代。如美国圣何塞的Accenture实验室，研究出一种叫"智能尘埃"的传感器。该传感器极其微小，能测温度、湿度、光等参数，该传感器中嵌入了微处理器、软件代码、无线通信系统，可以喷洒到树上或其他物体上，当检测到异常时，能发出信号，对所在地区进行监测。

（5）无源化

传感器多为非电量向电量的转化，工作时离不开电源，在野外现场或远离电网的地方，往往用电池或太阳能供电，研制微功耗的无源传感器是必然的发展方向，既节省能源，又能提高系统寿命。

（6）网络化

网络化是指传感器在现场实现TCP/IP协议，使现场测控数据就近登临网络，在网络所能及的范围内实时发布和共享信息。要使网络化传感器成为独立节点，关键是网络接口标准化。目前已有"有线网络化传感器"和"无线网络化传感器"。

（7）产业化

加速形成传感器从研发到产业化生产的发展模式，揭示传感器产业化规律，成本、价格之间的辩证关系，产业化是中国传感器真正走出象牙之塔的关键一步。

4. 传感器风险犹存

国内外形势波谲云诡，传感器技术和产业风险犹存。①关键核心技术未能突破，产业化难点未能解决，高端核心传感器依赖进口。②国内高档传感器的应用市场几乎被国外垄断。③一些高端传感器，国外对中国明确禁运。

 思考与练习题

4-1　试举例几个生活中的传感器的应用实例。

4-2　传感器主要由哪些部分组成，分别实现什么功能？

4-3　传感器有哪些分类方法？

4-4　哪些农业生产场景需要使用传感器，分别实现哪些参数的测量？

4-5　影响传感器产生误差的原因有哪些？

4-6　传感器的测量误差有几种，产生的原因分别是什么？

4-7 对于一个测量系统，真值与实际值分别代表什么？

4-8 三个测温仪表的量程分别为 0~120℃、−20~150℃、50~200℃，在 100℃时的测量相对误差分别为 1.5%、2.5%、2.0%，计算一下其绝对误差分别为多少？

4-9 传感器的静态特性由哪些性能指标描述？一般的计算公式有哪些？

4-10 什么是传感器的动态特性，分析方法有哪几种？

4-11 什么是传感器的精密度与准确度？是比较二者的异同。

4-12 为实现动物福利，需要对养殖场的温度进行监测，试从测量量程以及分辨率等特性分析如何选择合适的温度传感器。

4-13 如果一个温度传感器的测量范围为−30~150℃，满量程测量时有 1%的误差，当测量温度为 100℃时，该传感器的误差为多少？

4-14 力学量传感器中，力敏元件的工作原理以及种类有哪些？

4-15 石英晶体的 X、Y、Z 轴的中文名称分别是什么，有哪些特性？

4-16 查阅资料，认识三个具体型号的霍尔传感器，分析一下它在农业生产中可能参与的具体应用实例。

4-17 试举例不同类型的温度传感器在实际农业场景的应用，并分析它们的优缺点。

4-18 查阅资料，分析不同类型图像传感器的异同点，考虑一下图像传感器在植物与动物管理中可能有哪些应用。

4-19 什么是绝对湿度？什么是相对湿度？表示空气湿度的物理量有哪些？如何表示？

4-20 说明光纤传感器的结构和特点，试述光纤的传光原理。

4-21 机器人的力觉传感器有哪几种？机器人中哪些方面会用到力觉传感器？

4-22 选用传感器的基本原则是什么？应用时如何运用这些原则？

4-23 什么是信号调理电路？有什么实现方式？

4-24 调制的目的是什么？解调的目的是什么？

4-25 在测量系统中，为什么要进行非线性补偿？并简述非线性补偿的方法。

参 考 文 献

[1] 胡向东，李锐，程安宇，等. 传感器与检测技术 [M]. 北京：机械工业出版社，2013.
[2] 徐科军，马修水，李晓林，等. 传感器与检测技术 [M]. 北京：电子工业出版社，2016.
[3] 蔡卫明，李林功，应蓓华，等. 传感器技术及工程应用 [M]. 北京：电子工业出版社，2021.
[4] 郭杰纲. 传感器原理及应用 [M]. 北京：电子工业出版社，2017.
[5] 永远. 传感器原理与检测技术 [M]. 北京：科学出版社，2013.
[6] 刘传玺，袁照平，程丽萍，等. 自动检测技术 [M]. 北京：机械工业出版社，2015.
[7] 李川，李英娜，赵振刚，等. 传感器技术与系统 [M]. 北京：科学出版社，2016.
[8] 钱显毅，唐国兴，赫敏钗，等. 传感器原理与检测技术 [M]. 北京：机械工业出版社，2011.
[9] 徐兰英. 现代传感与检测技术 [M]. 北京：国防工业出版社，2015.
[10] 周传德. 传感器与测试技术 [M]. 重庆：重庆大学出版社，2009.
[11] 俞阿龙. 传感器原理及其应用 [M]. 南京：南京大学出版社，2010.
[12] 李希文，赵建，李智奇，等. 传感器与信号调理技术 [M]. 西安：西安电子科技大学出版社，2008.
[13] 陈仁文. 传感器、测试与试验技术 [M]. 北京：科学出版社，2022.
[14] 孙红春，李佳，谢里阳. 机械工程测试技术 [M]. 2 版. 北京：机械工业出版社，2021.
[15] 吴建平，彭颖. 传感器原理及应用 [M]. 北京：机械工业出版社，2021.
[16] 卜乐平. 传感器与检测技术 [M]. 北京：清华大学出版社，2021.
[17] 曾华鹏，王莉，曹宝文. 传感器应用技术 [M]. 北京：清华大学出版社，2018.

［18］芮延年．机器人技术——设计、应用与实践［M］.北京：科学出版社，2019.

［19］范茂军．传感器技术——信息化武器装备的神经元［M］.北京：国防工业出版社，2007.

［20］俞阿龙，李正，孙红兵，等．传感器原理及其应用［M］.南京：南京大学出版社，2009.

［21］陶红艳，余成波．传感器与现代检测技术［M］.北京：清华大学出版社，2009.

［22］传感器专家网．中国传感器现状怎样？这份史上最权威报告全说透了！［Z/OL］.［2023-04-20］.https：//baijiahao.baidu.com/s? id＝1763700524567263923&wfr＝spider&for＝pc.

第 **5** 章

机电一体化驱动系统

机电驱动系统作为生产机械的主要系统之一，作用是连接电子控制装置与执行机构，接收、变换、放大微处理器发出的控制指令，使其能被执行机构转化为机械运动。产生动力和易于调节是驱动系统的两个基本功能。工程实际中，常见的主要有电动、液压以及气压三大类驱动系统，其中，电动机驱动装置占有重要地位，此外还有许多新式驱动系统在研发并陆续投入使用。

5.1 电动机驱动系统

本节主要介绍以电能作为动力，把电能转换为位移或者角位移等的驱动系统的设计。电动机驱动系统相对于液压驱动系统和气压驱动系统而言，具有操作简单、响应速度快、伺服性能好、易与微机连接等优点，因此成为机电一体化系统中最为常用的驱动系统。一个典型的电动机驱动系统包括：电源、控制器、驱动电路、电动机、负载、传感器，如图 5-1 所示。应用在机电一体化系统中的驱动电动机主要是伺服电动机，包括交流伺服电动机和直流伺服电动机两种。除此以外，还有步进电动机、力矩电动机等。本节主要介绍电动机的分类

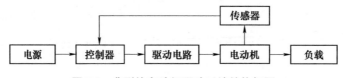

图 5-1 典型的电动机驱动系统结构框图

与选型设计问题，并重点介绍直流伺服电动机、交流伺服电动机和步进电动机这三种电动机的电气驱动及其控制。

5.1.1 电动机的分类与选型设计

1. 电动机的分类

电动机是利用电磁感应原理将电能转化为机械能的设备。电动机类型多样，有直流电动机、交流电动机、交直流两用电动机、步进电动机、同步电动机、无刷电动机、伺服电动机、振动电动机、齿轮电动机等，如图 5-2 所示。

a) 直流电动机　　　b) 交流电动机　　　c) 伺服电动机及其驱动电源　　　d) 无刷直流电动机

e) 步进电动机　　　f) 振动电动机　　　g) 齿轮电动机

图 5-2　电动机实物图

按照使用功能可以分为产生运动的小型电动机，有较大输出功率的动力电动机，运动和驱动力需要精确控制的伺服电动机，步进电动机和直线电动机。

小型电动机的主要作用是转动，有时候需要带动其他工作工具才能发挥出作用。电动工具经常使用 220V 交流电，功率不大；有些小家电使用电池供电，通常使用微型直流电动机。

动力电动机，一般要求有较大的输出功率。大功率的交流电动机使用工业电网提供动力用电，一般电压在 380V 以上，广泛应用于各种金属切削机床、起重机、传送带、铸造机械、风机及水泵等。

伺服电动机具有运动和驱动力可以精确控制的特点，主要用于控制要求复杂的系统，不仅要求有比较宽的速度调节范围，有时还要求有足够大的转矩和功率，通常与专用的驱动电源配合使用。

大功率直流电动机主要用于对调速要求较高的生产机械或者需要较大起动转矩的生产机械。

步进电动机和直线电动机，配套控制技术已经成熟，产品价格较低，已经成为具有较高性价比的控制电动机。

2. 电动机选型设计原则

电动机的电源类型、功率、转速、转矩、效率以及相应的控制电源是选择电动机驱动系统的主要技术指标。

➤ 电源类型的选择。仪器仪表等功率不大的设备应该选择普通市电比较方便。工厂较多使用固定安装设备，应选用 380V 的三相交流电。小型工具使用电池比较方便、适宜，可选用直流电动机。

➤ 电动机功率的选择。根据系统使用要求，计算出负载的最大功率，负载功率应为电动机额定功率的 75%~95%。

➤ 电动机转速的选择。电动机转速特性差别很大，不仅要考虑工作转速的范围，还要考虑起动和停止的动态过程。通常电动机速度较高，达到数千转，需要设置减速装置。有时选择大功率的电动机工作在低速状态下，可以节省掉减速装置。

同时，电动机的效率在小功率系统设计中可以忽略，在大功率系统中，电动机的效率应作为优先考虑的目标。

5.1.2 直流电动机驱动

1. 直流电动机的工作原理

直流电动机按照励磁方式可分为他励式、并励式、串励式和复励式等。直流电动机的工作原理示意图如图 5-3 所示，直流电动机的组成有定子磁极 N、S，定子电刷 A、B，转子（电枢）线圈 abcd，转子换向片 C、D，电枢线圈与换向片连接，换向片与电刷接触，电源通过电刷、换向片为电枢线圈供电。在图 5-3 所示瞬间，线圈的 ab 段位于 N 极下，cd 段位于 S 极下，电源电流 I 由电刷 A 流入，经导体 ab、cd 后，从电刷 B 流出。这时，导体 ab、cd 会受到电磁力的作用，受力方向可通过左手定则确定。这一对电磁力形成了作用于电枢的逆时针方向的电磁转矩，电磁转矩克服电枢上的

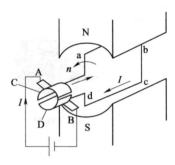

图 5-3 直流电动机工作原理示意图

阻转矩，使电枢逆时针方向旋转。当电枢转了 180° 后，导体 cd 转到 N 极下，导体 ab 转到 S 极下时，由于直流电源供给的电流方向不变，仍从电刷 A 流入，经导体 cd、ab 后，从电刷 B 流出。这时导体 cd 受力方向变为从右向左，导体 ab 受力方向是从左向右，产生的电磁转矩的方向仍为逆时针方向。可见，由于换向器配合电刷对电流的换向作用，直流电流交替地由导体 ab 和 cd 流入，使线圈边只要处于 N 极下，其中通过电流的方向总是由电刷 A 流入，而在 S 极下时，总是从电刷 B 流出。这就保证了每个磁极下的线圈边中的电流始终是一个方向，从而形成方向不变的转矩，使电动机连续地旋转。

假设电刷位置在磁极间的几何中线上，忽略掉电枢回路的电感，根据图 5-3 中设置的正方向，电枢回路的电压方程式应为

$$E_a = U_a - I_a R_a \tag{5-1}$$

式中，E_a 为反电动势（V）；U_a 为电枢电压（V）；I_a 为电枢电流（A）；R_a 为电枢电阻（Ω）。

如果磁通量 $\varPhi$ 恒定时，电枢绕组的感应电动势与转速成正比，即

$$E_a = K_e n \tag{5-2}$$

式中，$K_e = C_e \varPhi$，C_e 为常数；当 $\varPhi$ 恒定时，K_e 也为常数，表示单位转速（1r/min）时所产生的电动势。

当磁通量 Φ 恒定时，电磁转矩与电枢电流成正比，即

$$T = K_t I \tag{5-3}$$

式中，$K_t = C_t \Phi$，C_t 为常数；当 Φ 恒定时，K_t 也为常数，表示单位电枢电流所产生的转矩。

将式（5-2）和式（5-3）代入式（5-1）中得到直流电动机的转速公式，即

$$n = \frac{U_a}{K_e} - \frac{R_a}{K_e K_t} T \tag{5-4}$$

由式（5-4）便可以得到直流电动机的机械特性和调节特性。

2. 直流电动机的机械特性

机械特性指电枢电压恒定时，电动机的转速与电磁转矩之间的关系，即 $n = f(T)$。

当电枢电压一定时，机械特性公式为

$$n = n_0 - \frac{R_a}{K_e K_t} T \tag{5-5}$$

式中，$n_0 = \dfrac{U_a}{K_e}$ 为直流电动机在 $T=0$ 时的转速，称为理想空载转速。

式（5-5）即为直流电动机的机械特性。当以转速 n 为纵坐标、电磁转矩 T 为横坐标时，是一条略向下倾斜的直线。随电枢电压 U_a 增大，电动机的机械特性曲线平行地向转速和转矩增加的方向移动，但它的斜率不会改变，是一组平行的直线，如图5-4所示。

机械特性曲线与坐标横轴的交点（$n=0$）为电动机的堵转转矩 T_k，有

$$T_k = \frac{K_t}{R_a} U_a \tag{5-6}$$

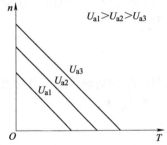

图5-4　直流电动机机械特性曲线

在图5-4中，机械特性曲线的斜率的绝对值为

$$|\tan\alpha| = \frac{R_a}{K_e K_t} \tag{5-7}$$

式（5-7）表示电动机机械特性的硬度，即电动机转速 n 随着电磁转矩 T 变化而变化的程度。斜率越大，表示转速随负载的变化大，称之为软机械特性；反之，为硬机械特性。从机械特性的式（5-5）中可见，机械特性的硬度与电枢电阻 R_a 有关，R_a 越小，机械特性越硬。

3. 直流电动机的调节特性

调节特性是指电磁转矩为恒定值时，电动机的转速与控制电压之间的关系，即 $n = f(U_a)$。

根据式（5-4）可画出直流电动机的调节特性，如图5-5所示。它们也是一组平行的直线。

当电动机转速 $n=0$ 时，有

$$U = \frac{R_a}{K_t} T \tag{5-8}$$

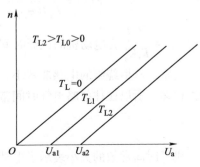

图5-5　直流电动机调节特性曲线

式（5-8）为调节特性和横轴的交点，表示电动机在某一负载转矩下的始动电压。当负载转矩一定时，电动机的电枢电压必须高于始动电压，电动机方能开始起动，并且在一定的转速下运行；倘若电枢电压低于始动电压，直流电动机产生的电磁转矩将小于起动转矩，导致电动机无法起动。所以在调节特性曲线上从原点到始动电压点的范围，称为在某一电磁转矩时直流电动机的失灵区。

4. 直流电动机的动态特性

直流电动机的动态特性指电动机电枢电压突变时，电动机的转速从一种稳态状况到另一种稳态状况的过渡过程，即 $n = f(t)$。

当电枢电压突然发生改变时，由于电枢绕组有电感，因此电枢电流不能突然改变，此时的电枢回路电压方程为

$$U_a = R_a I_a + L_a \frac{\mathrm{d}I_a}{\mathrm{d}t} + E_a \tag{5-9}$$

式中，L_a 为电枢绕组电感。

另外，电枢电压突变引起电枢电流变化，因此电磁转矩也会随之发生改变，电动机的转速也会发生变化，但由于电动机和负载都有转动惯量，转速不能突变，则电动机的运动方程为

$$T - T_L = J \frac{\mathrm{d}\Omega}{\mathrm{d}t} \tag{5-10}$$

式中，T_L 为负载转矩和电动机空载转矩之和。

若 $T_L = 0$，则有

$$T = J \frac{\mathrm{d}\Omega}{\mathrm{d}t} \tag{5-11}$$

将式（5-2）、式（5-3）、式（5-9）、式（5-11）联立求解得

$$U_a = \frac{R_a J}{K_t} \frac{\mathrm{d}\Omega}{\mathrm{d}t} + \frac{L_a}{K_t} \frac{\mathrm{d}^2\Omega}{\mathrm{d}t^2} + K_e'\Omega \tag{5-12}$$

式中，$K_e' = \dfrac{60}{2\pi} K_e$ 为常数。

将式（5-12）两端作拉普拉斯变换，便可得到直流电动机的传递函数为

$$F(s) = \frac{\tau_i \tau_j K_t}{L_a J (\tau_i s + 1)(\tau_j s + 1)} = \frac{\dfrac{L_a}{R_a} \dfrac{R_a J}{K_t K_e'} K_t}{L_a J (\tau_i s + 1)(\tau_j s + 1)} \tag{5-13}$$

式中，$\tau_i = \dfrac{R_a J}{K_t K_e'}$ 为电动机的机械时间常数；$\tau_j = \dfrac{L_a}{R_a}$ 为电动机的电气时间常数。

通常，电枢绕组的电感非常小，所以电气时间常数也很小，机械时间常数比电气时间常数大很多，所以往往忽略电气时间常数带来的影响，即令 $\tau_j = 0$，此时有

$$F(s) = \frac{1}{\tau_i s + 1} \frac{1}{K_e'} \tag{5-14}$$

机械时间常数的大小表示了电动机过渡过程的长短，反映了电动机转速随电枢电压信号变化的快慢程度，是直流电动机的一项重要指标。

5. 直流电动机的控制与调速

（1）H 桥驱动电路与调速方法

图 5-6 所示为一个典型的 H 桥驱动电路，H 桥由 4 个功率管组成。要使电动机运转，必须导通对角线上的一对功率管。根据不同功率管对的导通情况，电流可能会从左至右或从右至左流过电动机，从而控制电动机的转向。图 5-6a 中，当功率管 M_1 和 M_4 导通时，电流将从左至右流过电动机，从而驱动电动机按特定方向转动（假定为正转方向）；图 5-6b 所示为另一对功率管 M_2 和 M_3 导通的情况，电流将从右至左流过电动机，从而驱动电动机沿另一方向转动（即反转）。

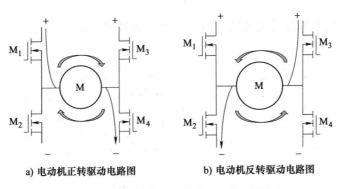

a) 电动机正转驱动电路图　　　　b) 电动机反转驱动电路图

图 5-6　H 桥驱动电路工作原理示意图

驱动电动机时，确保 H 桥上两个同侧的功率管不会同时导通。如果功率管 M_1 和 M_2 同时导通，电流就会从正极穿过两个功率管直接回到负极，此时，电路中除了功率管外没有其他任何负载，电流就可能达到最大值（该电流仅受电源性能限制），甚至烧坏功率管。基于上述原因，在实际驱动电路中通常用硬件电路控制功率管的通断。

现在市面上有很多封装好的 H 桥集成电路，接上电源、电动机和控制信号就可使用，在额定电压和电流内使用非常方便可靠，如常用的 L293D、L298N、TA7257P、SN754410 等。

根据直流电动机的机械特性，可知直流电动机调速的方法有电枢串电阻调速、弱磁调速和降压调速。

电枢串电阻调速（即改变 R_a）：改变 R_a 的值，通过在电枢回路串联电阻实现，这种调速方法只能是转速往下调。假使电阻 R_a 能连续变化，电动机调速也能平滑。这种方法是通过增加电阻损耗来改变转速，调速后的效率降低。

弱磁调速：由于电动机在额定励磁电流工作时，磁路已接近饱和，再增大磁通量 Φ 很困难，所以通常采用减少磁通量 Φ 的方法进行调速。这种方法只能在他励电动机上通过改变励磁电压来实现。由于 $K_e = C_e\Phi$ 且 $K_t = C_t\Phi$，因此机械特性的斜率和磁通量的平方成反比，磁通减小，机械特性迅速恶化，因此其调速范围不能太大。

降压调速：改变电枢电压后，机械特性曲线是一簇以电枢电压为参数的平行线，因而在整个调速范围内特性较硬，可获得稳定的运转速度，调速范围宽，应用比较广泛。

（2）直流电动机脉宽调制（Pulse Width Modulation，PWM）调速

改变电枢电压可以对直流电动机进行速度控制，调压的方法很多种，其中应用最广泛的

是采用 PWM 方式控制电枢电压。PWM 控制有两种驱动控制方式，单极性驱动方式和双极性驱动方式。

1）单极性驱动方式：当电动机只需要单方向旋转时，可采取此种方式，原理如图 5-7a 所示，VT 是用开关符号表示的电力电子开关器件，VD 表示续流二极管。当 VT 导通时，直流电压 U_a 加到电动机上；当 VT 关断时，直流电源与电动机断开，电动机电枢中的电流经 VD 续流，电枢两端的电压近似于零。如此反复可以得到电枢电压波形 $u = f(t)$ 如图 5-7b 所示。这时电动机电枢两端的平均电压为

$$U_d = \frac{t_{on}}{T}U_a = \rho U_a \tag{5-15}$$

式中，T 为功率开关器件的开关周期（s）；t_{on} 为开通时间（s）；ρ 为占空比。

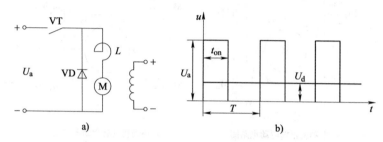

图 5-7　直流电动机单极性驱动原理及波形

从式（5-15）可知，改变占空比可改变直流电动机电枢两端的平均电压，从而实现电动机的调速。这种方法只可以运用在电动机单向运行时的调速。

采用单极性 PWM 控制的速度控制芯片有很多，常见的如 Texas Instruments 公司的 TPIC2101 芯片，它是控制直流电动机的专用集成电路，它的栅极输出驱动外接 N 沟道 MOS-FET 或 IGBT。用户可利用模拟电压信号或者 PWM 信号调节电动机速度。

2）双极性驱动方式：这种驱动方式不仅可以改变电动机的转速，还能够实现电动机的制动、反向。这种驱动方式一般采用四个功率开关管构成 H 桥电路，如图 5-8a 所示。$VT_1 \sim VT_4$ 四个电子开关器件构成了 H 桥可逆脉冲宽度调制电路。VT_1 和 VT_4 同时导通或关断，VT_2 和 VT_3 同时通断，使得电动机两端承受 $+U_s$ 或 $-U_s$。改变两组开关器件的导通时间，就可以改变电压脉冲宽度，电动机电枢两端的电压波形图如图 5-8b 所示。

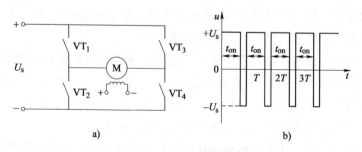

图 5-8　直流电动机双极性驱动原理及波形

如果用 t_{on} 表示 VT_1 和 VT_4 导通时间，开关周期为 T，占空比为 ρ，则电动机电枢两端的平均电压为

$$U_{d} = \frac{t_{on}}{T}U_{s} - \frac{T - t_{on}}{T}U_{s} = \left(\frac{2t_{on}}{T} - 1\right)U_{s} = (2\rho - 1)U_{s} \tag{5-16}$$

直流电动机双极性驱动芯片种类很多，如 SANYO 公司生产的 STK6877，是一款 H 桥厚膜混合集成电路，它采用了 MOSFET 作为它的输出功率器件，一般可以用作为复印机鼓、扫描仪器等各种直流电动机的驱动芯片。

6. 永磁无刷直流电动机的结构和工作原理

机电一体化系统中应用广泛的直流电动机驱动元件主要有小惯量直流伺服电动机和永磁无刷直流电动机。小惯量直流伺服电动机转子惯量小，响应速度快，但过载能力小；永磁无刷直流电动机输出转矩大、稳定性好、调速范围宽，可以与丝杠直接相联，能在较大的负载转矩下长时间运行，但转子转动惯量大。

（1）永磁无刷直流电动机结构

永磁无刷直流电动机一般由电动机本体、转子位置传感器及开关线路组成，如图 5-9 所示。永磁无刷直流电动机利用电子开关线路和位置传感器来代替电刷和换向器，既具有直流电动机的运行特性，又具有交流电动机

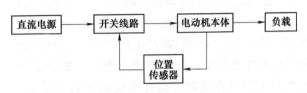

图 5-9　永磁无刷直流电动机结构图

结构简单、运行可靠、维护方便的优点，转速不再受机械换向的限制，可以制成转速高达每分钟几十万转的高速电动机。

电子开关线路用于控制电动机运转。可通过单片机控制功率开关管，如 MOSFET、IGBT 或双极型晶体管。

电动机本体的定子铁心由硅钢叠片组成，绕组置于铁心沿内部圆周向的槽中，如图 5-10 所示。定子铁心中安放着对称的多相绕组，可接成星形或三角形。

转子是由永磁材料制成的具有一定极数的永磁体，主要有表面式和内嵌式两种结构，如图 5-11 所示，其中表面式最为常见。

图 5-10　电动机定子铁心和绕组

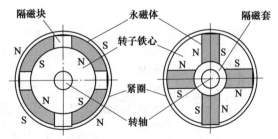

图 5-11　表面式转子和内嵌式转子

转子位置传感器和有刷直流电动机不同，永磁无刷直流电动机的换向是以电子方式控制的。要使电动机转动，必须按一定的顺序给定子绕组通电。为了确定按照通电顺序哪一个绕组将得电，检测转子的位置很重要。转子的位置由定子中嵌入的霍尔效应传感器检测，如图 5-12 所示。根据霍尔传感器的位置，有两种输出，霍尔传感器输出信号之间的相移可以是 60°或 120°。电动机制造商据此定义控制电动机时应遵循的换向顺序。

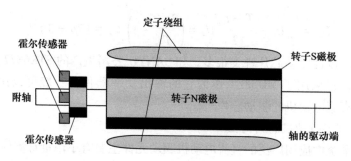

图 5-12　位置传感器示意图

（2）永磁无刷直流电动机的控制原理

永磁无刷直流电动机在工作时，每次换向都有一个绕组连到控制电源的正极（电流流进），第二个绕组连到负极（电流流出），第三个处于失电状态。转矩是由定子线圈产生的磁场和永磁体之间的相互作用产生的。理想状态下，转矩峰值出现在两个磁场正交时，而在两磁场平行时最弱。为了保持电动机转动，由定子绕组产生的磁场应不断变换位置，因为转子会向着与定子磁场平行的方向旋转。

每转过 60°电角度，其中一个霍尔传感器就会改变状态，如图 5-13 所示。因此，完成电周期需要六步。整机的控制线路图如图 5-14 所示。在同步模式下，每转过 60°电角度相电流切换一次。但是，一个电周期可能并不对应完整的转子机械转

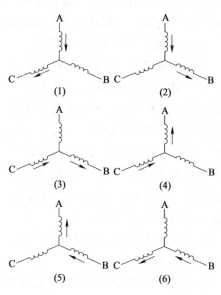

图 5-13　霍尔传感器信号切换顺序

动周期。完成一圈机械转动要重复的电周期数取决于转子磁极的对数。每对转子磁极需要完成一个电周期。因此，电周期数/转数等于转子磁极对数。

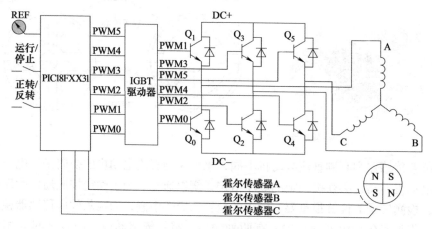

图 5-14　电动机控制器线路图

5.1.3　交流伺服电动机驱动

交流伺服电动机驱动简称交流伺服驱动，是较新发展起来的伺服系统，与直流电动机相比，交流电动机结动构更加坚固，适应各种安装环境，承受高速旋转等直流电动机没有的优点。同时，得益于新型功率开关器件、专用集成电路、计算机技术和控制算法等的发展，交流驱动电路的发展得到了促进，使得交流伺服驱动的调速特性更能适应机电产品给进系统的要求。

1. 交流伺服电动机的结构与工作原理

交流电动机按定子所接电源的相数分类，可以分为单相交流伺服电动机、两相交流伺服电动机和三相交流伺服电动机。按转子转速与定子磁场旋转速度是否相等分类，可以分为异步伺服电动机和同步伺服电动机。

交流伺服电动机的结构主要分为两部分，即定子和转子。定子铁心中安放着空间互成90°电角度的两相绕组，其中一组为励磁绕组，另一组为控制绕组。交流异步伺服电动机的转子通常做成笼型，但为了使伺服电动机具有较宽的调速范围、线性的机械特性，无"自转"现象和快速响应的性能，它与普通电动机相比，应具有转子电阻大和转动惯量小这两个特点。交流同步伺服电动机内部的转子是永磁铁，驱动器控制的 U/V/W 三相电形成电磁场，转子在此磁场的作用下转动，同时电动机自带的编码器反馈信号给驱动器，驱动器根据反馈值与目标值进行比较，调整转子转动的角度。伺服电动机的精度决定于编码器的精度（线数）。

交流伺服电动机使用时，励磁绕组两端施加恒定的励磁电压 U_f，控制绕组两端施加控制电压 U_k。当定子绕组加上电压后，伺服电动机很快就会转动起来。通入励磁绕组及控制绕组的电流在电动机内产生一个旋转磁场，旋转磁场的转向决定了电动机的转向，当任意一个绕组上所加的电压反相时，旋转磁场的方向就发生改变，电动机的方向也发生改变。为了在电动机内形成一个圆形旋转磁场，要求励磁电压 U_f 和控制电压 U_k 之间应有90°的相位差，常用的方法有：利用三相电源的相电压和线电压构成90°的移相、利用三相电源的任意线电压、采用移相网络、在励磁相中串联电容器。

2. 交流伺服电动机的调速控制方式

交流电动机的转速公式为

$$n = \frac{60f}{p}(1-s) = n_0(1-s) \tag{5-17}$$

式中，n_0 为同步转速（r/min）；f 为定子供电频率（Hz）；p 为电动机极对数；s 为转差率，对于同步交流电动机而言，$s=0$，对于异步交流电动机，$s\neq0$。

由式（5-17）可知，异步电动机的调速方法可以分为变频调速、变极对数调速和变转差率调速三种。但由于异步电动机的极对数一般不能随意改变，必须做成专门的双速或者多速异步电动机，因此变极对数调速为有极调速。变转差率调速时转差损耗过大、效率低。在交流异步电动机的诸多调速方法中，变频调速的性能最好，调速范围大，静态稳定性好，运行效率高。本节主要介绍变频调速。

（1）V/F 变频调速

由电动机理论可以知道，交流电动机定子每相绕组的反电动势有效值为

$$E = 4.44f_1N_1\Phi \tag{5-18}$$

式中，Φ 为每极气隙磁通（Wb）；N_1 为定子每相绕组的有效匝数；f_1 为定子感应电动势 E_1 的频率（Hz）。

V/F 变频控制是异步电动机变频调速中最基本的控制方式。它在控制电动机的电源频率变化的同时控制变频器的输出电压，并使二者之比为恒定，从而使电动机的磁通基本保持恒定。该变频方法可以分为基频以下的恒磁通变频调速和基频以上的弱磁变频调速。

对于恒磁通变频调速来说，这是考虑从基频（电动机额定频率 f_{1N}）向下调速的情况。为了保持电动机的负载能力，应保持气隙主磁通不变，这就要求降低供电频率的同时降低感应电动势，保持 E_1/f_1 为常数，即保持电动势与频率之比为常数进行控制。这种控制方式又称为恒磁通变频调速，属于恒转矩调速方式。但是，E_1 难于直接检测和直接控制。当 E_1 和 f_1 的值较高时，定子的漏阻抗压降相对比较小，如忽略不计，则可以近似地保持定子相电压 U_1，和频率 f_1 的比值为常数，即认为 $U_1 \approx E_1$，保持 U_1/f_1 为常数。这就是恒压频比控制方式，又称近似恒磁通控制。

当频率较低时，U_1 和 E_1 都变小，定子漏阻抗压降不能再忽略。在这种情况下，可以人为地适当提高定子电压以补偿定子电阻压降的影响，使气隙磁通基本保持不变。

对于基频以上的弱磁变频调速，这是考虑由基频开始向上调速的情况。频率由额定值 f_{1N} 向上增大，但电压 U_1，受额定电压 U_{1N} 的限制不能再升高，只能保持 $U_1 = U_{1N}$ 不变，必然会使主磁通随着 f_1 的上升而减小，相当于直流电动机弱磁调速的情况，属于近似恒功率调速方式。

把基频以下和基频以上两种情况结合起来，可得到如图 5-15 所示的异步电动机变频调速控制特性。如果电动机在不同转速下都达到额定电流，即都能在温升允许条件下长期运行，则转矩基本上随磁通变化。按照电气传动原理，在基频以下，磁通恒定时转矩也恒定，属于恒转矩调速；而在基频以上，转速升高时转矩降低，属于恒功率调速。

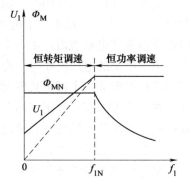

图 5-15　异步电动机变频
调速控制特性

（2）转差频率调速

转差频率调速的基本思想是采用转子速度闭环控制，速度调节器通常采用 PI 控制。它的输入为速度设定信号和检测到的电动机实际速度之间的误差信号。速度调节器的输出为转差频率设定信号。变频器的设定频率即电动机的定子电源频率，为转差频率设定值与实际转子转速之和。当电动机带动负载运行时，定子频率设定将会自动补偿由于负载所产生的转差，保持电动机的速度为设定速度。速度调节器的限幅值决定了系统的最大转差频率。

（3）变频器调速

变频器是把频率和电压固定的交流电变为频率和电压可调的交流电的装置。按变换频率的方法，变频器可分为交-交变频器和交-直-交变频器。

1）交-交变频器：交-交变频器输出的每一相都是一个两组晶闸管整流装置反并联的可逆电路，如图 5-16 所示，让两组变流电路按一定频率交替工作，从而可以给负载输出该频

率的交流电。当正组 P 工作在整流状态、反组 N 工作在
逆变状态时，异步定子绕组得到的是正电压；当反组 N
工作在整流状态，正组 P 工作在逆变状态时，定子绕组
上得到的是负电压。改变两组变频电路的切换频率，就
可以改变输出频率；改变变流电路工作时的控制角，就
可以改变交流输出电压的幅值。

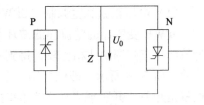

图 5-16　交-交变频器原理图

　　如果一个周期内控制角是固定不变的，则输出电压波形为矩形波，矩形波有大量谐波分量。如果在半个周期内让正组变流电路 P 的控制角按正弦规律从 90°逐渐减少到 0°，然后再逐渐增大到 90°，那么正组整流电路在每个控制间隔内的平均输出电压就按正弦规律从零逐渐增至最大，再逐渐减少到零；在另外半个周期内，对负组变流器 N 进行同样的控制，就可以得到接近正弦波的输出电压。

　　交-交变频器由于采用相控方式，功率因数较低，而且受到电网频率和变流电路脉波数的限制，输出频率较低。因此交-交变频器主要用于 500kW 或 1000kW 以上，转速在 600r/min 以下的大功率、低转速的交流调速装置中。

　　2）交-直-交变频器：交-直-交变频器先把工频交流电通过整流器整流成直流电，然后再把直流电逆变换成频率、电压均可控制的交流电，它又称为间接式变频器。和交-交变频相比，它多了一个能量储存环节，能量转换效率有所降低，但由于调速范围广，控制性能好，因此获得了更为广泛的应用。

　　交-直-交变频器由主电路（包括整流器、中间直流环节、逆变器）和控制电路组成，如图 5-17 所示，分述如下：

　　➤ 整流器：电网侧的变流器 I 是整流器，它的作用是把三相交流电整流成直流电。

　　➤ 逆变器：负载侧的变流器 II 为逆变器。最常见的结构形式是利用六个半导体主开关器件组成的三相桥式逆变电路。有规律地控制逆变器中主开关器件的通与断，可以得到任意频率的三相交流电输出。

　　➤ 中间直流环节：由于逆变器的负载为异步电动机，属于感性负载。无论电动机处于电动或发电制动状态，其功率因数总不会为 1。因此，在中间直流环节和电动机之间总会有无功功率的交换。这种无功能量要靠中间直流环节的储能元件（电容器或电抗器）来缓冲。

　　➤ 控制回路：控制回路常由运算电路、检测电路、控制信号的输入、输出电路和驱动电路等构成。其主要任务是完成对逆变器的开关控制、对整流器的电压控制以及完成各种保护功能等。

　　3. 交流电动机脉宽调制变频（PWM）控制

　　PWM 控制技术大致可以分为三类，正弦 PWM（包括电压、电流或磁通正弦 SVPWM 为目标的各种 PWM 方案）、优化 PWM 以及随机 PWM。正弦 PWM 已为人们所熟知，其旨在改善输出电压、电流波形，降低电源系统谐波的多重 PWM 技术，在大功率变频器中有其独特的优势。而优化 PWM 所追求的则是实现电流谐波畸变率（THD）最小、电压利用率最高、效率最优及转矩脉动最小以及其他特定优化目标。随机 PWM 方法的原理是随机改变开关频率使电动机电磁噪声近似为限带白噪声，尽管噪声的总分贝数未变，但以固定开关频率为特征的有色噪声强度大大削弱。下面对比较常用的正弦 SPWM 和 SVPWM 进行介绍。

（1）电压正弦脉宽调制（SPWM）原理

SPWM 变频器的整流和滤波环节与图 5-17 所示相同，其原理是采用等腰三角形波形作为载波与正弦调制波相比较，得到一组幅值相等而脉冲宽度随时间按照正弦规律变化的矩形脉冲，如 5-18 所示。即就是用一个等高不等宽的矩形波来比较正弦波。三角波正弦波的交点就是开关"开"或者"关"的时刻。当正弦波电压高于三角波的时候，电路输出满幅值的正电压；当正弦波电压低于三角波时，电路输出满幅值的负电压。这样生成的脉冲信号为等高不等宽的脉冲，宽度的调制是正弦波的，各脉冲的宽度与正弦曲线下对应的面积近似成正比，等效于正弦波，谐波成分很少。调制波的频率和幅值是可以控制的，改变调制波的频率，就可以改变输出电源的频率，从而改变电动机的转速；改变调制波的幅值，就是改变调制波与三角波的交点，使得输出脉冲宽度发生变化，从而改变输出电压。

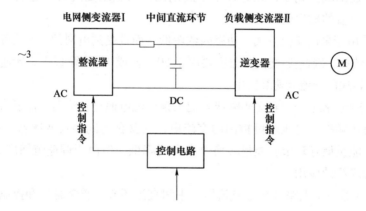

图 5-17　交-直-交变频器结构框图

对于三相逆变器开关生成的 SPWM 波的控制有两种方式：一种是单极性控制，另一种是双极性控制。单极性控制时，负向波形需要另加一个反向的信号。采用双极性控制的时候，周期内的逆变桥同桥臂的上下两只逆变开关交替开通和关闭，形成了互补的工作方式。图 5-19 所示为 SPWM 变频器电路原理图。其中，$V_1 \sim V_6$ 为逆变器的 6 个开关器件；$V_{D1} \sim V_{D6}$ 为续流二极管，其作用是为电动机绕组的无功电路返回直流电路时提供通路，在降速过程中为电动机的再生电能反馈到直流电路提供通路，为电路的寄生电感在逆变时释放能力提供通路。一组三相对称的正弦

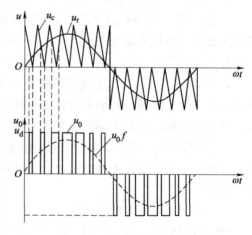

图 5-18　SPWM 波生成原理

参考电信号 u_{rU}、u_{rV}、u_{rW} 通过调制电路生成三相 SPWM 脉冲波，对 SPWM 逆变器上的开关进行控制，从而改变电动机获得的电流频率和幅值。

（2）磁通正弦脉宽调制（SVPWM）原理

空间矢量脉宽调制（SVPWM）技术是一种磁链轨迹法，是从电动机的角度出发，目的在于使交流电动机产生圆形磁场。它是以三相对称正弦波电源供电时交流电动机产生的理想

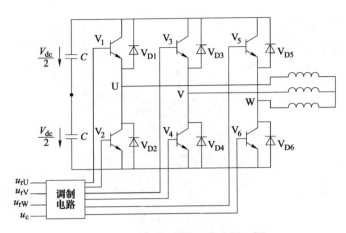

图 5-19　SPWM 变频器电路原理图

磁链圆为基准，通过选择功率器件的不同开关模式，使电动机的实际磁链尽可能逼近理想磁链圆，从而生成 SVPWM 波。

电动机的理想供电电压为三相正弦，其表达式为

$$u_A = u_m \sin\omega t \tag{5-19}$$

$$u_B = u_m \sin\left(\omega t - \frac{2\pi}{3}\right) \tag{5-20}$$

$$u_C = u_m \sin\left(\omega t + \frac{2\pi}{3}\right) \tag{5-21}$$

由帕克矢量变换可以得到电压矢量 V 的表达式为

$$V = \frac{2}{3}\left[u_A + u_B e^{j2\pi/3} + u_C e^{j4\pi/3}\right] \tag{5-22}$$

若以三相逆变器驱动三相电动机，如图 5-20 所示，则逆变器的 6 个开关器件形成 8 种开关模式，其中 6 种开关模式产生输出电压，在电动机中形成相应的 6 种磁链矢量；2 种开关模式不输出电压，不形成磁链矢量，或称为零矢量。

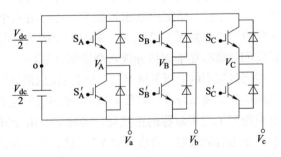

图 5-20　逆变器结构

如果用 S_A、S_B、S_C 来表示逆变器的开关状态，当 $S_A = 1$ 时，表示逆变器 A 相上桥臂的开关器件导通，下桥臂的开关关断（上下桥臂互锁）；当 $S_A = 0$ 时，则上桥臂关断，下桥臂导通。同样用 S_B、S_C 来表示 B、C 相桥臂的开关器件的工作情况。根据 S_A、S_B、S_C 为 0 或 1，对于 180° 导通型逆变器，则三相桥臂的开关组合只有 8 个状态，包括 6 个幅值相等、相位间隔 60° 的非零电压空间矢量和 2 个零矢量，6 个电压空间矢量构成正六边形的顶点，两个零电压矢量 $V_0(000)$ 和 $V_7(111)$ 位于六边形的中心。经分析可知，6 个电压矢量的顺序是：$V_4(100)$、$V_6(110)$、$V_2(010)$、$V_3(011)$、$V_1(001)$、$V_5(101)$，如图 5-21 所示。

理想情况下，电压空间矢量为圆形旋转矢量，而磁通为电压时间的积分，也是圆形的旋

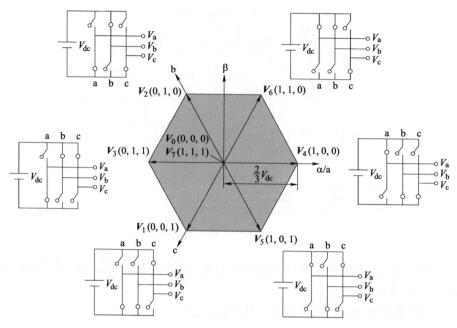

图 5-21　电压矢量分布

转矢量。如果控制电压矢量的导通时间，就可以用尽可能多的多边形磁通轨迹逼近理想的圆形磁通。而任意一个理想电压空间矢量 V^* 的幅值和旋转角度都表示此刻输出 PWM 波的基波幅值及频率大小，它的相位则表示不同的脉冲开关时刻。因此，三相桥式逆变器的目标就是利用这八种基本矢量的时间组合去模拟合成这样一个磁链圆。

　　由上述分析表明，三相电压空间矢量共有八个，除两个零矢量外，其余六个非零矢量对称均匀分布在复平面上。对于任一给定的电压矢量 V，均可由八个电压空间矢量合成，如图 5-22 所示。图中六个模为 $2V_d/3$ 的电压空间矢量将复平面均分成六个扇形区域 I ~ Ⅵ，对于任一扇形区域中的电压矢量 V^*，均可由该扇形区域两边的电压空间矢量来合成。如果 V^* 在复平面上匀速旋转，就对应得到了三相对称的正弦量。实际上，由于开关频率和矢量组合的限制，合成矢量 V^* 只能以某一步进速度旋转，从而使矢量端点运动轨迹为一多边形准圆轨迹。显然，PWM 开关频率越高，多边形准圆轨迹越圆。

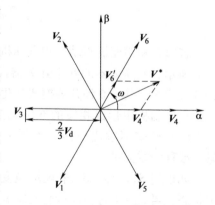

图 5-22　电压矢量合成原理

5.1.4　步进电动机驱动

　　步进电动机，是机电控制系统中的关键部件之一，是一种高精度的执行元件，它可以将脉冲信号转变成角位移，即每给一个脉冲信号，步进电动机就会转过一个角度，因此控制精度高。步进电动机结构简单、容易制造、价格低廉。它的转子转动惯量小、动态响应快、易于起停、正反转和实现无级变速。缺点主要表现在：低频时有震荡、速度不均匀、高速时输出转矩小。步进电动机作为中、小功率的伺服电动机，目前广泛地应用于机电一体化领域。

1. 步进电动机的结构与工作原理

（1）步进电动机的结构

步进电动机的种类很多，根据励磁方式的不同可分为三类：永磁式（PM）、磁阻式（反应式，VR）、混合式（HB）。步进电动机的性能，如分辨率、步距、速度或转矩会影响电动机的控制方式。

永磁转子：转子为永磁体，与定子电路产生的磁场对齐。这种转子可以保证良好的转矩，并具有制动转矩。这意味着，无论线圈是否通电，电动机都能抵抗（即使不是很强烈）位置的变化。但与其他转子类型相比，其缺点是速度和分辨率都较低。图 5-23 所示为永磁式步进电动机的结构简化示意图。

磁阻转子：图 5-24 中转子由铁心制成，其形状特殊，可以与定子绕组产生的磁场对齐。这种转子更容易实现高速度和高分辨率，但它产生的转矩通常较低，并且没有制动转矩。

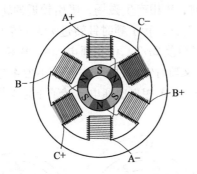

图 5-23　永磁式步进电动机
结构简化示意图

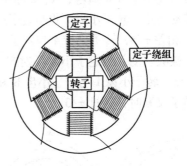

图 5-24　磁阻式步进电动机
结构简化示意图

混合式转子：这种转子具有特殊的结构，它是永磁体和可变磁阻转子的混合体。其转子上面有两个轴向磁化的磁帽，并且磁帽上有交替的小齿。这种配置使电动机同时具有永磁体和可变磁阻转子的优势，尤其是具有高分辨率、高速度和大转矩。图 5-25 为混合式步进电动机的简化示意图。线圈 A 通电后，转子 N 磁帽的一个小齿与磁化为 S 的定子齿对齐。与此同时，转子 S 磁帽与磁化为 N 的定子齿对齐。

（2）步进电动机的工作原理

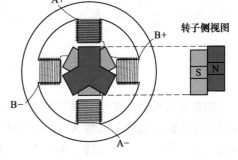

图 5-25　混合式步进电动机
结构简化示意图

虽然不同的步进电动机在组成结构上略有不同，但工作原理大同小异，下面以典型的磁阻式步进电动机为例讲述其工作原理。

图 5-26 所示为三相磁阻式步进电动机的结构图，定子上有 6 个磁极，每 2 个相对的磁极（如 A-A′）组成一对，共有 3 对。每对磁极上绕有线圈，形成一相，这样 3 对磁极就形成三相绕组，依此类推，若为 4 相电动机则有 4 对磁极、四相绕组。三相步进电动机定子的各相磁极在空间上互差 120°。转子上具有相应的磁极，称为转子小齿。相邻两转子小齿轴

线间的间距称为齿距，用 τ 表示。通常把定子小齿与转子小齿对齐的状态称为对齿（如图 5-26 中转子小齿 1 与定子小齿 A 就是对齿），而把定子小齿与转子小齿不对齐的状态称为错齿（如图 5-26 中的 2 与 B、3 与 C 等即为错齿）。错齿的存在是步进电动机能够旋转的前提条件。所以，步进电动机的结构中必须保证有错齿的存在，即当某一相处于对齿状态时，其他相必须处于错齿状态，如图 5-26 中，转子小齿 1 与定子 A 相磁极对齐时，转子小齿 2 与定子小齿 B 错开 $\tau/3$，转子小齿 3 与定子小齿 C 错开 $2\tau/3$。

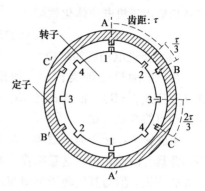

图 5-26　三相磁阻式步进电动机结构简图

图 5-27 所示为三相单三磁阻式步进电动机运行示意图。A 相通电，B、C 相不通电时，由于磁通具有力图走磁阻最小路径的特点，转子小齿 1 与定子小齿 A 对齐。B 相通电，A、C 相不通电时，B 相产生磁场，吸引较近的转子小齿 2，从而产生转动力矩，转子小齿 2 将与定子小齿 B 对齐，转子顺时针转过 $\tau/3$，转子小齿 3 与定子小齿 C 相差 $\tau/3$，转子小齿 4 与定子小齿 A′相差 $2\tau/3$。C 相通电，A、B 相不通电时，转子小齿 3 被吸转动并与定子小齿 C 对齐，转子又顺时针转过 $\tau/3$，转子小齿 4 与定子小齿 A′相差为 $\tau/3$，转子小齿 1 与定子小齿 B′相差 $2\tau/3$。A 相再次通电，转子小齿 4 与定子小齿 A′对齐，转子又顺时针转过 $\tau/3$。

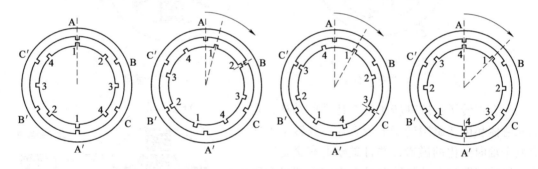

图 5-27　步进电动机运行过程分析图

如此电动机就每步（每脉冲）顺时针方向旋转 $\tau/3$，经过 3 步的一个循环，齿 1 顺时针转过一个齿距。这样不断按 A→B→C→A→… 的相序通电，电动机就可持续地按顺时针方向旋转下去。若要电动机反转，则可将 A、B、C 三相的通电次序任意互换一组即可，如通电相序变为 A→C→B→A→…，电动机就会按逆时针方向旋转。

每次换相步进电动机转子所转过的角度称为步距角，其计算公式为

$$\theta_{\mathrm{s}} = \frac{360°}{cmz} \tag{5-23}$$

式中，θ_{s} 为步距角；m 为步进电动机的相数；z 为步进电动机的转子齿数；c 为通电方式系数，$c=1$ 表示单拍或者双拍方式（波动或者全步模式），$c=2$ 表示单、双拍方式（半步模式）。

（3）步进电动机的位移和速度

在角度（位移）控制时，每输入一个脉冲，定子绕组就换接一次，转子轴就转过一个

角度，其步数与脉冲数一致，转子轴转动的角位移量与输入脉冲数成正比。速度控制时，送入步进电动机的是连续脉冲，各相绕组不断地轮流通电，步进电动机连续运转，它的转速与脉冲频率成正比。每输入一个脉冲，转子转过的角度是整个圆周角的 $1/(zN)$，也就是转过 $1/(zN)$ 转，其中 z 和 N 分别为转子齿数和电动机运行拍数（通常为相数的整数倍），因此每分钟转子所转过的圆周数，即转速（r/min）为

$$n = \frac{60f}{zN} \tag{5-24}$$

式中，f 为控制脉冲的频率，即每秒输入的脉冲数。

由式（5-24）可见，步进电动机转速取决于脉冲频率、转子齿数和拍数，而与电压、负载、温度等因素无关。当转子齿数一定时，转子旋转速度与输入脉冲频率成正比，或者说其转速和脉冲频率同步。改变脉冲频率可以改变转速，故可进行无级调速，调速范围很宽。另外，若改变通电顺序，即改变定子磁场旋转的方向，就可以控制电动机正转或反转。所以，步进电动机是用电脉冲进行控制的电动机，改变电脉冲输入的情况，就可方便地控制它，使它快速起动、反转、制动或改变转速。

步进电动机的转速还可以用步距角来表示，将式（5-24）变换可得

$$n = \frac{60f}{zN} = \frac{60f \times 360°}{360°zN} = \frac{f}{6°}\theta_s \tag{5-25}$$

可见，脉冲频率 f 一定时，步距角越小，电动机转速越低，输出功率越小。所以从提高精度的角度出发，应选用较小的步距角；但从提高输出功率的角度出发，步距角又不能取得太小。一般步距角应根据系统中应用的具体情况来选取。

2. 步进电动机驱动控制方法

步进电动机接收脉冲信号，转速的大小由外加脉冲频率决定，外加电压的高低与转速的快慢无关，只与步进电动机的输出转矩有关。步进电动机的驱动控制器由脉冲信号发生器、脉冲信号分配器、功率放大器三部分组成，其结构如图 5-28 所示。

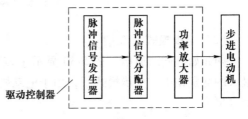

图 5-28　步进电动机驱动控制器框图

脉冲信号发生器产生一定频率的控制脉冲信号，用以控制步进电动机的运行，信号的频率与步进电动机的旋转速度直接相关。

脉冲信号分配器的作用是根据运行指令把脉冲信号按一定逻辑关系分配到每一相脉冲功率放大器上，让步进电动机按选定的运行方式工作，一般由逻辑电路构成。从脉冲信号分配器输出的电流很小，不能直接驱动步进电动机，所以在脉冲信号分配器后需要连接功率放大器。

脉冲信号分配器是整个控制器的核心部分，由于其提供的信号总是周期循环的，所以也称为"环形脉冲分配电路"，它会根据不同步进电动机的控制需求，将脉冲信号按一定的逻辑关系输出给功率放大器，从而驱动步进电动机的工作。

如上文所述的三相步进电动机，其通电相序为"A→B→C→A→…"，这种按 A、B、C 各相顺次接通的过程是一种整步工作方式，称"三相单三拍"，其中"单"指每步只有一相通电，"三拍"指一个循环需换相 3 次。尽管这时电动机也可工作，但不够稳定，易产生失

步现象。通常采用"AB→BC→CA→AB→…"方式循环通电，此时每步有两相同时接通，也称"三相双三拍"，这样步进电动机工作会更加平稳。

当然还有其他的信号分配方式，如在两相间插入一个中间相，按"A→AB→B→BC→C→CA→A→…"的相序运行，即"三相六拍"，此时完成一个循环需6步，每次转过的角度只是三拍时的一半，也就实现了"二细分"。也可通过各相绕组电流不同大小的组合，实现更多步的细分，这就是步进电动机的细分驱动，细分的步数越多，步进电动机的运行也会越平稳。

3. 步进电动机驱动模式

步进电动机主要有四种不同的驱动技术。

（1）波动模式（单拍）

一次仅一个相位通电，如图5-29所示。为简单起见，如果电流从某相的正引线流向负引线（例如，从A+到A-），称为正向流动；否则，称为负向流动。从图5-29左侧开始，电流仅在A相中正向流动，而用磁体代表的转子与其所产生的磁场对齐。接着，电流仅在B相中正向流动，转子顺时针旋转90°以与B相产生的磁场对齐。随后，A相再次通电，但电流负向流动，转子再次旋转90°。最后，电流在B相中负向流动，而转子再次旋转90°。

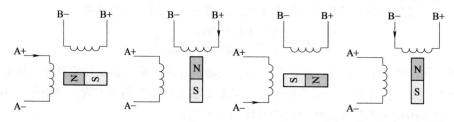

图5-29 波动模式步进（单拍）

（2）全步模式（双拍）

两相始终同时通电。图5-30显示了该驱动模式的步进步骤。其步骤与波动模式类似，最大的区别在于，全步模式下，由于电动机中流动的电流更多，产生的磁场也更强，因此转矩也更大。

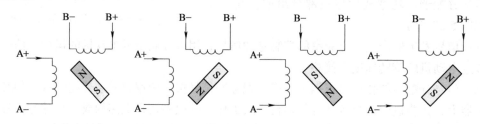

图5-30 全步模式步进（双拍）

（3）半步模式是波动模式和全步模式的组合（单、双拍）

如图5-31所示。这种模式可以将步距减小一倍（旋转45°，而不是90°）。其唯一的缺点是电动机产生的转矩不是恒定的，当两相都通电时转矩较高，只有一相通电时转矩较小。

（4）微步模式（细分电路驱动）

可以看作是半步模式的增强版，因为它可以进一步减小步距，并且具有恒定的转矩输出。这是通过控制每相流过的电流强度来实现的。与其他方案相比，微步模式需要更复杂的

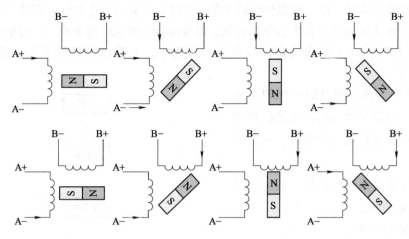

图 5-31　半步模式步进（单、双拍）

电动机驱动器。图 5-32 显示了微步模式的工作原理。假设 I_{MAX} 是一个相位中可以通过的最大电流，则从图中左侧开始，在第一个图中 $I_A = I_{MAX}$，$I_B = 0$。下一步，控制电流以达到 $I_A = 0.92I_{MAX}$，$I_B = 0.38I_{MAX}$，它产生的磁场与前一个磁场相比顺时针旋转了 22.5°。控制电流达到不同的电流值并重复此步骤，将磁场旋转 45°、67.5° 和 90°。与半步模式相比，它将步距减少了一半，但还可以减少更多。使用微步模式可以达到非常高的位置分辨率，但其代价是需要更复杂的设备来控制电动机，并且每次步进产生的转矩也更小。转矩与定子磁场和转子磁场之间的夹角正弦成正比；因此，当步距较小时，转矩也较小。这有可能会导致丢步，也就是说，即使定子绕组中的电流发生了变化，转子的位置也可能不改变。

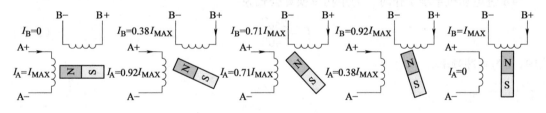

图 5-32　微步模式步进（细分电路）

4. 步进电动机的应用

（1）步进电动机的选择

步进电动机的性能参数主要有步距角（涉及相数）、静力矩及电流，步进电动机的型号由这三个参数确定。

1）步距角的选择：步距角选择取决于负载精度的要求。将负载的最小分辨率（当量）换算到步进电动机轴上，计算出每个当量步进电动机应走多少角度，电机的步距角应等于或小于此角度。目前市场上步进电动机的步距角一般有 0.36°/0.72°（五相电动机）、0.9°/1.8°（二、四相电动机）、1.5°/3°（三相电动机）等。

2）静力矩的选择：静力矩是指步进电动机在不考虑电动机负载情况下的转矩值，静力矩越大，表示步进电动机的负载能力越强，而步进电动机的工作性能也越强。因此，静力矩是衡量步进电动机质量的重要标准。静力矩选择的依据是步进电动机工作的负载，负载可分为惯性负载和摩擦负载。单一的惯性负载和单一的摩擦负载是不存在的。直接起动时两种负载均要考虑，加速起动时主要考虑惯性负载，恒速运行只考虑摩擦负载。一般情况下，静力矩应为摩擦负载的 2~3 倍内为好，静力矩一旦选定，电动机的机座及长度便能确定下来（几何尺寸）。

3）电流的选择：静力矩一样的步进电动机，由于电流参数不同，其运行特性差别很大，可依据矩频特性曲线，判断电动机的电流。

综上所述选择步进电动机一般应遵循如图 5-33 所示流程。

（2）力矩与功率换算

步进电动机一般在较大范围内调速使用，其功率是变化的，一般只用力矩来衡量，力矩与功率换算公式为

$$P = \Omega \cdot M \qquad (5-26)$$

$$\Omega = \frac{2\pi \cdot n}{60} \qquad (5-27)$$

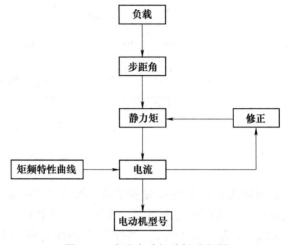

图 5-33 步进电动机选择流程图

$$P = \frac{2\pi \cdot nM}{60} \qquad (5-28)$$

式中，P 为功率（W）；Ω 为角速度（rad/s）；n 为转速（r/min）；M 为单位力矩（N·m）。

当步进电动机半步工作时，力矩功率换算公式为

$$P = \frac{2\pi fM}{400} \qquad (5-29)$$

式中，f 为脉冲频率。

5.1.5 其他电动机

1. 直线电动机

直线电动机是直接驱动的一种，它取消了中间传动机构，直接驱动执行机构（拖板、工作台主轴等），弹性环节减少，系统刚性提高，改善了系统的动态性能，可实现高速、高加速运行。随着新技术的发展以及对机电一体化产品性能要求的提高，特别数控机床的高速、高精度要求，大量新型直线电动机不断出现。

（1）直线电动机工作原理

设想把一台旋转运动的感应电动机沿着半径的方向将转子和定子都剖开，并且展平，就成了一台直线感应电动机，如图 5-34 所示。在直线电动机中，对应于旋转电动机定子的，叫初级；对应于旋转电动机转子的，叫次级。假设初级不动次级动，如果初级做长，那么次级就会跑得远；如果次级做长，那么次级和初级的电磁感应力加强，推力就会增大。在实际应用中，直线电机既可以把初级做得很长，也可以把次级做得很长；既可以初级固定，次级移动，也可以次级固定，初级移动；按照实际需要，可以灵活多样。

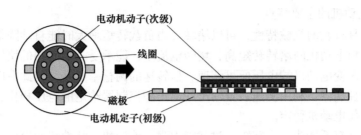

图 5-34　直线电动机工作原理示意图

（2）直线电动机特点及应用

直线电动机比较旋转电动机有下列优点：

1）直线电动机无需中间传动机构，因而使得整个机构得到简化，提高了精度，减少了振动和噪声；

2）快速响应，用直线电动机驱动时，由于不存在中间传动机构的惯量和阻力矩的影响，因此加、减速用时短，可实现快速起动和正反向运行；

3）散热良好、额定值高、可承受高密度电流、对起动的限制很小；

4）装配灵活性大，往往可将电动机和其他机体合成一体。

直线电动机和旋转电动机相比较，它存在着效率和功率因数低、电源功率大及低速性能差等缺点。

2. 力矩电动机

力矩电动机是一种具有软机械特性和宽调速范围的专用电动机。具有低速、起动转矩大、过载能力强、响应速度快、线性度好、转矩波动小的特点。力矩电动机包括：直流力矩电动机、交流力矩电动机和无刷直流力矩电动机。

（1）力矩电动机的构造原理

力矩电动机是一种极数较多的特种电动机，可以在电动机低速甚至堵转（即转子无法转动）时仍能持续运转，不会造成电动机的损坏。而在这种工作模式下，电动机可以提供稳定的力矩给负载（故名为力矩电动机）。力矩电动机也可以提供和运转方向相反的力矩（制动力矩）。力矩电动机的轴不是以恒功率输出动力而是以恒力矩输出动力。

直流力矩电动机的工作原理和普通的直流伺服电动机相同，只是在结构和外形尺寸的比例上有所不同。一般直流伺服电动机为了减少其转动惯量，大部分做成细长圆柱形。而直流力矩电动机为了能在相同的体积和电枢电压下产生比较大的转矩和低的转速，一般做成圆盘状，电枢长度和直径之比一般为 0.2 左右；从结构合理性来考虑，一般做成永磁多极的。为了减少转矩和转速的波动，选取较多的槽数、换向片数和串联导体数。总体结构型式有分装式和内装式两种，分装式结构包括定子、转子和刷架三大部件，机壳和转轴由用户根据安装方式自行选配；内装式则与一般电动机相同，机壳和转轴已由制造厂装配好。

交流力矩电动机的基本要求和交流伺服电动机相同，通过增加转子电阻获得宽广的调速范围和较软的机械特性。与一般同机座号异步电动机相比，交流力矩电动机输出功率要小好几倍，堵转转矩大，堵转电流小得多。交流力矩电动机一般采用笼型转子结构，靠增多极对数获得低转速，主要运行在大负载、低转速状态，也可短期或长期运行在堵转状态。

（2）力矩电动机的主要特点

力矩电动机具有软的机械特性，可以堵转。当负载转矩增大时能自动降低转速，同时加大输出转矩，力矩电动机的堵转转矩高，堵转电流小，能承受一定时间的堵转运行。当负载转矩为一定值时改变电动机端电压便可调速，但转速的调整率不好，因此在电动机轴上加一测速装置，配上控制器。利用测速装置输出的电压和控制器给定的电压相比，来自动调节电动机的端电压，使电动机稳定。

力矩电动机具有低转速、大转矩、过载能力强、响应快、特性线性度好、转矩波动小等特点，可直接驱动负载省去减速传动齿轮，从而提高了系统的运行精度。为取得不同性能指标，该电动机有小气隙、中气隙、大气隙三种不同结构形式，小气隙结构，可以满足一般使用精度要求，优点是成本较低；大气隙结构，由于气隙增大，消除了齿槽效应，减小了转矩波动，基本消除了磁阻的非线性变化，电动机线性度更好，电磁气隙加大，电枢电感小，电气时间常数小，但是制造成本偏高；中气隙结构，其性能指标略低于大气隙结构电动机，但远高于小气隙结构电动机，而体积小于大气隙结构电动机，制造成本低于大气隙结构电动机。

5.2 液压驱动系统

5.2.1 液压驱动系统的结构与工作原理

由于原动机的输出特性往往不能和系统负载的要求（力、速度、位移）理想匹配，因此，就需要某种传动装置，将原动机的输出量进行适当变换，使其满足工作机构的要求，液压系统是用液压原理来实现这种变换功能的装置。液压系统是一种以油液为工作介质，利用油液的压力能并通过控制阀门等附件操纵液压执行机构工作的整套装置，组成元件包括动力元件、执行元件、控制元件和辅助元件。液压驱动系统的组成框图如图 5-35 所示。

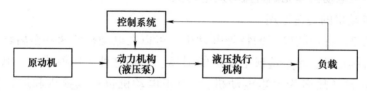

图 5-35　液压驱动系统组成框图

图 5-36 所示为一个需要经常反向运动的手控工作台，主要由油箱、滤油器、油泵、节流阀、溢流阀、换向阀、液压缸和工作台等组成。图 5-37 所示为该手控工作台的工作过程示意图，图 5-37a 中的换向阀 6 处在中间位置，即工作台 8 处在不动的位置。工作台向右或向左移动时，换向阀 6 的相应工作位置如图 5-37b 和 c 所示。

1. 动力元件

即液压泵，其工作原理是利用容积大小的变化吸油和压油，职能是将原动机的机械能转换为液体的压力动能（表现为压力、流量），为液压系统提供压力油，是系统的动力源。目前常见的有齿轮泵、叶片泵、柱塞泵等类型。

选择液压泵时，可按下式确定液压泵的油压 p_p 为

$$p_p \geq p_1 + \sum \Delta p \tag{5-30}$$

式中，p_1 为执行液压件的最大工作油压；$\sum \Delta p$ 为进油沿程油压损失。

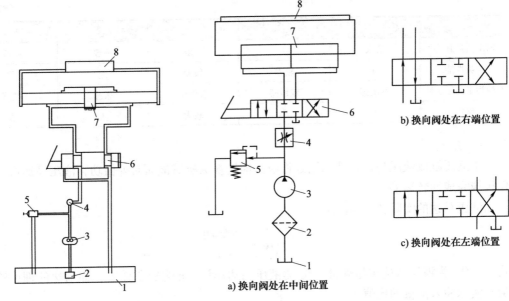

图 5-36　手控换向工作台系统组成图
1—油箱　2—滤油器　3—油泵　4—节流阀
5—溢流阀　6—换向阀　7—液压缸　8—工作台

图 5-37　工作台的工作过程示意图

按下式选取液压泵流量 Q_p 为

$$Q_p \geqslant \frac{q_0 n \eta_v}{60} \tag{5-31}$$

式中，q_0 为排量，即每转其密封腔内几何尺寸变化计算而得的排出液体的体积；n 为转速；η_v 为容积效率，即泵的实际输出流量与理论输出流量的比值。

液压泵的功率 P 为

$$P = \frac{p_p Q_p}{\eta_p} \tag{5-32}$$

式中，η_p 为液压泵总效率。

除了要根据液压系统的要求确定液压泵的额定流量和额定压力，也要根据是否需要进行流量调节以及工作环境等要求选择合适的液压泵种类。选择液压泵的主要原则是满足系统的工况要求，并以此为根据，确定泵的输出量、工作压力和结构型式。各种常见泵种性能比较见表 5-1。齿轮泵价格便宜，一般用于精度要求不高的工程机械中；叶片泵可用于精度要求较高的设备，在机床等设备中得到广泛应用；柱塞泵价格昂贵，结构复杂，一般用于高压场合。

表 5-1　液压泵性能比较

性能	外啮合齿轮泵	双作用叶片泵	限压式变量叶片泵	径向柱塞泵	轴向柱塞泵
额定压力	低压	中压	中压	高压	高压
流量调节	不能	不能	不能	能	能
效率	低	较高	较高	高	高

（续）

性能	外啮合齿轮泵	双作用叶片泵	限压式变量叶片泵	径向柱塞泵	轴向柱塞泵
输出流量脉动	最大	小	一般	一般	一般
自吸性能	好	较差	较差	差	差
对油污染的敏感性	不敏感	较敏感	较敏感	敏感	敏感
噪声	大	小	较大	大	大

2. 执行元件

指液压缸或液压马达，其职能是将液压能转换为机械能而对外做功，液压马达可驱动工作机构完成回转运动。

液压马达的实际转速 ω_M 为

$$\omega_M = \frac{2\pi Q_M \eta}{q_M} \tag{5-33}$$

式中，Q_M 为液压马达实际流量；q_M 为液压马达排量；η 为容积效率，即马达的理论输入流量与实际输入流量的比值。

液压马达的输出转矩 M_1 为

$$M_1 = \frac{P_M Q_M \eta_M}{2\pi} \tag{5-34}$$

式中，P_M 为液压马达的油压；η_M 为液压马达的机械效率。

液压马达的输入功率 P_{iM} 为

$$P_{iM} = P_M Q_M \tag{5-35}$$

液压马达的输出功率 P_{OM} 为

$$P_{OM} = M_M \omega_M \tag{5-36}$$

液压缸可驱动工作机构实现往复直线运动（或摆动）。

一般的液压缸推力 F 为

$$F = A_1 p_1 - A_2 p_2 \tag{5-37}$$

式中，A_1 为进油腔活塞面积；p_1 为进油腔油压；A_2 为回油腔活塞面积；p_2 为回油腔油压。

液压缸的推动速度 v 为

$$v = \frac{Q}{A_1} \tag{5-38}$$

式中，Q 为进入液压缸的流量。

摆动液压缸用于带动负载作摆动，其输出转矩 M_2 为

$$M_2 = Zb\Delta p \int_{R_1}^{R_2} r\,\mathrm{d}r = \frac{Zb}{2}(R_1^2 - R_2^2)\Delta p \tag{5-39}$$

式中，R_1、R_2 为叶片顶部、底部回转半径；b 为叶片宽度；Z 为叶片数；Δp 为进出口压差；r 为叶片上点的半径。

摆动缸的角速度 ω 为

$$\omega = \frac{2Q}{bZ(R_1^2 - R_2^2)} \tag{5-40}$$

3. 控制元件

指各种控制阀，利用这些元件可以控制和调节液压系统中液体的压力、流量和方向等，以保证执行元件的工作需要。

常见的控制阀可分为方向控制阀、压力控制阀和流量控制阀三大类。控制液压系统中流体压力的阀称为压力控制阀，包括溢流阀、顺序阀、减压阀、压力继电器等；流量控制阀是控制流体流量的阀的总称，包括节流阀、调速阀、分流-集流阀等；控制液压系统中流体流动方向的阀为方向控制阀，包括单向阀、各类换向阀、截止阀等。

此外还有一些在普通液压阀的基础上为进一步满足某些特殊使用要求发展而成的特殊液压阀，其中包括多路换向阀、电液伺服阀、插装阀、叠加阀、电液比例阀和电液数字阀等。

4. 辅助元件包

包括油箱、滤油器、管路及接头、冷却器、压力表等。它们的作用是提供必要的条件使系统正常工作并便于监测控制。

5.2.2　液压驱动系统的特点

虽然电机驱动技术已经得到了充足的发展，能够更轻易地将电能转化为机械能，但液压系统仍旧有其不可替代性。

➢ 液压系统的功率-质量比以及扭矩-惯量比较大。这意味着液压系统可以在输出同等功率的情况下使系统更轻便，并且更容易获得较大的力和转矩，适用于大功率、大惯量载荷的场景。

➢ 液压系统的速度、扭矩和功率均可实现无级调节，调速范围大，且整体控制、调节比较简单，操纵比较方便、省力，便于与电气控制相配合。

➢ 液压传动装置工作平稳、反应快、冲击小，能快速起动、制动和频繁换向。

➢ 液压系统易于实现过载保护，同时，因采用油作为工作介质，元件相对运动表面之间能自行润滑，元件使用寿命长。

液压系统具有以上优点，同时也存在以下缺点：

➢ 油液流动过程中存在局部损失和泄漏损失，传动效率较低，不适宜远距离传动。

➢ 油温变化会引起油液黏度变化，因此液压不适宜用于高、低温环境。

➢ 液压元件漏油会导致污染环境，甚至可能引起火灾。

➢ 液压元件制造精度要求高，导致其成本较高，给使用与维修保养带来一定困难。

5.3　气压驱动系统

5.3.1　气压驱动系统的结构与工作原理

气压驱动系统与液压驱动系统有许多相似之处。气压驱动是以压缩空气为工作介质，进行能量传递和信号传递的技术，其组成元件包括气压发生装置、控制元件、执行元件和辅助元件四部分。图 5-38 所示为气动系统的压力控制回路组成图。

1. 气压发生装置（气源）

气压发生装置包括电动机、空气压缩机以及气罐等部件，是整个系统获取压缩空气的结

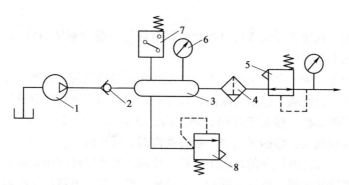

图 5-38   气压驱动系统一次压力控制回路组成图

1—空气压缩机 2—单向阀 3—储气罐 4—空气过滤器 5—减压阀 6—压力表 7—压力继电器 8—安全阀

构，其主体部分是空气压缩机，它可以将原动机供给的机械能转换成空气的压力能。

目前市面上常用的空压机类型有活塞式空气压缩机、螺杆式空气压缩机以及离心式压缩机等。在进行选型时，需先根据工作环境要求选择空压机类型；再根据气动系统所需要的工作压力和流量两个参数，确定空压机的输出压力和吸入流量；最终选取空压机的型号。

空气压缩机的输出压力 p_c 为

$$p_c = p + \sum \Delta p \tag{5-41}$$

式中，p 为气动系统执行元件的最高使用压力；$\sum \Delta p$ 为气动系统的总压力损失。

空气压缩机的吸入流量 q_c 为

$$q_c = kq_b \tag{5-42}$$

式中，k 为修正系数，主要考虑的是气动元件、管接头等处的漏损以及气动系统耗气量的估算误差等，一般取 $1.5 \sim 2.0$；q_b 为气动系统提供的流量。

2. 气压控制元件

气压控制元件用来对压缩空气的压力、流量和流动方向进行调节和控制，使系统执行机构按功能要求的特性工作。气压传动的控制元件主要是各种阀以及部分逻辑元件，而气压阀与液压阀类似，主要也可分为压力控制阀、流量控制阀和方向控制阀。

3. 气压执行元件

气压执行元件是将压缩空气的压力转化为机械能的元件。包括做直线往复运动的气缸、连续回转运动的气动马达和不连续回转运动的摆动马达等。

4. 气压辅助元件

气压辅助元件用于使压缩空气净化、元件内部润滑、排气降噪、元件间的连接以及信号转换、显示、放大、检测等所需的各种气动元件，如分水滤气器、油雾器、消声器、管件及管接头、转换器、显示器、传感器等。

5.3.2   气压驱动系统的特点

相比较于其他驱动系统，气压驱动系统有以下优点：

➤ 气动元件结构简单，制造容易，适于标准化、系列化、通用化。

➤ 工作介质是取之不尽的空气，排气处理简单，且不污染环境，与液压驱动系统相比不必设置介质回收管路。

> 空气的特性受温度影响小，在高温等环境下能更可靠的工作，不会发生燃烧与爆炸等。

> 空气具有可压缩性，这使气动系统能够实现过载自动保护，也便于储气罐储存能量，以备急需。

> 空气黏性很小，在管路中的沿程压力损失为液压系统的千分之一，更宜于集中供气和远距离输送。

同时，气压驱动系统也存在以下的缺点：

> 空气具有可压缩性，当载荷变化时，气动系统的动作稳定性差。

> 气压装置工作压力低，输出力或力矩受到限制，相比于液压驱动系统，同等结构尺寸下可输出的力要小得多。

> 排气噪声大，往往需要加装消声器。

> 气动系统的信号传动速度较慢，且信号容易产生较大失真和延迟，不便于构成十分复杂的回路。

5.4　其他新式驱动系统

在机电一体化系统中，主要使用电动机、液压、气压这三大驱动系统。然而，随着未来机器人高速化、智能化、集成化的发展趋势，传统的三大驱动系统面对日益提高的生产要求也逐渐暴露出许多不足之处。例如，汽车的燃料喷射阀，需要高速开闭的电磁螺线管，如果要进一步提高速度，现有的电动机驱动器将很难满足要求；IC 和超导元件制造装置、多面镜加工机、生物医学工程中的装置等都要求具有亚微米级精度，对驱动器的微细化加工要求非常高。因此，急需研究新型驱动器以满足现代生产要求，下面将对部分新型驱动器进行介绍。

5.4.1　压电驱动器

压电材料是一种受到压力作用时会在两端面间出现电压的晶体材料。对压电材料施加压力，使其产生电位差的现象称为正压电效应；反之，施加电压，使其产生机械变形的现象则称为逆压电效应。如图 5-39 所示，压电驱动器便是利用逆压电效应形成机械驱动或控制能力的一类装置，图 5-40 所示为压电驱动器等效电路图，其中，$u_i(t)$ 是电源输入电压，$u_o(t)$ 为电源的实际作用电压，R_o 是电源的内电阻，R_p 是压电驱动器的等效电阻，C_p 是压电驱动器的等效电容。压电驱动与控制技术研究是超声学与压电学在机械领域的延伸与发展。

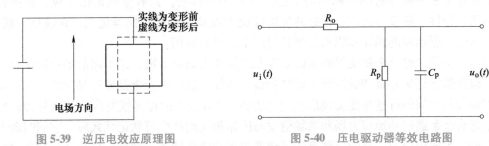

图 5-39　逆压电效应原理图　　　　　图 5-40　压电驱动器等效电路图

压电驱动器将变形或振动直接作用于从动件实现机械驱动或机械控制而非传统驱动器那

样需要先形成旋转再经转换而成为目标动力或运动，因而压电驱动器一般具有结构简单、可控性好、适应性强、控制精度高等特点。目前多用于精密测量及定位、超声波医疗装置、微型机器人等方面。

压电驱动器的分类方式有很多，根据压电元件的振动方式可分为谐振型和非谐振型。谐振型压电驱动器又称为超声电动机或者超声马达，它主要有行波式和驻波式两种；而非谐振型压电驱动器可以分为直动式、尺蠖式、惯性式。各类型压电驱动器性能比较见表5-2。

表5-2 各类型压电驱动器性能比较

类型		结构	速度	驱动信号	分辨率	行程	负载
谐振型	驻波	简单	m/s 级	1 路	mm 级	大	百 N 级
	行波	中等	m/s 级	多路	μm 级	大	百 N 级
非谐振性	直动	简单	/	1 路	亚 nm 级	μm 级	kN 级
	尺蠖	复杂	μm/s 级	多路	nm 级	大	十 N 级
	惯性	简单	mm/s 级	1 路	nm 级	大	N 级

5.4.2 磁致伸缩驱动器

某些磁性体的外部一旦加上磁场则磁性体的外形尺寸会发生变化，利用这种现象制作的驱动器称为磁致伸缩驱动器。当磁致伸缩材料处于无外载荷的环境下时，磁致伸缩材料内的磁畴（一组具有相同磁矩方向的磁性原子或离子所形成的区域）处于一种随机分配的任意的易磁化的方向，此时磁畴的自由能的状态最稳定；但是，一旦外界载荷作用于磁致伸缩材料上，磁畴的自由能状态即被破坏，致使磁畴产生相应的偏转，从而使得磁致伸缩材料达到一种新的自由能稳定的状态。从微观上而言，此种特性对于磁致伸缩材料体现为磁畴的偏转；从宏观上而言，即表现为磁致伸缩材料的磁致伸缩特性。

磁致伸缩材料具有磁致伸缩应变大、能量密度高、响应速度快、磁机耦合系数大等优点并且能够实现电磁能-机械能的可逆转化。研究发现，以超磁致伸缩材料为驱动元件制成的驱动器还具有驱动电压低、驱动行程大、驱动负载大以及可靠性高等众多优点。

5.4.3 形状记忆合金驱动器

形状记忆合金是通过热弹性与马氏体相变及其逆变而具有形状记忆效应的由两种以上金属元素所构成的材料，而形状记忆合金驱动技术正是利用这种材料的形状记忆功能制成的。形状记忆合金是一种兼有感知和驱动功能的新型功能材料，具有形状记忆效应、超弹性效应、高阻尼特性、抗疲劳效应、很好的抗腐蚀能力以及生物相容性等优点，在航空、航天、工程、医学、驱动器的感知和驱动等领域得到了广泛的应用。

目前在形状记忆合金驱动器的基础研究和应用开发研究方面，最常用的形状记忆合金分别是：温控形状记忆合金和磁控形状记忆合金。温控形状记忆合金是通过温度的变化诱发马氏体相和母相之间的可逆相变实现形状记忆功能，具有较大的可逆恢复应变和恢复力；磁控形状记忆合金是通过外加应力场和磁场诱发马氏体相变而产生形状记忆效应，它同时兼有大恢复应变、大输出应力、高响应频率和可精确控制的优良特性，形状记忆合金与其他材料的性能对照表见表5-3。

表 5-3　形状记忆合金与其他材料性能对照表

材料	应变（%）	频率/Hz	能量密度/（kJ·m⁻³）
磁控形状记忆合金	<6	约 1000	<90
温控形状记忆合金	<8	约 1	<3000
磁致伸缩材料	0.14~0.2	约 1000	<27
压电材料	0.04~0.07	约 1000	<2.0

阅读资料 E　中国电动车弯道超车，充满挑战但意义重大

燃油车时代庞大的技术壁垒，成为了传统巨头封锁后来者的手段，想要绕开传统巨头是一件不太可能的事情，因为想要生产设计的发动机、变速箱、四驱系统。每一个环节都被前者申请的技术专利所限制。

想要用，可以，先买专利。

所以过去对于我国汽车品牌来说，造车是一件非常苦难的事情，难的不是技术，而是对技术保护建立起来的专利壁垒。

我国品牌想要生产四驱车，技术上来说不难，懂机械原理的都知道怎么设计，但却没有自己的四驱系统。国内的四驱系统基本上都是博格华纳供应，为什么？

一方面，的确制造需求不大，采购是最快的捷径，采购成本低，产品可靠，比自己研发设计更加高效便捷。另一方面就是技术限制，四驱系统的专利都在外资手中，不能绕开传统的技术专利设计出其他独特的传动形式，从成本、实际角度出发，需要用供应商的，从专利角度出发，更得给人家缴纳专利费用。不仅仅如此，电喷系统、电控系统、传动系统、变速箱，自我设计的产品总是在不知不觉中触碰到别人的专利。

内燃机发展了 100 多年，每一个零部件都有外资注册专利。中国汽车产业真正崛起于2000 年，到现在为止不过 20 多年，我们是全新起步的市场，中国品牌想要绕开所有专利生产车辆，非常难。虽然过去 20 多年发展比较快，但有很多外资的影子在其中，大量的专利费用缴纳出去。

还不仅仅是专利，零部件和配套产业也是外资掌控的。如轮胎，外资轮胎几乎垄断市场，除此之外，机油产业，没有几个换机油指定用国产机油。大牌外资机油价格低产品好，这些配套产业没有国产的话语权。

电动车是一套全新的架构，主要部件是电池、电控、电机，这一套技术专利不在外资手中，中国品牌发展速度可以更快，且没有任何后顾之忧。尤其是在中国电池遥遥领先世界的今天，宁德时代、比亚迪电池已经成为全球供应商，并开始建立自己的专利壁垒，构建外资没有的技术王朝。

在电动车这个赛道中，树立壁垒高墙的是我们，这才是发展电动车最核心的意义。让中国电动车奔跑速度更快一些，从立足于中国到立足于世界，这个意义无比重大！

思考与练习题

5-1 什么是伺服控制？为什么机电一体化系统的运动控制往往是伺服控制？

5-2 机电一体化系统的伺服驱动有哪些类型？各有什么优缺点？各适用哪些场景？

5-3 简述直流伺服电动机的结构和工作原理。

5-4 简述交流伺服电动机的结构和工作原理。

5-5 简述交流伺服电动机的变频调速控制方法。

5-6 分析三相 SPWM 和 SVPWM 的控制原理。

5-7 直流伺服电动机和交流伺服电动机的控制有什么不同？

5-8 简述步进电动机的结构和工作原理。

5-9 什么是步进电动机的步距角？

5-10 液压驱动中常用的液压泵有哪些类型？

5-11 什么叫液压泵的工作压力、最高压力和额定压力？三者有何关系？

5-12 什么叫液压泵的排量、流量、理论流量、实际流量和额定流量？它们之间有什么关系？

5-13 什么是液压控制阀？液压控制阀有哪些共同点？

5-14 什么是换向阀的"位"和"通"？各油口在阀体什么位置？

5-15 溢流阀在液压系统中有什么作用？

5-16 一个典型的气压驱动系统由哪些部分组成？

5-17 气压驱动的优缺点？

5-18 新型驱动系统有哪些？试述其工作原理和应用场景。

参 考 文 献

[1] 丁野. 压电驱动器迟滞非线性建模及控制方法研究 [D]. 长春：中国科学院大学（中国科学院长春光学精密机械与物理研究所），2019.

[2] 冒鹏飞. 超磁致伸缩驱动微定位平台的结构优化与建模分析 [D]. 淮南：安徽理工大学，2018.

[3] 潘巧生. 基于偏心轮受迫振动的压电马达研究 [D]. 合肥：中国科学技术大学，2016.

[4] 吴博达，鄂世举，杨志刚，等. 压电驱动与控制技术的发展与应用 [J]. 机械工程学报 2003，39（10）：79-85.

[5] 徐小兵，邓荆江. 形状记忆合金驱动器的研究现状及展望 [J]. 机械研究与应用 2013；26（06）：187-190.

[6] 徐智. 弱刚度接触粘滑惯性压电驱动器基础理论与试验研究 [D]. 长春：吉林大学，2022.

[7] 赵光辉，金洪翔，张恒龙. 交流电机调速原理及变频技术的应用 [J]. 黑龙江科技信息，2009（22）：30.

[8] 陈志聪. 步进电机驱动控制技术及其应用设计研究 [D]. 厦门：厦门大学，2008.

[9] 谢彪. 步进电机原理及简易驱动电路的制作 [J]. 电子制作，2010（05）：13-16.

[10] 鲁修琼. 步进电机原理及应用 [J]. 广播电视信息（下半月刊），2007（05）：49-52.

[11] 吕强，孙锐，李学生. 机电一体化原理及应用 [M]. 3 版. 北京：国防工业出版社，2016.

[12] 尹志强. 机电一体化系统设计课程设计指导书 [M]. 北京：机械工业出版社，2007.

[13] 张军，于明，张虹. 机电一体化系统设计原理与应用 [M]. 北京：机械工业出版社，2010.

[14] 刘武发，刘德平. 机电一体化设计基础 [M]. 北京：化学工业出版社，2007.

[15] 冯浩，汪建新，赵书尚. 机电一体化系统设计 [M]. 武汉：华中科技大学出版社，2006.

[16] 叔志兵，曾孟雄，卜云峰. 机电一体化系统设计与应用 [M]. 北京：电子工业出版社，2006.

[17] 高铂投资. 中国电动车弯道超车，充满挑战但意义重大 [Z/OL]. [2022-11-05]. https://xueqiu.com/5697759630/234601968.

机电一体化系统计算机控制技术

知识目标：掌握计算机控制系统的组成、种类、设计流程等计算机控制技术相关基础知识。了解工业控制计算机、单片机与 PLC 等各类控制器的定义、特点、硬件组成和系统开发流程等知识。

能力目标：培养学生能够根据实际需求，结合工业控制计算机、单片机与 PLC 等各类控制器的特点，合理选用控制器并设计开发控制系统的能力。

思政目标：培养学生的社会责任感，强调技术应用应该符合国家和社会的需要，增强对我国科技实力的自信。培养学生对新思想、新观念和新技术的接受能力，鼓励学生思考解决问题的创造性方法，增强对科技创新的热情，培养学生在面对技术挑战时坚韧不拔的精神。

机电一体化产品与非机电一体化产品的本质区别在于前者是具有计算机控制的伺服系统。计算机作为伺服系统的控制器，将来自各传感器的检测信号与外部输入命令进行采集、存储、分析、转换和处理，然后根据处理结果发出指令，控制整个系统运行。同模拟控制器相比，计算机能够实现更加复杂的控制理论和算法，具有更好的柔性和抗干扰能力。本章将着重介绍计算机控制系统组成、分类与设计等相关基础知识，以及常用的工控机（IPC）、单片机以及可编程序控制器（PLC）等控制器的硬件组成和工作原理、指令系统、程序设计方法等。

6.1 概述

最早的计算机可以追溯到公元前中国的算盘；西方文艺复兴之后，1642 年法国数学家帕斯卡（Blaise Pascal）发明第一台能做十进制加减法运算的钟表齿轮式机械计算机；1674年，德国数学家拉布尼茨（Gottfried Leibniz）发明了第一台能进行十进制四则运算的机械计算机；19 世纪 30 年代英国数学家巴贝奇（Charles Babbage）设计了第一台分析机，其中采用的一些计算机思想延用至今；1890 年，美国统计学家霍列瑞斯（Herman Hollerith）发明了穿孔卡制表机，这是第一台卡片程序控制计算机，他后来创建了 IBM 公司。以上计算机都是通过机械设备各个部件的位置关系来实现计算的，在这之后随着电子技术的飞速发展，计算机开始由机械向电子过渡，电子部分越来越成为计算机的主体，电子计算机发展至今已经经历了电子管、晶体管、集成电路和大规模集成电路四代。

1）第一代，电子管计算机。一直到 1946 年，美国物理学家莫奇利（John William Mauchly）成功研制世界上第一台电子管计算机 ENIAC（The Electronic Numerical Integrator And Computer），标志着电子计算机诞生。ENIAC 重 30t，包含 18000 个电子管，功率达 25kW，主要用于计算弹道和氢弹的研制。

2）第二代，晶体管计算机。电子管计算机尽管已经步入了现代计算机的范畴，但其体积大、能耗高、故障多、价格贵的特点都制约着它的普及应用。1948 年，晶体管的发明促进了计算机技术的快速发展，晶体管代替电子管后，计算机的体积和功耗大幅下降，1958 年，美国 IBM 公司推出了世界上第一台晶体管计算机 IBM7090。这一阶段计算机开始逐渐应用于商业领域、大学和政府部门。

3）第三代，集成电路计算机。随着各行业对计算机的需求与日俱增，生产性能更强、更轻便、更便宜的计算机成了当务之急。1958 年，集成电路的发明，能够使众多元件集成到一块半导体芯片上。此后人们开始制造革命性的微处理器，计算机也变得更小，功耗更低，速度更快。1964~1972 年的计算机一般被称为第三代计算机，大量使用集成电路，典型的机型是 1964 年美国 IBM 公司研制的 IBM360 系列。

4）第四代，大规模集成电路计算机。1967 年出现了大规模集成电路，可以在一块芯片上容纳几百个元件，后来的超大规模集成电路甚至可在一块芯片上容纳了几十万个元件。1972 年以后的计算机习惯上被称为第四代计算机，基于大规模集成电路，及后来的超大规模集成电路。计算机的体积和价格不断下降，而功能和可靠性不断增强。1981 年，美国 IBM 公司推出 IBM 5150 计算机，被业界认为是第一台广泛使用的个人计算机。

随着各个领域，尤其是军事和科研等方面对计算机的存储空间和运行速度等要求越来越高，为了适应尖端科学技术的需要，计算机继续朝着更高速度、更大空间的方向发展。2020 年，中国科学技术大学潘建伟等人成功构建 76 个光子的量子计算原型机"九章"，求解数学算法高斯玻色取样只需 200s，而当时世界最快的超级计算机要用 6 亿年。另一方面，对于应用于仪器、仪表和家用电器等设备中的专用微型机和个人计算机，则需要向体积更小、功耗更低、性能更强的微型化方向发展。

6.1.1 计算机控制系统的组成

计算机控制系统是由硬件和软件两大部分组成。硬件是由计算机主机、接口电路、输入/输出通道及外部设备等组成。

计算机是整个控制系统的核心。它接收从操作台来的命令，对系统的各参数进行巡回检测，执行数据处理、计算、逻辑判断和报警处理等，并根据计算的结果通过接口输出控制指令。

接口与输入/输出通道是计算机与被控对象进行信息交换的桥梁。计算机输入数据或向外发送命令都是通过接口与输入/输出通道进行的。由于计算机只能接收数字量，而被控对象的参数既有数字量又有模拟量，因此需要把模拟量转换成数字量。因此输入/输出通道可分为数字量通道和模拟量通道。

计算机控制系统中最基本的外部设备是操作台，它是人机对话的联系纽带。通过它可发出各种操作命令，显示系统的工作状态和数据，并可输入各种数据。一般操作台包括开关（如电源开关、功能选择开关等）、功能键（如启动键、显示键、打印键等）、显示器（用于显示系统工作状态和各种被控参数）和数据键（用于输入数据或修改系统的参数）。计算机控制系统还常配有串行通信口、打印机、CRT 显示终端等其他外部设备。

计算机控制系统需要使用各种传感器把各种被测参数转换为电量信息送到计算机中。同时，也需要各种执行机构按计算机的输出命令去控制对象。

软件主要是指支持系统运行并对系统进行管理和控制的程序系统。对于计算机控制系统来讲，软件可分为两大类：实时软件和开发软件。实时软件是指在进行实际控制时使用的软件；开发软件是指在开发、测试控制系统时使用的软件。开发软件包括各种语言处理程序（如汇编程序、编译程序）、服务程序（如装配程序、编程程序）、调试和仿真程序等。它一般仅在开发计算机控制系统时使用，调试完成后，在实际运行时一般不使用开发软件。

实时软件可分为系统软件和应用软件两大类。系统软件是通用的软件，一般是由计算机设计者提供，专门用来使用和管理计算机。对计算机控制系统来讲，最主要的系统软件为实时多任务操作系统。另外还可能使用数据库、中文系统、文件管理系统等。应用软件是面向用户本身的程序，如控制系统中各种 A/D、D/A 转换程序、数据采样滤波程序、计算程序以及各种控制算法程序等。

6.1.2　计算机控制系统的种类

计算机控制系统已经广泛应用于各个领域，并扮演着关键的角色，用以提高生产效率或改善工作质量等，例如：

工业自动化控制系统：工业自动化控制系统广泛应用于制造业和工业生产中。这些系统利用传感器、执行器和计算机技术，实现对生产线、机器和设备的自动控制，从而提高生产效率、降低故障率和成本。

智能家居系统：智能家居系统通过计算机控制实现对家庭设备和系统的集中管理。这些系统可以通过手机、平板电脑等远程控制设备，调节照明、温度、安防系统和家电设备等。智能家居系统提供的便利和节能效果使其在家庭生活中越来越受欢迎。

交通控制系统：交通控制系统利用计算机技术对交通流量进行监测和管理，以提高道路交通的效率和安全性。这些系统包括交通信号灯、智能交通管理系统和交通监控系统等，可以根据实时交通情况进行优化，减少拥堵并提供更安全、更快速的交通服务。

航空航天控制系统：航空航天控制系统用于飞机、卫星和火箭等航空航天器的自动控制。这些系统包括飞行控制系统、导航系统和通信系统等。它们能够实时监测和控制飞行器的姿态、高度、速度和位置等参数，确保飞行器的安全和准确性。

计算机控制系统与其所控制的对象密切相关，控制对象及要求不同，其控制系统也不同。

1. 操作指导控制系统

所谓操作指导是指计算机的输出不直接用来控制生产对象，而只是对系统过程参数进行收集、加工处理，然后输出数据。操作人员根据这些数据进行必要的操作，其组成框图如图 6-1 所示。

在这种系统中，每隔一段时间计算机进行一次采样，经 A/D 转换后送入计算机进行加工处理，然后进行报警、显示，并可定时存储或打印采集的数据。操作人员根据报警或显示

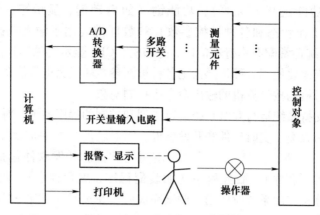

图 6-1　操作指导控制系统原理图

的数据进行必要的操作，包括修改设定值。

该系统最突出的优点是比较简单，且安全可靠，特别是对于未摸清控制规律的系统更为适用。它常用于数据检测处理及用于试验新的数学模型和调试新的控制程序；缺点是要由人工操作，速度受到限制。

2. 直接数字控制（DDC）系统

直接数字控制（Direct Digit Control）是用一台计算机对被控参数进行检测，再根据设定值和控制算法进行运算，然后输出到执行机构对生产过程进行控制，使被控参数稳定在给定值上。其系统框图如图 6-2 所示。

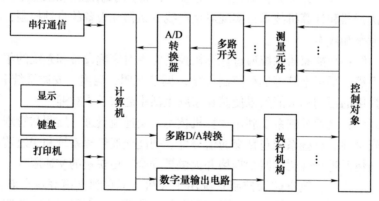

图 6-2　直接数字控制系统原理图

DDC 系统是计算机用于工业生产过程控制的最典型的一种系统，它已广泛应用于热工、化工、机械、冶金等部门，并且随着廉价的单片微机的广泛应用，它已应用于冰箱、空调器、洗衣机、照相机等各种家用电器中。

3. 计算机监督控制（SCC）系统

计算机监督控制（Supervisory Computer Control）系统简称为 SCC 系统。在 DDC 系统中，是用计算机代替模拟调节器进行控制的。而在 SCC 系统中，则是由 SCC 计算机测量被控参数，按照描述生产过程的数学模型，计算出最佳给定值送给模拟调节器或者 DDC 计算机，最后由模拟调节器或 DDC 计算机控制生产过程，从而使生产过程处于最优工作状态。SCC

系统较 DDC 系统更接近生产变化实际情况，它不仅可以进行给定值控制，还可以进行顺序控制、最优控制及自适应控制等，它是操作指导和 DDC 系统的综合与发展。SCC 系统就其结构来讲，可分为 SCC+模拟调节器和 SCC+DDC 控制系统两类。

（1）SCC+模拟调节器控制系统

该系统的原理图如图 6-3 所示。

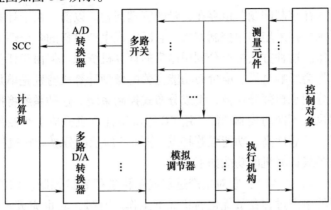

图 6-3　SCC+模拟调节器控制系统原理图

在此系统中，SCC 计算机收集被测参数及管理命令，然后按照一定的数学模型计算后，输出给定值到模拟调节器。模拟调节器按给定值和检测值的偏差进行计算后，输出控制信号给执行机构，以达到调节生产过程的目的。这样，系统可根据生产情况的变化，不断地改变给定值，以达到实现最优控制的目的。

在实际系统中，一台 SCC 计算机可控制多个模拟调节器，形成一个两级控制系统。它特别适合于使用模拟调节器的老企业的技术改造，可实现最佳给定值控制。

（2）SCC+DDC 控制系统

该系统的原理图如图 6-4 所示。

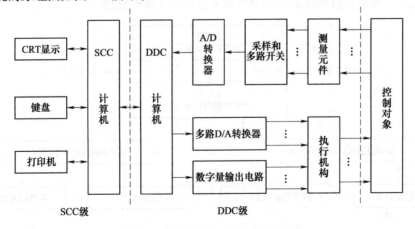

图 6-4　SCC+DDC 控制系统原理图

本系统为两级控制系统，一级为监督级 SCC，其作用与 SCC+模拟调节器中的 SCC 一样，用来计算最佳给定值。直接数字控制器（DDC）用来把给定值与测量值进行比较，并进行数字控制计算，然后控制执行机构。与 SCC+模拟调节器系统相比，其控制规律可以改变，使用更灵活，同时由于 DDC 本身具有 A/D 测量电路，它可直接把测量得到的数字量传送到 SCC，而 SCC 可把给定值的数字量直接发送给 DDC。总之，SCC 系统比 DDC 系统有着更大的优越性，更接近于生产的实际情况，并且可构成多级控制系统。

4. 分级计算机控制系统

生产过程中既存在控制问题，也存在大量的管理问题。以前，由于计算机价格高，复杂的生产过程控制系统往往采用集中控制方式。它既完成生产过程的各个环节的控制功能，又完成生产的管理工作。这种方法可充分利用昂贵的计算机资源。但由于任务过于集中，一旦计算机出现故障，将会影响全局。廉价而功能完善的微型计算机特别是单片微机的出现，允许多台微型计算机分别承担部分任务，组成分布式控制系统。这种系统将控制功能分散，用多台单片微机分别执行不同的控制功能，用 PC 等微型计算机完成上级控制和管理功能。它具有使用灵活方便、可靠性高、功能强等特点。图 6-5 所示的分级计算机控制系统是一种四级的分布式系统，各级计算机的功能如下：

1）装置控制级（DDC 级）：它对生产过程或单机进行直接控制，如进行 PID 控制或模糊控制，使所控制的生产过程在最优化的状况下工作。有时，它也完成各种数据采集功能。这一级直接与被控对象打交道。它一般采用单片微机构成。

2）车间监督级（SCC 级）：它根据厂级下达的命令和通过装置控制级获得的生产过程的数据，进行最优化控制，并担负整个车间（或系统）内各装置的工作协调控制和对装置控制级进行监督。它一般采用 PC 等微型计算机构成。

3）工厂集中控制级：它根据上级下达的任务和本厂情况，制定生产计划、安排本厂工作、进行人员调配、仓库管理和工资管理，并及时将 SCC 级和 DDC 级的情况向上级反映。

4）企业管理级：制定长期发展规划、生产计划、销售计划，发命令至各工厂，并接受各工厂、各部门发回的信息，实现全企业的总调度。

工厂和企业管理级的计算机根据规模的不同，可使用高档微型计算机、工作站或中小型计算机，它们一般配有较完善的外部设备和大容量的外部存储器。

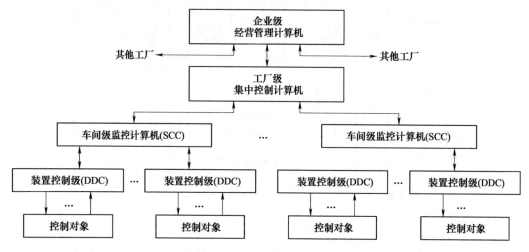

图 6-5　分级计算机控制系统

6.2 计算机控制系统的设计

计算机控制系统的设计，是综合运用各种知识的过程，不仅需要系统设计人员具有一定的生产工艺方面的知识，而且需要了解自动检测技术、计算机控制理论、通信技术、电子技术等方面的知识。

6.2.1 计算机控制系统的设计原则

尽管现实中计算机控制系统的生产过程多种多样，且系统的设计方案和具体的技术指标更是千差万别的，但在计算机控制系统的设计与实现过程中，设计原则基本相同。

1. 可靠性高

可靠性高是计算机控制系统设计的最重要的部分。因为系统的可靠性高可以保障生产的顺利进行。系统一旦出了毛病，就会给生产过程造成混乱，引起严重的后果。

为了能够使系统具有良好的可靠性，可以从系统设计的如下几个方面入手。

（1）系统应用环境

计算机控制系统一般应用环境比较恶劣，如电磁干扰、强电冲击、粉尘污染、潮湿、高温或低温环境等。要根据不同的工作环境采取行之有效的应对措施来进行计算机系统的硬件设计才能取得良好的应用效果。

（2）采用模块结构

对于比较简单的系统，可以采用一体化的嵌入式计算机系统，将微处理器、存储器、I/O接口等都设计在一起，以减小体积、增加可靠性。而对于功能比较复杂的系统，应该按不同功能设计多种模块，如主控模块、模拟量输入/输出模块、开关量输入/输出模块、定时器/计数模块等，这种模块式结构使系统功能分散、故障分离、易维护、好更换。

（3）采用集散控制系统

集散控制系统是控制功能分散、指挥集中，当系统中某一级出现故障时，不会影响到全局生产。对于那些既需要实现各种控制功能，又要完成对生产信息进行分析、统计和管理工作的系统，最适宜采用这种形式。分布式控制系统是以现场总线为依托、开放的、彻底分散的现场总线控制系统。

（4）提供多种操作方式

计算机控制系统设计时，要充分考虑各种异常情况，提供多种操作方式：全自动方式，整个系统正常工作时采用的工作方式，可充分发挥计算机控制系统的优势；半自动方式，局部出现故障或系统自学习时采用的工作方式；手动方式，整个系统工作不正常或系统调试时采用的工作方式。

2. 满足工艺要求

在设计计算机控制系统时，应满足生产过程所提出的各种要求和性能指标。设计的控制系统所达到的性能指标不应低于生产工艺要求，但片面追求过高的性能指标而忽视设计成本和实现上的可能性也是不可取的。

3. 操作维护方便

操作方便表现在操作简单、直观形象和便于掌握，既要体现操作的先进性，又要兼顾原有的操作习惯。例如，操作工习惯于 PID 控制器的面板操作，那么 CRT 画面可设计成回路操作显示画面。

维护方便体现在易于查找和排除故障，采用标准的功能模板式结构，并在功能模板上安装工作状态指示灯和监测点，便于维修人员检查和更换故障模板。配置故障诊断程序，帮助确认故障位置。

4. 实时性强

计算机控制系统的实时性，表现在对内部和外部事件能及时响应，并做出相应的处理，不丢失信息，不延误操作。计算机处理的事件一般分为两类，一类是定时事件，如数据的定时采集、运算控制等；另一类是随机事件，如事故、报警等。对于定时事件，系统设置查询时钟，保证定时处理。对于随机事件，系统设置中断，并根据故障的轻重缓急，预先分配中断级别，一旦事故发生，保证优先处理紧急故障。

5. 通用性好

计算机控制系统的通用灵活性体现在两方面，一是硬件模板设计采用标准总线结构（如 PC 总线），配置各种通用的功能模板，以便在扩充功能时，只需增加功能模板就能实现；二是软件模块或控制算法采用标准模块结构，用户使用时不需要二次开发，只需按要求选择各种功能模块，灵活地进行控制系统组态。

6. 经济效益高

计算机控制系统设计时要考虑性能价格比。经济效益表现在两个方面，一是系统设计的性价比要尽可能高；二是投入产出比要尽可能低。

6.2.2 计算机控制系统的设计思路

设计一个性能优良的计算机控制系统，要注重对实际问题的调查。通过对生产过程的深入了解、分析以及对工作过程和环境的熟悉，才能确定系统的控制任务，提出切实可行的系统总体设计方案来。

1. 确定系统的性质和结构

依据合同书（或协议书）的技术要求确定系统的性质是数据采集处理系统，还是对象控制系统。如果是对象控制系统，还应根据系统性能指标要求，决定是采用开环控制还是闭环控制。根据控制要求、任务的复杂度、控制对象的地域分布等，确定整个系统是采用直接数字控制（DDC）还是计算机监督控制（SCC），或者采用分布式控制，并划分各层次应该实现的功能，同时，综合考虑系统的实时性、整个系统的性价比等。

总体设计的方法是"黑箱"设计法。所谓"黑箱"设计，就是根据控制要求，将完成控制任务所需的各功能单元、模块以及控制对象，采用方块图表示，从而形成系统的总体框图。在这种总体框图上只能体现各单元与模块的输入信号、输出信号、功能要求以及它们之间的逻辑关系，而不知道"黑箱"的具体结构实现；各功能单元既可以是一个软件模块，也可以采用硬件电路实现。

2. 确定系统的构成方式

控制方案确定后，就可进一步确定系统的构成方式，即进行控制装置机型的选择。

在以模拟量为主的中小规模的过程控制环境下，一般应优先选择总线型 IPC 来构成系统的方式；在以数字量为主的中小规模的运动控制环境下，一般应优先选择 PLC 来构成系统的方式。IPC 或 PLC 具有系列化、模块化、标准化和开放式系统结构，有利于系统设计者在系统设计时根据要求任意选择，像搭积木般地组建系统。这种方式能够提高系统研制和开发速度，提高系统的技术水平和性能，增加可靠性。

当系统规模较小、控制回路较少时，可以采用单片机系列；对于系统规模较大、自动化水平要求高、集控制与管理于一体的系统可选用 DCS、FCS 等。

3. 现场设备选择

主要包含传感器、变送器和执行机构的选择。这些装置的选择是影响控制精度的重要因素之一。根据被控对象的特点，确定执行机构采用什么方案，应对多种方案进行比较，综合考虑工作环境、性能、价格等因素择优而用。

4. 确定控制算法

一般来说，在硬件系统确定后，计算机控制系统的控制效果的优劣，主要取决于采用的控制策略和控制算法是否合适。很多控制算法的选择与系统的数学模型有关，因此建立系统的数学模型是非常必要的。所谓数学模型就是系统动态特性的数学表达式，它反映了系统输入、内部状态和输出之间的逻辑与数量关系，为系统的分析、综合或设计提供了依据。每个特定的控制对象均有其特定的控制要求和规律，必须选择与之相适应的控制策略和控制算法，否则就会导致系统的品质不好，甚至会出现系统不稳定、控制失败的现象。

5. 硬件、软件功能的划分

在计算机控制系统中，一些功能既能由硬件实现，也能由软件实现。故系统设计时，硬件和软件功能的划分要综合考虑，以决定哪些功能由硬件实现，哪些功能由软件来完成。一般采用硬件实现时速度比较快，可以节省 CPU 的大量时间，但系统比较复杂、灵活性差、价格也比较高；采用软件实现比较灵活、价格便宜，但要占用 CPU 较多的时间。所以，一般在 CPU 时间允许的情况下，尽量采用软件实现，如果系统控制回路较多、CPU 任务较重，或某些软件设计比较困难，则可考虑用硬件完成。

6. 其他方面的考虑

具体方案中还应考虑人-机交互方式的问题，系统的机柜或机箱的结构设计、可靠性、电源、抗干扰等方面的问题。

6.3　工业控制计算机（IPC）

6.3.1　IPC 基本知识

1. IPC 定义

工业控制计算机（Industrial Personal Computer，IPC）简称工控机。IPC 是一种采用总线结构，对生产过程及机电设备、工艺装备进行检测与控制的工具总称。

IPC 具有重要的计算机属性和特征，如图 6-6 所示，IPC 有计算机 CPU、硬盘、内存、外设及接口，并有操作系统、控制网络和协议、计算能力、友好的人机界面。IPC 是专门为工业控制而设计的计算机，经常会在环境比较恶劣的环境下运行，用于对生产

图 6-6　工控机实物

过程中使用的机器设备、生产流程、数据参数等进行监测与控制，对数据的安全性要求也更高，所以工控机通常会进行加固、防尘、防潮、防腐蚀、防辐射等特殊设计。

IPC 对于扩展性的要求也非常高，接口的设计需要满足特定的外部设备，因此大多数情况下 IPC 需要单独定制才能满足需求。

2. IPC 的组成

IPC 的主要结构通常包括：全钢机箱、无源底板、工业电源、CPU 卡和其他配件。

（1）全钢机箱

IPC 的全钢机箱是按标准设计的，抗冲击、抗振动、抗电磁干扰，内部可安装同 PC-bus 兼容的无源底板。全钢机箱高度一般分 1U~8U 等，1U 的高度是 44mm，其他高度依次类推。全钢机箱国际标准的长度有两种，450mm 与 505mm，根据客户的具体要求还可以扩分其他长度，如 480mm、500mm 等。另外，全钢机箱的结构形式还分为卧式与壁挂式。

（2）无源底板

无源底板可插接各种板卡，包括 CPU 卡、显示卡、控制卡、I/O 卡等。无源底板的插槽由总线扩展槽组成。总线扩展槽可依据用户的实际应用选用扩展 ISA 总线、PCI 总线和 PCI-E 总线、PCIMG 总线的多个插槽组成。

（3）工业电源

早期在以 Intel 奔腾处理器为主的之前的 IPC 主要使用为 AT 开关电源，目前与 PC 一样主要采用的是 ATX 电源，平均无故障运行时间达到 250000h。

（4）CPU 卡

IPC 的 CPU 卡有多种，根据尺寸可分为长卡和半长卡，多采用的是桌面式系统处理器，如早期的有 386\486\586\PIII，现在工控机采用较多的处理器为英特尔酷睿（Core）系列，如 i3、i5 和 i7，主板用户可视自己的需要任意选配。其主要特点是：工作温度 0~60℃；带有硬件"看门狗"计时器；也有部分要求低功耗的 CPU 卡采用的是嵌入式系列的 CPU。

（5）其他配件

IPC 的其他配件基本上都与 PC 兼容，主要有 CPU、内存、显卡、硬盘、软驱、键盘、鼠标、光驱、显示器等。

（6）编程软件

工控机的编程软件根据具体的应用和需求来选用，常用的工控机编程软件有 C/C++、Python（通用的编程语言，可用于工控系统的应用开发和数据处理）、LabVIEW（适用于数据采集、控制和监视的图形化编程软件）、MATLAB/Simulink（适用于模型建立、仿真和控制算法开发的工具）。

3. IPC 的特点

可靠性：具有在粉尘、烟雾、高/低温、潮湿、震动、腐蚀和快速诊断和可维护性，其 MTTR 一般为 5min，MTTF10 万 h 以上，而普通 PC 的 MTTF 仅为 10000~15000h。

实时性：对工业生产过程进行实时在线检测与控制，对工作状况的变化给予快速响应，及时进行采集和输出调节（看门狗功能这是普通 PC 所不具有的），遇险自复位，保证系统的正常运行。

扩充性：由于采用底板+CPU 卡结构，因而具有很强的输入输出功能，最多可扩充 20 个板卡，能与工业现场的各种外设、板卡如控制器、视频监控系统、车辆检测仪等相连，以完成各种任务。

兼容性：能同时利用 ISA 与 PCI 及 PICMG 资源，并支持各种操作系统，多种语言汇编，多任务操作系统。

由以上特点可以看出，IPC 就是专门为工业现场而设计的计算机，而工业现场一般具有强烈的震动，灰尘特别多，另有很高的电磁场力干扰等特点，且一般工厂均是连续作业即一年中一般没有休息。因此，IPC 与普通计算机相比必须具有以下优点：①机箱采用钢结构，有较高的防磁、防尘、防冲击的能力；②机箱内有专用底板，底板上有 PCI 和 ISA 插槽；③机箱内有专门电源，电源有较强的抗干扰能力；④具有连续长时间工作能力；⑤一般采用便于安装的标准机箱（4U 标准机箱较为常见）。由于以上的专业特点，同层次的工控机在价格上要比普通计算机偏贵，但一般不会相差太多。

尽管工控机与普通的商用计算机相比，具有得天独厚的优势，但其劣势体现在数据处理能力差，具体如下：①配置硬盘容量小；②数据安全性低；③存储选择性小；④价格较高。

6.3.2　IPC 系统开发流程

IPC 系统在开发与设计时，一般由 IPC 作为上位机，通过 IPC 的专用通信接口及安装在 IPC 卡槽上的扩展通信卡接口，分别和连接到 IPC 的所有下位 PLC 及其他设备进行实时数据通信、参数记录，通过连接 IPC 的显示器对系统的整个工作状态、图像曲线等进行在线监控，从而构成计算机控制系统。IPC 系统的设计虽然随被控对象、控制方式和系统规模的变化而有所差异，但系统设计的基本内容和主要步骤大致相同。系统工程项目的研制可分为 4 个阶段：工程项目与控制任务的确定阶段、工程项目的设计阶段、离线仿真和调试阶段、在线调试和运行阶段。

1. 工程项目与控制任务确定阶段

工程项目与控制任务的确定一般由甲、乙双方共同工作来完成。所谓甲方，就是任务的委托方，甲方有时是直接用户，有时是本单位的上级主管部门，有时也可能是中介单位。乙方是系统工程项目的承接方。该阶段中，甲方在委托乙方承接系统工程项目前，要提供正式的书面任务委托。该委托书一定要有明确的系统技术性能指标要求，还要包含经费、计划进度和合作方式等内容。在乙方对委托书进行了认真研究之后，双方应就委托书的确认或修改事宜进行协商和讨论。经过初步总体方案设计与可行性论证后，双方达成一致意见，签订合同书作为双方合作的依据和凭证。

2. 工程项目设计阶段

工程项目设计阶段主要包括组建项目研制小组、系统总体方案的设计、方案论证与评审、硬件和软件的细化设计、硬件和软件的调试、系统的组装等。

（1）组建项目研制小组

在签订了合同或协议后，系统的研制进入设计阶段。为了完成系统设计，应首先把项目组确定下来。这个项目组应由懂得计算机硬件、软件和有控制经验的技术人员组成，还要明确分工和相互的协调合作关系。

（2）系统总体方案设计

系统总体方案设计包括系统结构、组成方式、硬件和软件的功能划分、控制策略和控制算法的确定等。系统总体方案设计要经过多次的协调和反复，最后才能形成合理的总体设计方案。总体方案要形成硬件和软件的方块图，并建立说明文档。

1）系统总线与主机机型：计算机控制系统中除了常用的并行总线 IEEE-488 和串行总线 RS-232C 外，还经常用到可用于远距离通信、多站点互连的通信总线 RS-422 和 RS-485，具体选择时可根据通信的速率、距离、系统拓扑结构、通信协议等要求来综合分析确定。

应根据系统需求、维护、发展并兼顾供货、系统升级、软件兼容等实际情况合理选择主机类型。

2）I/O 接口：计算机控制系统的生产厂家通常以功能模板的形式生产 I/O 接口，其中最主要的有：模拟量输入/输出（AI/AO）模板、数字量输入/输出（DI/DO）模板，此外还有脉冲计数/处理模板、多通道中断控制模板、RS-232/RS-422 通信模板以及信号调理模板、专用（接线）端子板等各种专用模板。

3）变送器：变送器包括温度变送器、压力变送器、流量变送器、液位变送器、差压变送器、各种电量变送器等，是将相应的被测物理变量转换为可以远传的统一标准电信号（4~20mA、1~5V 等）的仪表，变送器的输出信号被送至控制模板进行处理，实现数据采集功能。系统设计人员可根据被测参数的种类、量程、被测对象的介质类型和环境、系统的控制精度要求以及项目投资等多种因素来选择变送器的具体型号。

4）执行机构：执行机构分为气动、电动和液压三种类型。每种类型都有其特点，要综合考虑适用情况进行选择。执行机构的选择除了类型外，还要考虑阀的流量特性（如线性、等百分比、快开等）。此外执行机构的选择还需考虑防腐、防尘、防振等措施。

5）其他现场设备：其他现场设备指的是现场控制系统中一些必不可少的辅助设备，如很多场合都有的流量泵、计量泵、安装移动成分仪表的扫描机架及其控制箱等，控制室内装修、空调等，这些设备在硬件工程设计中也必须考虑在内。

（3）方案论证与评审

方案论证与评审是对系统设计方案的把关和最终裁定。评审后确定的方案是进行具体设计和工程实施的依据，因此应邀请有关专家、主管领导及甲方代表参加。评审后应重新修改总体方案，评审过的方案设计应该作为正式文件存档，原则上不应再作大的改动。

（4）硬件和软件的细化设计

此步骤只能在总体方案评审后进行，如果进行得太早会造成资源的浪费和返工。所谓细化设计就是将方块图中的方块划到最底层，然后进行底层块内的结构细化设计。对于硬件设计来说，就是选购模板以及设计制作专用模板；对软件设计来说，就是将一个个模块编写出一条条的程序。

（5）硬件和软件的调试

实际上，硬件、软件的设计中都需边设计边调试边修改，往往要经过几个反复过程才能完成。

（6）系统的组装

硬件细化设计和软件细化设计后，分别进行调试，之后就可进行系统的组装。组装是离线仿真和调试阶段的前提和必要条件。

3. 离线仿真和调试阶段

所谓离线仿真和调试是指在实验室而不是在工业现场进行的仿真和调试。离线仿真和调试试验后，还要进行拷机运行，拷机的目的要在连续不停机的运行中暴露问题和解决问题。

4. 在线调试和运行阶段

系统离线仿真和调试后便可进行在线调试和运行，在线调试和运行就是将系统和生产过程连接在一起，进行现场调试和运行。尽管离线仿真和调试工作非常认真、仔细，现场调试和运行仍可能出现问题，因此必须认真分析加以解决。系统运行正常后，可以再试运行一段时间，即可组织验收。验收是系统项目最终完成的标志，应有甲方主持乙方参加，双方协同办理，验收完毕后形成验收文件存档。

开发好的 IPC 系统一般能够实现对使用环境中的电流、转速、运行时间、管路温度等进行监管和控制，所有操作均可以在控制室内的 IPC 上顺利完成。如图 6-7 所示为一个具有多个 PLC 控制子系统的 IPC 系统，整个 IPC 系统既能满足使用环境的稳定可靠运行，也不会因为一个控制子系统的故障而影响整个 IPC 系统。

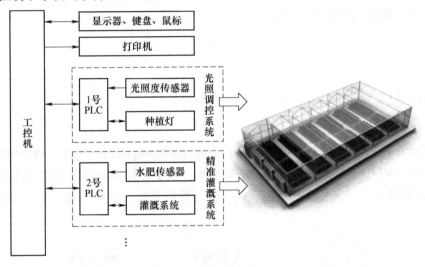

图 6-7 IPC 系统硬件组成

6.3.3 IPC 示例

智能大棚是一种利用现代科技手段来优化和智能化种植作物的一种农业生产方式。其所具备的智能化设备和技术，让种植生产可以更加高效、精准和可控，减少或避免因气候、环境等因素带来的种植风险，从而提高生产效益和品质。采用工控机开发智能大棚的调控系统，开发过程首先应了解用户对系统的需求，例如监测大棚的温度、湿度、光照等参数、自动控制设备、数据存储和管理等需求。根据上述需求制定初步的系统方案，系统硬件组成如图 6-7 所示。

通过 1 号 PLC 能够实现光照控制。光照对于植物的生长非常重要，智能大棚使用种植灯和其他照明设备，可以根据不同作物的需要、不同生长阶段的要求来进行一些细致的控制，帮助作物充分利用光能进行合理的生长，光照控制对于冬季作物生长尤为重要。

通过 2 号 PLC 能够实现精准灌溉。智能大棚中的灌溉系统可以根据作物的生长需求和环境情况，实现自动化的准确灌溉，避免因为人工管理偏差而造成的不良影响。通过智能化的系统，可以根据土壤湿度、气象情况、作物生长时期、生长阶段等条件自动调整灌溉量和频次，从而达到科学精准的灌溉效果。

仍可以继续增加子系统来进一步完善智能大棚的功能，实时监测和控制温度、湿度、光照、二氧化碳浓度等环境参数，根据作物生长周期和生长需求，实现自动化的温度、湿度、通风、水肥等方面的调控，使作物得到恰当的生长环境，从而促进作物的生长。

制定完总体方案后，就要根据需求分析结果来确定工控机、传感器、执行器等硬件设备具体型号，以及选择相应的开发环境和编程语言等。

各个子系统的控制器采用更适合现场环境、体积相对小巧、布置更加灵活的控制器，比如 PLC 和单片机，子系统具体的开发过程本节不具体展开介绍，请参看其他专业书籍。

另外，工控机在整个系统中的主要作用体现在统筹协调各个子系统和数据采集、分析。智能大棚中大量的传感器可以实时监测到空气的温度、湿度、氮氧化合物浓度、光照、CO_2 浓度等，以及土壤的温度、湿度、pH 值、盐度等多个指标，将这些数据进行系统整合、分析和判断，为决策和优化提供数据支持。

6.4 单片机

6.4.1 单片机基本知识

1. 单片机定义

单片机的全称是单片微型计算机（Single Chip Microcomputer），也称为微控制器（Micro-Controller Unit，MCU），它是由中央处理单元 CPU、数据存储器 RAM、程序存储器 ROM 和输入/输出接口集成在一块芯片上，构成的完整计算机系统。单片机内部基本结构如图 6-8 所示。

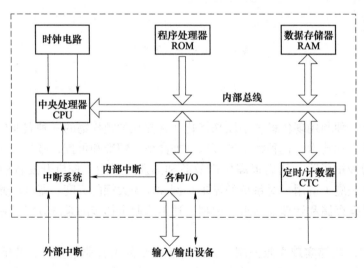

图 6-8 单片机的基本结构图

尽管它的大部分功能集成在一块小芯片上，但是它具有一个完整计算机所需要的大部分部件，同时集成诸如通信接口、定时器，实时时钟等外围设备。其最早是以嵌入式微控制器的面貌出现的，作为系统中的控制器，单片机以其集成度和性价比高、体积小等优点在工业自动化、过程控制、数字仪器仪表、通信系统以及家用电器产品中得到了广泛的运用。

2. 单片机的特点

作为微型计算机的一个重要类别的单片机具有下述独特优点。

（1）体积小、功能全

由于将计算机的基本组成部件集成于一块硅片之上，一小块芯片就具有计算机的功能，与由微处理器芯片加上其他必需的外围器件构成的微型计算机相比，单片机的体积更为小巧，使用时更加灵活方便。

（2）面向控制

单片机内部具有许多适用于控制目的的功能部件，其指令系统中亦包含了丰富的适宜于完成控制任务的指令，因此它是一种面向控制的通用机，尤其适用于自动控制领域，完成实时控制任务。

（3）特别适宜于机电一体化智能产品

因单片机体积小巧且控制功能强，能容易地做到在产品内部代替传统的机械、电子元器件，可减小产品体积，增强其功能，实现不同程度的智能化。

（4）种类多

目前市场上常用的单片机有：

PIC 单片机：Microchip 公司开发的一系列低成本、低功耗的 8bit 和 16bit 单片机。它们广泛用于各种嵌入式应用。

AVR 单片机：是 Atmel 公司开发的一系列 8bit 和 32bit RISC 架构的单片机。

ARM 单片机：ARM 架构的单片机广泛应用于嵌入式系统。一些常见的供应商包括：NXP（LPC 系列）、STMicroelectronics（STM32 系列）、Texas Instruments（Tiva C 系列）以及 Microchip（SAM 系列）等。

ESP 系列单片机：由乐鑫（Espressif）推出，基于 Xtensa 架构的单片机。其中，ESP8266 和 ESP32 是最著名的代表，广泛应用于物联网和无线通信领域。

STM8 单片机：STMicroelectronics 公司推出的一系列 8bit 单片机，具有低成本和低功耗的特点。

3. 单片机的发展趋势

（1）低功耗 CMOS 化

随着对单片机功耗要求越来越低，各个单片机制造商基本都采用了 CMOS（互补金属氧化物半导体工艺），更适合于在要求低功耗、电池供电的应用场合。

（2）单片化

现在常规的单片机普遍都是将中央处理器（CPU）、随机存取数据存储（RAM）、只读程序存储器（ROM）、并行和串行通信接口、中断系统、定时电路、时钟电路集成在一块单一的芯片上，增强型的单片机集成了如 A-D 转换器、PWM（脉宽调制电路）、WDT（看门狗），实现多功能的单片化。

（3）微型化

现在的产品普遍要求体积小、质量轻，这就使得由单片机构成的系统正朝微型化方向发展。

（4）大容量、高性能

以往单片机内的 ROM 为 1~4KB，RAM 为 64~128B。但在需要复杂控制的场合，存储容量不够时，还须进行外接扩充。为了适应这种领域的要求，须运用新的工艺，使片内存储器大容量化。

另外，单片机 CPU 的性能也在逐渐增强，指令运算速度和系统控制可靠性不断提高。采用精简指令集（RISC）结构和流水线技术，可以大幅度提高运行速度。现指令速度最高者已达 100MIPS（Million Instruction Per Second）。

（5）串行扩展技术

随着低价位 OTP（One Time Programable）及各种特殊类型片内程序存储器的发展，加之外围接口不断进入片内，推动了单片机"单片"应用结构的发展。特别是 I^2C、SPI 等串行总线的引入，可以使单片机的引脚设计得更少，单片机系统结构更加简化及规范化。

6.4.2 STM32 单片机硬件

STM32 单片机是由意法半导体公司采用 ARM 公司的 Cortex-M 为内核生产的 32bit 系列的微控制器，其具有低功耗、低成本和高性能的特点，适用于嵌入式应用。根据其内核架构的不同，可以将其分成一系列产品，当前主流的产品包括 STM32F0、STM32F1、STM32F3，具有超低功耗的产品包括 STM32L0、STM32L1、STM32L4 等。

由于 STM32 单片机中应用的内核具有先进的架构，使其在实施性能以及功耗控制等方面都具有较强表现，因此在整合和集成方面就有较大的优势，开发较为方便，当前市场中 STM32 单片机十分常见，类型多样，包括基础型、智能型和高级型等。

STM32 单片机系统架构如图 6-9 所示。其中包含 ARM 公司提供的内核：Cortex-M3、ARM 公司提供的总线：ICode、DCode、System 总线，ST 公司提供的总线矩阵，DMA 控制

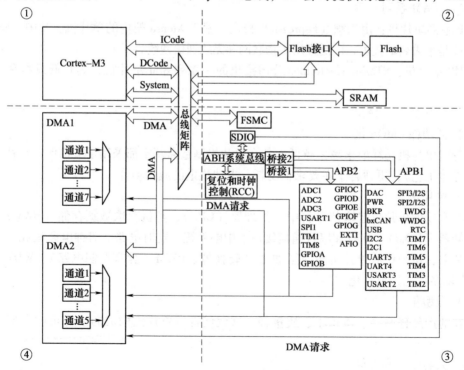

图 6-9　STM32 单片机系统架构图

器，AHB 总线，APB 总线，以及各个外设控制器。此结构可分为四个部分：

区域 1 为 Cortex-M3 内核，内核引出三条总线；分别是 ICode 指令总线、DCode 数据总线、System 系统总线。其中 ICode 和 DCode 主要用以连接 Flash 闪存，Flash 中存储的内容为用户所编写的程序。ICode 指令总线就是用以加载指令程序的，DCode 数据总线是用来加载数据的，比如常量和调试参数等。System 系统总线连接其他东西上，如 SRAM（用于存储程序运行时的变量数据）、FSMC 等。

区域 2 为内部 Flash 闪存和内部 SRAM 被动单元，Cortex-M3 的存储系统采用统一编址方式，小端方式 4GB 的线性地址空间内，寻址空间被分成 8 个主块，block0 ~ block7，每块512MB。其内部 Flash 闪存的储存系统从 0x08000000 开始，到 0x0800xxxxx 结束；片内SRAM 储存系统由 0x20000000 开始，用来保存程序运行时产生的临时数据的随机存储器，同时在运行时存放变量和堆栈。

其储存组织包括：代码空间、数据空间、位段、位段别名、寄存器、片上外设、外部存储器、外部外设。

区域 3 为 AHB（先进高性能总线）系统，总线用于挂在主要外设，挂载的一般是最基本的或者是性能比较高的外设，如复位和时钟控制（RCC）、SDIO、两个桥接（APB1 和APB2）等。APB（先进外设总线），用于连接一般的外设；因为 AHB 与 APB 在总线协议、总线速度、数据传送格式之间的差异，故中间需要加两个桥接，完后数据的转换和缓存。APB2（一般与 AHB 同频）的性能比 APB1 高一些，故连接一些外设中稍微重要的部分，如GPIO、外设的一号（USART1、TIM1、ADC1 ⋯⋯）；APB1 则连接 DAC、外设的其他号（USART2、TIM2⋯⋯）。

区域 4 为 DMA（直接内存访问），当单片机处理一些大量搬运数据的工作时，为了减少CPU 的工作量，为其他工作节省时间，由 DMA 进行此搬运数据工作。

STM32 单片机引脚示意图如图 6-10 所示。

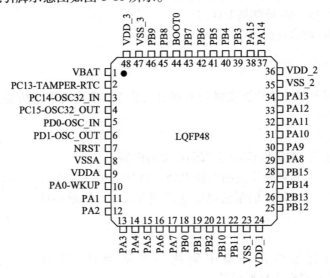

图 6-10　STM32 单片机引脚示意图

STM32 单片机各引脚定义如下：

➢ VBAT：备用电池供电引脚，其可接一个 3V 的电池，当系统电源断电时，备用电池可以给内部的 RTC 时钟和备份寄存器提供电源。

> 2 号引脚是 I/O 口或者侵入检测或 RTC。I/O 口可根据程序输出或读取高低电平，是最基本也是最常用功能；侵入检测可以用来做安全保障的功能；RTC 可用来输出 RTC 校准时钟、RTC 闹钟脉冲或秒脉冲。

> 3、4 号引脚是 I/O 口或者接 32.768KHz 的 RTC 晶振。

> 5、6 号引脚接系统主晶振，一般是 8MHz。芯片内有锁相环电路，可以对 8MHz 的频率进行倍频，最终产生 72MHz 频率，作为系统的主时钟。

> 7 号 NRST 为系统复位引脚，N 表示它是低电平复位。

> 8、9 号引脚是内部模拟部分的电源，如 ADC、RC 振荡器等。VSS 为负极，接 GND，VDD 是正极，接 3.3V。

> 10 ~ 19 号引脚都为 I/O 口，PA0 兼具 Wake-up 功能，用于唤醒处于待机模式的 STM32。

> 20 号引脚为 I/O 口或者 BOOT1 引脚，BOOT 引脚是用来配置启动模式的。

> 21、22 号引脚也都是 I/O 口。

> 23、24 号的 VSS_1（负极）和 VDD_1（正极）是系统的主电源口。后面的 VSS_2 和 VDD_2、VSS_3 和 VDD_3 都是系统的主电源口，STM32 内部采用分区供电的模式，把 VSS 都接 GND，VDD 都接 3.3V 即可。

> 25 ~ 33 号都为 I/O 口。

> 34 号加上 27 ~ 40 号，都是 I/O 口或者调试端口；默认的主功能是调试端口，调试端口就是用来调试程序和下载程序的，STM32 支持 SWD 和 JTAG 两种调试方式。SWD 需要两根线，分别是 SWDIO 和 SWCLK；JTAG 需要 5 根线，分别是 JTMS、JTCK、JTDI、JTDO、NJTRST。此处介绍用 STLINK 下载调试程序，在 SWD 调试方式时，PA15、PB3、PB4 可以切换回普通的 I/O 使用，但是要在程序中进行配置，不配置的话默认是不会为 I/O 口的。

> 41 ~ 43 号及 45、46 号都是 I/O 口。

> 44 号 BOOT0 做启动配置。

6.4.3 单片机示例

使用 STM32F103C8T6 单片机控制 LED 的开关状态。要实现这个功能，需要以下硬件组建过程和单片机程序。

1. 硬件组建过程

1）连接单片机的 VDD 和 GND 引脚到相应的电源。

2）将一个 LED 连接到单片机的引脚 PA5，LED 的另一端连接到电源（例如通过一个 220Ω 的限流电阻连接到 VDD），如图 6-11 所示。

2. 单片机程序

1）在 Keil 或其他开发环境中创建一个新项目，选择 STM32F103C8T6 单片机作为目标设备。

2）将 STM32F10x.h 和 STM32F10x_conf.h 头文件包含在主函数中。

3）将 PA5 引脚配置为输出模式，使其可以控制 LED 的亮灭。

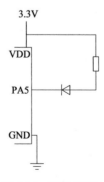

图 6-11　硬件接线图

4）在主函数中循环执行以下操作：将 PA5 引脚输出高电平，使 LED 熄灭；延迟一定时间（例如 1s）；将 PA5 引脚输出低电平，使 LED 点亮；延迟一定时间（例如 1s）。

以下是示例程序的代码：

```
#include "stm32f10x.h"                                    //引入 STM32F10x 系列单片机的头文件
#include "stm32f10x_conf.h"                               //引入 STM32F10x 系列单片机的配置头文件
int main(void) {
  GPIO_InitTypeDef GPIO_InitStruct;                       //定义 GPIO 初始化结构体变量
  RCC_APB2PeriphClockCmd(RCC_APB2Periph_GPIOA,ENABLE);    //开启 GPIOA 的外设时钟,使能 GPIOA
  GPIO_InitStruct.GPIO_Pin = GPIO_Pin_5;                  //GPIOA Pin_5 作为输出引脚
  GPIO_InitStruct.GPIO_Mode = GPIO_Mode_Out_PP;           //推挽模式输出
  GPIO_InitStruct.GPIO_Speed = GPIO_Speed_50MHz;          //GPIO 速度为 50MHz
  GPIO_Init(GPIOA,&GPIO_InitStruct);                      //初始化 GPIOA
  while(1) {                                              //无限循环
    GPIO_SetBits(GPIOA,GPIO_Pin_5);                       //将 GPIOA Pin_5 置高,熄灭 LED
    Delay(1000);                                          //延时 1000ms
    GPIO_ResetBits(GPIOA,GPIO_Pin_5);                     //将 GPIOA Pin_5 置低,点亮 LED
    Delay(1000);                                          //延时 1000ms
  }
}
void Delay(__IO uint32_t nCount) {
//该函数是自定义的一个简单延时函数,通过空循环实现延时
  while(nCount--) {
  }
}
```

这个程序中，Delay 函数通过循环来进行延迟。主函数中的 while 循环则会不停地将 LED 的状态进行切换，从而使 LED 灯以一定的频率（每秒闪烁两次）闪烁。

可以在该程序的基础上，稍作修改来实现依次显示数字 0~9 的功能。具体而言，需要在程序中添加一个数组，用于存储每个数字被对应的 GPIO 引脚。然后可以在主函数中使用一个循环来依次控制每个数字的显示。以下是修改后的实例程序：

```
#include "stm32f10x.h"                                    //引入 STM32F10x 系列单片机的头文件
#include "stm32f10x_conf.h"                               //引入 STM32F10x 系列单片机的配置头文件
int main(void) {
  GPIO_InitTypeDef GPIO_InitStruct;                       // 定义 GPIO 初始化结构体变量
  RCC_APB2PeriphClockCmd(RCC_APB2Periph_GPIOA,ENABLE);
//开启 GPIOA 的外设时钟,使能 GPIOA
  uint16_t num_pins[] = { 0x3F,0x06,0x5B,0x4F,0x66,
                          0x6D,0x7D,0x07,0x7F,0x6F };
//数码管对应的显示数字的编码,从 0~9
GPIO_InitStruct.GPIO_Pin = GPIO_Pin_5 | GPIO_Pin_6 | GPIO_Pin_7 | GPIO_Pin_8 | GPIO_Pin_9 | GPIO_
Pin_10 | GPIO_Pin_11;
```

```
//数码管控制引脚,使用 GPIOA 的 Pin_5,Pin_6,Pin_7,Pin_8,Pin_9,Pin_10,Pin_11
    GPIO_InitStruct. GPIO_Mode = GPIO_Mode_Out_PP;          //推挽模式输出
    GPIO_InitStruct. GPIO_Speed = GPIO_Speed_50MHz;         //GPIO 速度为 50MHz
    GPIO_Init( GPIOA,&GPIO_InitStruct);                     //初始化 GPIOA
    while(1) {                                              //无限循环
for ( uint8_t i = 0; i < 10; i++) {                         //依次显示 0~9
//通过循环逐个显示数字,i 表示当前要显示的数字
        for ( uint8_t j = 0; j < 7; j++) {
//在每一次循环中,逐位显示数字 i
            GPIO_WriteBit(GPIOA,GPIO_Pin_5 + j,(num_pins[i] >> j) & 0x01);
//将指定的引脚置位或复位,控制数码管的点亮和熄灭
            //具体操作是根据 num_pins[ ] 数组中的编码来控制
            //通过右移 j 位,并与 0x01(二进制掩码,取最低位)进行"与"运算
        }
        Delay(1000);                  //延时 1000ms,切换到下一个数字
    }
  }
}
void Delay( __IO uint32_t nCount) {
//该函数是自定义的一个简单延时函数,通过空循环实现延时
  while( nCount--) {
  }
}
```

这个程序通过 STM32F103C8T6 单片机来控制一个七段数码管的显示，其中单片机需要连接到该七段数码管的 GPIO 引脚。该程序的主要功能是依次显示数字 0~9，每个数字显示 1s，其中显示的数字通过控制七段数码管的不同 LED 灯来实现。硬件接线如图 6-12 所示。

RCC_APB2PeriphClockCmd（RCC_APB2Periph_GPIOA, EN-ABLE）用于打开 GPIOA 端口的时钟，这样才能使用 GPIOA 的引脚作为输出。

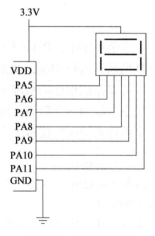

图 6-12　硬件接线图

GPIO_Init 函数用于初始化 GPIO 引脚。在本例中，初始化了四个引脚（PA5~PA8）作为七段数码管的不同 LED 灯，将它们都设置为输出模式。

GPIO_WriteBit 函数用于控制 GPIO 引脚的状态（高电平或低电平）。在本例中，使用该函数来控制七段数码管不同的 LED 灯的亮灭。它具有以下三个参数：端口（GPIOA）、引脚（GPIO_Pin_5~GPIO_Pin_8），以及要写入的引脚状态（Bit_RESET 或 Bit_SET）。

Delay 函数用于在程序执行中添加一些延时。在本例中，使用该函数来控制每个数字的持续时间（1s）。在单片机中没有硬件延时器的情况下，可以通过一个简单的循环来实现延时。

在程序中，使用了两个数组来存储每个数字应该点亮的 LED 灯的 GPIO 引脚：num_pins 和 num_times。num_pins 数组是一个包含 10 个元素的数组，其中每个元素代表一个数字应该点亮哪些 LED 灯。例如，数字 0 的二进制代码是 00111111（使用七段数码管），在 num_pins 数组中对应的元素值为 0x3F。num_times 数组是一个包含 10 个元素的数组，其中每个元素代表一个数字应该被显示的时间。

程序的循环结构使用了两个嵌套循环。外层循环从 0~9，在每次迭代中选择当前要显示的数字，并在内层循环中循环控制该数字的不同 LED 灯的亮灭。在每个数字的显示期间，我们使用 Delay 函数来实现每个数字持续显示 1s 的功能。

最后，程序利用一个无限循环结构，保持不断地显示数字 0~9。

6.5　可编程序逻辑控制器（PLC）

6.5.1　PLC 基本知识

1. PLC 定义

可编程序逻辑控制器是给机电系统提供控制和操作的一种通用工业控制计算机。它应用面最广、功能强大、使用方便，已经成为当代工业自动化的主要支柱之一。它采用可编程序存储器作为内部指令记忆装置，具有逻辑、排序、定时、计数及算术运算等功能，并通过数字或模拟输入/输出模块控制各种形式的机器及过程。可编程序逻辑控制器的英文名字是 Programmable Controller，缩写为 PC。为了与个人计算机的简称 PC 相区别，简称为 PLC（Programmable Logic Controller）。

在 PLC 发展初期，不同的 PLC 开发制造商对 PLC 有不同的定义。为使这一新型的工业控制装置的生产和发展规范化，国际电工委员会（IEC）于 1982 年 11 月和 1985 年 1 月对可编程序逻辑控制器做了如下的定义："可编程序逻辑控制器是一种数字运算操作的电子系统，专为在工业环境下应用而设计。它采用可编程序的存储器，用来在其内部存储执行逻辑运算、顺序控制、定时、计数和算术运算等操作的命令，并通过数字式模拟式的输入和输出，控制各种类型的机械或生产过程。可编程序逻辑控制器及其有关设备，都应按易于与工业控制系统联成一个整体，易于扩充功能的原则而设计。"

由此可见，可编程序逻辑控制器是专为在工业环境下应用而设计的一种数字式的电子装置，它是一种工业控制计算机产品。

在工业现场，实现工业自动化通常有三种情况：开关量的逻辑控制用电气控制装置，慢速连续量的过程控制用电动仪表装置，快速连续量的运动控制用电气传动装置，简称"三电"（电控、电仪、电传）。由于三种控制相差太远，无法兼容。基于 PLC 扫描机制的特点，以及在大型 PLC 中采用多微处理机和大量智能模块的开发等使得 PLC 可能在控制装置一级实现"三电"于一体。它比数字计算机集散控制系统实现网络一级的"三电"一体要容易得多。

2. PLC 工作原理

图 6-13 是 PLC 与输入/输出装置连接原理图。输入信号由按钮开关、限位开关、继电器触点、光学传感器等各种开关装置产生，通过接口进入 PLC。再经 PLC 处理产生控制信号，

通过输出接口送给输出装置，如线圈、继电器、电动机以及指示灯等。

  PLC 是采用"顺序扫描，不断循环"的方式进行工作的。即在 PLC 运行时，CPU 根据用户按控制要求编制好并存于用户存储器中的程序，按指令步序号（或地址号）作周期性循环扫描，如无跳转指令，则从第一条指令开始逐条顺序执行用户程序，直至程序结束，然后重新返回第一条指令，开始下一轮新的扫描，在每次扫描过程中，还要完成对输入信号的采样和对输出状态的刷新等工作。

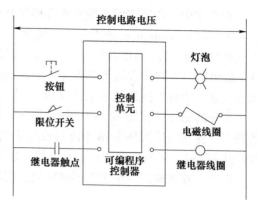

图 6-13 PLC 与输入/输出装置连接原理图

  PLC 的一个扫描周期必经输入采样、程序执行和输出刷新三个阶段，如图 6-14 所示。

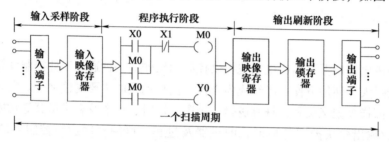

图 6-14 PLC 扫描周期示意图

  输入采样阶段：首先以扫描方式按顺序将所有暂存在输入锁存器中的输入端子的通断状态或输入数据读入，并将其写入各对应的输入状态寄存器中，即刷新输入，随即关闭输入端口，进入程序执行阶段。

  程序执行阶段：按用户程序指令存放的先后顺序扫描执行每条指令，经相应的运算和处理后，其结果再写入输出状态寄存器中，输出状态寄存器中所有的内容随着程序的执行而改变。

  输出刷新阶段：当所有指令执行完毕，输出状态寄存器的通断状态在输出刷新阶段送至输出锁存器中，并通过一定的方式（继电器、晶体管或晶间管）输出，驱动相应输出设备工作。

  PLC 采取的扫描工作机制，就是按照定义和设计、连续和重复地检测系统输入，求解目前的控制逻辑，以及修正系统输出。在 PLC 典型的扫描机制中，I/O 服务处于扫描周期的末尾，这种典型的扫描称为同步扫描。扫描循环一周所花费的时间为扫描时间。根据不同的 PLC，扫描时间一般为 10~100ms。扫描机制具有高抗干扰能力。因为进行 I/O 服务的时间很短，引入的干扰少，而扫描周期的大部分时间的干扰都被挡在 PLC 之外。在多数 PLC 中，都设有一个"看门狗"计时器，测量每一扫描循环的长度，如果扫描时间超过某预设的长度（例如 150~200ms），它便激发临界警报。参考图 6-15，在同步扫描周期内，除去 I/O 扫描之外，还有服务程序，通信窗口、内部执行程序等。

  扫描工作机制是 PLC 与通用微处理器的基本区别。此外，还有其他区别：

➢ 在理论上，微机可以编程，形成 PLC 的多数功能，然而，通用微机不是专门为工业环境应用设计的；

➢ 微机与外部世界连接时，需要专门的接口电路板，而 PLC 带有各种 I/O 模块可供直接利用，且输入输出线可多至数百条；

➢ PLC 具有多种诊断能力，模块式结构，易于维修；

➢ PLC 可采用梯形图编程，编程语言直观简单，容易掌握；

➢ 虽然许多 PLC 能够接收模拟信号和进行简单的算术运算，但是，当数学运算复杂时，PLC 是无法与通用微机相竞争的。

PLC 实际上是一种工业控制计算机，它的组成与计算机类似，其功能的实现不仅基于硬件的作用，更要依赖软件的支持。现在国内外有各种各样不同类型和结构的 PLC，但它们的组成原理基本相同，都主要由硬件和软件两部分构成。

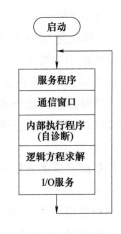

图 6-15　PLC 的扫描机制

6.5.2　PLC 硬件结构

不同型号的可编程序控制器，其内部结构和功能不尽相同，但主体结构形式大体相同，图 6-16 是 PLC 的硬件系统简化框图。

PLC 的硬件系统由主机、I/O 扩展接口及外部设备组成。主机和扩展接口采用微机的结构形式，其内部由运算器、控制器、存储器、输入单元、输出单元以及接口等部分组成，以下简要介绍各部件的作用。

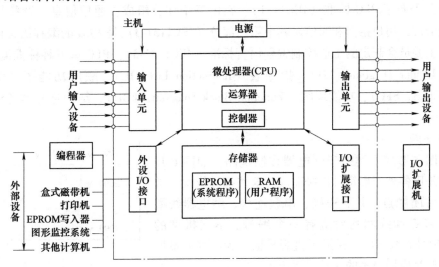

图 6-16　PLC 的硬件系统简化框图

1. 中央处理器（CPU）

CPU 在 PLC 控制系统中的作用类似于人体的神经中枢。它是 PLC 的运算、控制中心，用来实现逻辑运算、算术运算，并对全机进行控制。

2. 存储器

存储器（简称内存），用来存储数据或程序。它包括随机存取存储器（RAM）和只读存储器（ROM）。PLC 配有系统程序存储器和用户程序存储器，分别用以存储系统程序和用户程序。

3. 输入/输出（I/O）模块

I/O 模块是 CPU 与现场 I/O 设备或其他外部设备之间的连接部件（接口）。PLC 提供了各种操作电平和输出驱动能力的 I/O 模块和各种用途的 I/O 功能模块供用户选用。按照信号形式的不同，I/O 模块又可分为：开关量 I/O 模块、模拟量 I/O 模块，除此之外，还提供其他用于特殊用途的接口模块，如通信接口模块、动态显示模块、热电偶输入模块、步进电动机驱动模块、拨码开关模块、PID 模块、智能控制模块等。

4. 电源

PLC 配有开关式稳压电源的电源模块，用来对 PLC 的内部电路供电。

5. 编程器

编程器用作用户程序的编制、编辑、调试和监视，还可以通过其键盘去调用和显示 PLC 的一些内部状态和系统参数。它经过接口与 CPU 连接，完成人机对话连接。

6. 其他外部设备

PLC 也可选配其他设备，例如磁带机、打印机、EPROM 写入器、显示器等。

6.5.3 PLC 编程基础

PLC 是专为工业控制而开发的装置，主要使用对象是广大工程技术人员及操作维护人员。为了满足他们的传统习惯和掌握能力，通常 PLC 不采用微机的编程语言，而常常采用面向控制过程、面向问题的"自然语言"编程。IEC（国际电工委员会）于 1994 年 5 月公布了 PLC 标准（IEC1131）。它由五个部分组成：通用信息，设备与测试要求，编程语言，用户指南和通信。其中第三部分（IEC1131-3）是 PLC 的编程语言标准。根据国际电工委员会制定的工业控制编程语言标准（IEC1131-3），PLC 有五种标准编程语言：梯形图（Ladder Diagram，LD）、指令表（Instruction List，IL）、顺序功能图（Sequential Function Chart，SFC）、功能块图（Function Block Diagram，FBD）、结构化文本（Structured Text，ST）。

1. 梯形图

梯形图在形式上类似于继电器控制电路，如图 6-17 所示。它是用各种图形符号连接而成，这些符号依次为常开触点、常闭触点、并联连接、串联连接、继电器线圈等。每一接点和线圈均对应有一个编号。不同机型的 PLC，其编号方法不同。梯形图直观易懂，为电气人员所熟悉，因此是应用最多的一种编程语言。

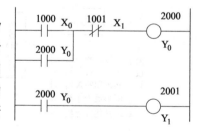

图 6-17　梯形图

2. 指令表

由若干个指令组成的程序称为指令表，西门子称为语句表（STL）。指令表编程语言是与微机汇编语言类似的一种助记符编程语言，和汇编语言一样由操作码和操作数组成。但 PLC 的指令表却比汇编语言的语句表通俗易懂，因此也是应用得很多的一种编程语言。指令表编程语言与梯形图编程语言图——对应，在 PLC 编程软件下可以相互转换。

不同的 PLC，指令表使用的助记符不相同，以三菱 F 系列 PLC 为例，对应于图 6-17 的指令表为

LD	X_0	（表示逻辑操作开始，常开触点与母线连接）
OR	Y_0	（表示常开触点并联）
ANI	X_1	（表示常闭触点串联）
OUT	Y_0	（表示输出）
LD	Y_0	
OUT	Y_1	

3. 顺序功能图

顺序功能图是一种位于其他编程语言之上的图形语言，主要用来编制顺序控制程序。顺序功能图语言是为了满足顺序逻辑控制而设计的编程语言。编程时将顺序流程动作的过程分成步和转换条件，根据转移条件对控制系统的功能流程顺序进行分配，一步一步地按照顺序动作。每一步代表一个控制功能任务，用方框表示。在方框内含有用于完成相应控制功能任务的梯形图逻辑。这种编程语言使程序结构清晰，易于阅读及维护，大大减轻编程的工作量，缩短编程和调试时间。用于系统的规模较大，程序关系较复杂的场合。顺序功能流程图编程语言的特点：以功能为主线，按照功能流程的顺序分配，条理清楚，便于对用户程序理解。

4. 功能块图

这是一种类似于数字逻辑门电路的编程语言，有数字电路基础的人很容易掌握。该编程语言用类似与门、或门和非门的方框来表示逻辑运算关系。方框的左边为逻辑运算的输入变量，右边为输出变量，信号由左向右流动，如图 6-18 所示。

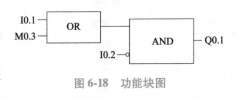

图 6-18　功能块图

5. 结构化文本

结构化文本编程语言采用计算机的描述方式来描述系统中各种变量之间的各种运算关系，完成所需的功能或操作。大多数 PLC 制造商采用的结构化文本编程语言与 BASIC 语言、PASCAL 语言或 C 语言等高级语言相类似，但为了应用方便，在语句的表达方法及语句的种类等方面都进行了简化。结构化文本编程语言的特点：采用高级语言进行编程，可以完成较复杂的控制运算；需要有一定的计算机高级语言的知识和编程技巧，对工程设计人员要求较高；直观性和操作性较差。

PLC 产品的产量、销量居工控计算机之首位，市场需求量仍在稳步上升。全世界 200 多厂家、400 多 PLC 品种，如施耐德/Schneider、欧姆龙/OMRON、ABB、西门子工控、三菱电机/Mitsubishi、松下/Panasonic、台达/DELTA、和利时/HollySys、罗克韦尔/Rockwell、汇川/inovance 等，大体可以分成三个类别：美国产品、欧洲产品和日本产品。美国产品和欧洲产品是独自研究开发的，表现出明显的差异性。日本 PLC 技术由美国引进，但它定位在小型 PLC 上，而欧美产品以大、中型为主。

不同机型的 PLC 有不同的指令系统，总的来说指令的基本功能相似，本节重点介绍日本三菱公司生产的 F 系列 PLC 的编程基本指令与相应梯形图。F系列 PLC 具有丰富的指令系统，既可实现复杂控制操作，又易于编程。按功能可将指令分为两大类：基本指令和特殊功能指令。其中基本指令是指直接对输入输出进行简单操作的指令，包括输入、输出、逻辑"与"、"或"、"非"等。下面分别介绍 F 系列的各种基本指令的梯形符号、助记符、功能和用法，并附有应用指令的实例。

F 系列 PLC 共有 20 条基本逻辑指令，分别为用于触点的指令、用于线圈的指令和独立指令，表 6-1 为基本逻辑指令表。

表 6-1　基本逻辑指令表

指令	功能	目标元素	备注
LD	逻辑运算开始	X、Y、M、T、C、S	常开触点
LDI	逻辑运算开始	X、Y、M、T、C、S	常闭触点
AND	逻辑"与"	X、Y、M、T、C、S	常开触点
ANI	逻辑"与反"	X、Y、M、T、C、S	常闭触点
OR	逻辑"或"	X、Y、M、T、C、S	常开触点
ORI	逻辑"或反"	X、Y、M、T、C、S	常闭触点
ANB	块串联	无	
ORB	块并联	无	
OUT	逻辑输出	Y、M、T、C、S、F	驱动线圈
RST	计数器、移位寄存器复位	C、M	用于计数器和移位寄存器
PLS	脉冲微分	M100~M377	
SFT	移位	M	
S	置位	M200~M377、Y、S	
R	复位	M200~M377、Y、S	
MC	主控	M100~M177	用于公共串接触点
MCR	主控复位	M100~M177	
CJP	条件跳转	700~777	
EJP	跳转结束	700~777	
NOP	空操作	无	
END	程序结束	无	

注：表中 X 为输入继电器；Y 为输出继电器；M 为辅助继电器（或移位寄存器）；T 为定时器；C 为计数器；S 为状态器；F 为特殊功能指令。

（1）输入、输出性指令（LD、LDI、OUT)

LD：取指令，用于常开触点的状态输入；

LDI：取反指令，用于常闭触点的状态输入；

LD、LDI 用于表示连接在可编程序逻辑控制器输入端上的检测信号、计数器、计时器、辅助继电器以及输出继电器的状态；

OUT：输出指令，用于控制输出继电器、辅助继电器、计时器、计数器，但不能用于控制连接可编程序逻辑控制器输入继电器。

图 6-19 中，K19 为时间常数设定语句、控制计时器的延时时间。对于计时器和计数器，使用 OUT 指令后，必须紧跟一条设定时间常数语句。

（2）逻辑"与"指令（AND、ANI)

AND：常开触点串联连接指令；

ANI：常闭触点串联连接指令。

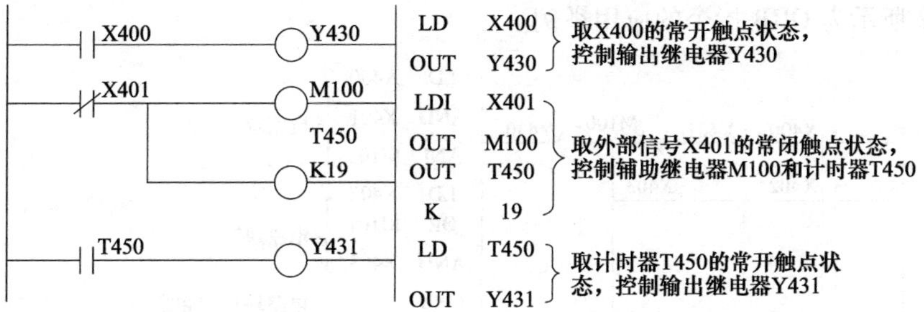

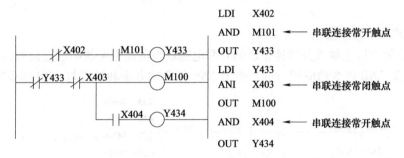

图 6-19　LD、LDI、OUT 指令的用法

它们的适用范围与 LD、LDI 相同。

由图 6-20 可知，常开触点 M101 与常闭触点 X402 串联；常闭触点 X403 与常闭触点 Y433 串联连接后再与常开触点 X404 串联。

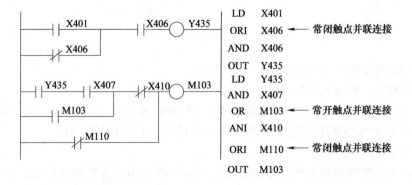

图 6-20　AND、ANI 指令的用法

（3）逻辑"或"指令（OR、ORI）

OR：常开触点并联连接指令；

ORI：常闭触点并联连接指令。

它们的适应范围与 LD、LDI 相同。图 6-21 所示为 OR、ORI 指令的应用举例。

```
         X401            X406  Y435      LD    X401
    ┤├─────────────┤├───( )         ORI   X406   ← 常闭触点并联连接
         X406                           AND   X406
    ┤/├                                 OUT   Y435
                                        LD    Y435
      Y435   X407   X410  M103      AND   X407
    ┤├───┤├───┤/├──( )          OR    M103   ← 常开触点并联连接
      M103                            ANI   X410
    ┤├                               ORI   M110   ← 常闭触点并联连接
       M110                          OUT   M103
    ┤/├
```

图 6-21　OR、ORI 指令的用法

（4）电路块并联连接指令（ORB）

ORB：两个以上触点串联连接后的串联电路块再与前面电路块并联连接的指令，使用这条指令时，并联连接的各电路块必须用 LD 或 LDI 开始。

图 6-22 所示为 ORB 指令的应用举例。

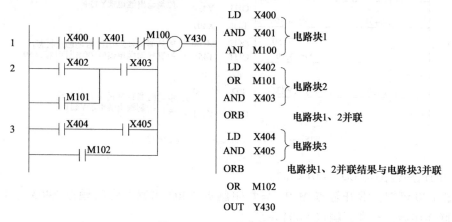

图 6-22　ORB 指令的用法

（5）电路块串联连接指令（ANB）

ANB：将两个以上触点并联连接后的并联电路块与前面电路块串联连接的指令。

图 6-23 是 ANB 指令的应用举例。使用 ANB 指令的方法和特点与 ORB 指令完全相同。

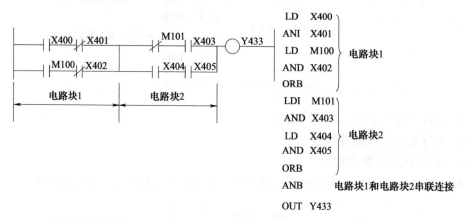

图 6-23　ANB 指令的用法

（6）置位/复位指令（S/R）

S 为置位指令；R 为复位指令。

S/R：用于输出继电器（Y），辅助继电器（M200～M377）和状态器（S）的置位/复位操作。S/R 指令的编写次序可任意编排。图 6-24 是 S/R 指令应用举例。

（7）RST 指令

RST：用于计数器和移位寄存器的复位。当 RST 指令用于计数器复位时，计数器的触点断开，当前计数值回到设定值。当 RST 指令用于移位寄存器复位时，清除所有位的信息。这两种情况下，RST 指令均为优先执行。因此，假如 RST 输入连续接通，则计数输入和移位输入将不接受。图 6-25 是 RST 的用法举例。

（8）移位指令（SFT）

SFT：用于移位寄存器移位输入指令。图 6-26 是一个 16 位移位寄存器的应用举例，在

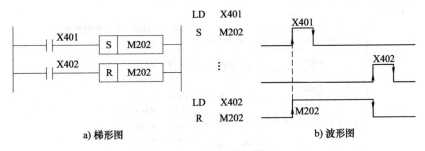

图 6-24 S/R 指令的用法

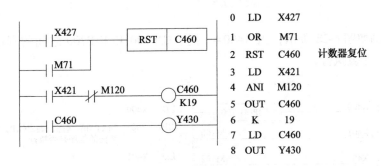

图 6-25 RST 指令的用法

移位寄存器中，OUT 为移位寄存器第一位输入端；SFT 为移位控制输入端，RST 为复位输入端。图 6-26 表示，把 M117 的状态送给移位寄存器的第一位 M120，当 X401 为 "0" 时，X400 每接通一次（由 "0" 变 "1"），则移位寄存器 M120～M137 便顺序右移一位，当 X401 为 "1" 时，移位寄存器全部清零。

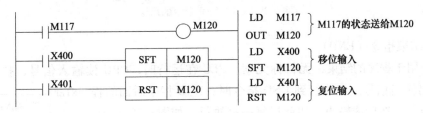

图 6-26 SFT 指令的用法

（9）主令控制指令（MC/MCR）

MC：主令控制起始指令；

MCR：主令控制结束指令。

上述两条指令是一个触点（称主令触点）控制多条支路的控制指令，其应用如图 6-27 所示。由图中语句表可知，MC/MCR 必须成对使用，成对使用的 MC、MCR 的操作数相同。另外，不同型号的可编程序逻辑控制器，其操作数的范围是有规定的，要根据说明书使用。

（10）跳转指令（CJP/EJP）

CJP：条件跳转指令；

EJP：条件跳转结束指令。

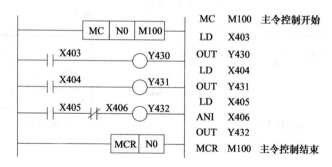

图 6-27　MC/MCR 指令的用法

其应用举例如图 6-28 所示，当 X400＝1 时，CJP700 和 EJP700 之间的程序不执行，而 X400＝0 时则程序被执行。

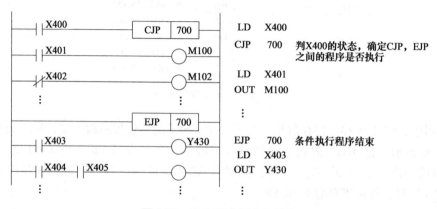

图 6-28　CJP/EJP 指令的用法

（11）结束指令（END）

END：用于程序的结束，无目标元素。PLC 在运行时，CPU 读输入信号，执行梯形图电路并读出输出信号。当执行到 END 指令时，END 指令后面的程序跳过不执行，然后读输出，如此反复扫描执行，如图 6-29 所示。由此可见，END 指令执行时，不必扫描全部 PLC 内的程序内容，从而具有缩短扫描时间的功能。

6.5.4　状态转移图及编程方法

要用梯形图编制顺序控制程序需要有一定的经验，并且所编的复杂程序也难于读懂。若采用状态转移图进行编程则方便很多。状态转移图就是用状态描述工艺流程图。而步进梯形图则是由状态转移图直接转换的梯形图，因此，采用步进梯形图具有简单直观的特点，使顺序控制变得容易，大大缩短了设计者的设计时间。

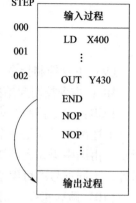

图 6-29　END 后的
　　　 程序不执行

F1 系列 PLC 有 40 点状态继电器，其编号为 S600~S647。

F2 系列 PLC 有 168 点状态继电器，其编号为 S600~S647、S800~S877、S900~S977。

STL/RET 指令是状态转移图常用指令。STL 是步进触点指令，RET 是步进返回指令。STL 步进触点的通断由其对应的状态继电器所控制，每一个步进继电器执行一个步进。STL 步进触点只有常开触点，无常闭触点。状态转移图和步进梯形图如图 6-30 所示，以步进触点为主体，最后必须用 RET 指令返回。另外，由于 STL 指令是步进的，当后一个步进触点得电时，前一个触点便自动复位，即 STL 指令有使转移自动复位到原状态的功能。

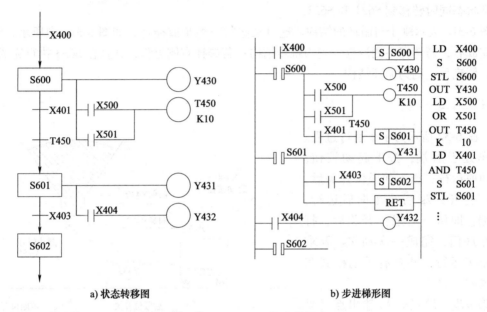

图 6-30　STL/RET 指令的用法

多流程步进过程是具有两个以上的顺序动作的过程，其状态转移图具有两条以上的状态转移支路。常用的状态转移图有图 6-31 所示 4 种结构。

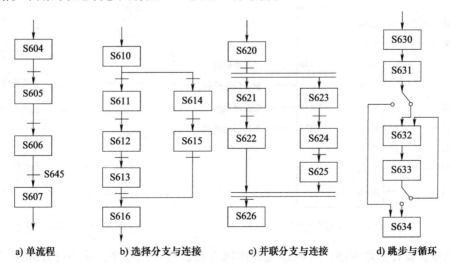

图 6-31　状态转移图的结构

图 6-31a 表示单流程结构。该结构各步依次顺序执行，状态不必按顺序编号，其他流程的状态（如 S645）也可作状态转移的条件。

图 6-31b 表示选择分支与连接的结构。该结构中多个流程由条件选择执行，状态不能同时转移。如图 6-31b 中所示，在 S610 后分为两个流程，满足 S611 前条件时执行 S611，满足 S614 前条件时执行 S614。

图 6-31c 表示并联分支与连接的结构。这时多个流程同时转移执行，状态同时转移。如图 6-31c 中所示，在 S620 后分为两个流程，状态转移到 S621 和 S623 的条件相同，满足该条件时则状态同时转移到 S621 和 S623。

图 6-31d 表示跳步与循环的结构。这时某些状态跳步或循环，如图 6-31d 中所示，S631 执行完成后，若选择左侧流程，则为跳步结构；若选择右侧流程，并且在 S633 执行完成后，选择右侧流程，则为循环结构。

6.5.5 PLC 示例

如图 6-32 所示为小车运行过程。当小车处于后端，按下起动按钮，小车向前运行；压下前限位开关后，翻斗门打开；7s 后小车向后运行，到后端，即压下后限位开关后，打开小车底门，完成一次动作。要求控制小车运行，并具有手动模式和自动模式。

第一步，设置输入/输出点（见图 6-33）。

第二步，设计程序结构。如图

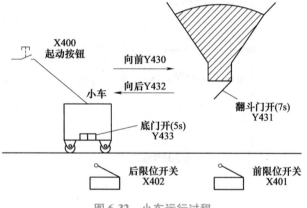

图 6-32 小车运行过程

6-34 所示，其中分为 2 个程序块：手动程序、自动程序。由跳转指令选择执行。

图 6-33 I/O 端子分配

图 6-34 总程序结构图

第三步，设计手动程序：图 6-35 为程序梯形图，共 4 段程序，其中打开翻斗门时间为 7s，打开小车底门时间为 5s，向前向后运行互锁。

第四步，设计自动程序：自动程序的状态图如图 6-36a 所示，图 6-36b 为对应的梯形图。图中 S600 为初始状态，用初始化脉冲置位，为进一步操作做好准备。接通 X501 后，按下起动按钮 X400，自动执行步进，每一步步进驱动对应的负载动作，步进到最后一个状态 S604，执行完相应动作后，状态自动转移至 S601，实现自动连续运行。

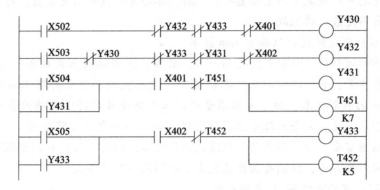

图 6-35 程序梯形图

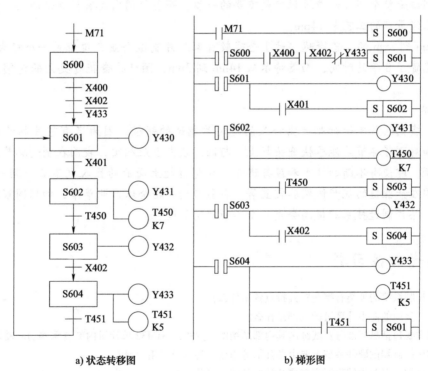

a) 状态转移图   b) 梯形图

图 6-36 自动程序状态图与梯形图

阅读材料 F   中国芯现状

随着全球芯片产业的快速发展，我国也在不断地加强自身的芯片研发和生产能力，以摆脱或减少对其他国家的依赖。

我国芯片制造的现状与全球顶尖水平比较如下：

1. 设计流程：与国际顶尖同步

芯片的设计是芯片制造过程中的第一步，是决定最终产品性能的重要环节。当前，国际上最先进的芯片设计水平是3nm，我国也拥有同等水平。华为的研发一直没有停歇，与全球顶尖水平是同步的。

设计环节是芯片制造成功的重要前提。拥有高端芯片的设计研发实力，对我国芯片制造业而言，目前并不是最大的挑战。

2. 封测流程：三大封测企业具备4nm技术

在芯片制造的过程中，封测是重要的一步。目前，我国拥有三大封测厂商，长电科技、通富微电和天水华天，它们的排名在全球前10位。这三大封测企业拥有4nm芯片的封测技术。而对于3nm的封测技术，由于才刚刚量产，三大企业目前还没有明确表示。但是考虑到封测门槛并不高，这三大企业理论上同步实现3nm的封测也是没问题的。

封测环节虽然重要，但并不是芯片制造成功的核心，相对于设计和制造环节，它的门槛更低。因此，在封测方面，我国与国际顶尖企业之间的差距并不大。

3. 制造流程：落后可能有10年的差距

芯片制造是整个芯片制造过程中最重要的一步，而当前国内具有代表性的芯片制造企业是中芯，已经量产的工艺是14nm。

从14nm到3nm的工艺跨越，对于全球数百家芯片制造企业来说都是一个极大的挑战。三星大约花费了8年的时间，而英特尔从14nm到3nm，预计将会花费更久的时间，大约需要9年。

4. 总结

当前，我国芯片制造行业最需补足的是芯片制造的短板，因为只有芯片制造能力提高了，设计和封测等环节才能尽快迎头赶上。与国际顶尖企业相比，我国在制造环节上还存在较大的差距，即使有不断的技术和设备进步，要想追赶上面前的巨人也不是一朝一夕之事。但是，我国在产业链的优势依然非常显著，在引领新一轮全球产业革命，加强国家芯片实力的战略下，芯片制造技术的提高会是一个不断推进的过程。

 思考与练习题

6-1 计算机控制系统的种类有哪些？其特点各是什么？

6-2 工控机与普通的商用计算机的区别是什么？

6-3 单片机主要包括哪些部分？试画出其内部结构图，并指出STM32单片机内部有哪些功能模块？

6-4 可编程序控制器的硬件系统主要由哪几部分组成？各部分作用如何？

6-5 可编程序控制器常用编程语言有哪几种？其特点是什么？

6-6 对排种器试验台（见图6-37）进行PLC编程，画出状态图或梯形图。排种器试验台主要由以下几部分构成：排种器，涂油器，传送带，监测装置，台架等。

现需要实现功能，包含两种模式：

模式①（手动模式）：（1）接通X500时，选用模式①；（2）接通X502，传送带电动机Y430转动；（3）接通X503，且传送带电动机Y430打开3s以上时，涂油器阀门Y431打开；（4）接通X504，且涂油器阀门Y431打开5s以上时，排种器电动机Y432转动。

模式②（自动模式）：（1）接通X501时，选用模式②；（2）接通X505，传送带电动机Y430转动，

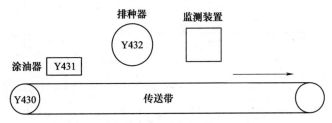

图 6-37　题 6-6 图

3s 后，涂油器阀门 Y431 打开，5s 后，排种器电动机 Y432 转动；（3）断开 X505，排种器电动机 Y432 停止转动，1s 后涂油器阀门 Y431 关闭，2s 后传送带电动机 Y430 停止转动。

参 考 文 献

[1] 沈红卫. STM32 单片机应用与全案例实践［M］. 北京：电子工业出版社，2017.

[2] 刘宏新. 机电一体化技术［M］. 北京：机械工业出版社，2019.

[3] 刘士荣. 工业控制计算机系统及其应用［M］. 北京：机械工业出版社，2008.

[4] Hi 黑科技. 国产芯片发展的三个环节：设计、制造、封测，现状如何？［Z/OL］.［2023-06-16］. https://www. icspec. com/news/article-details/2123525.

[5] 只谈科技. 中国芯的现状：设计、封测与制造，可能有 10 年的差距［Z/OL］.［2023-01-07］. https://baijiahao. baidu. com/s?id = 1754329109808442989&wfr = spider&for = pc.

机电一体化系统通信技术

知识目标：建立通信技术的一般概念和基本框架，了解数字电路片间总线、串行通信总线、工业现场总线和无线通信等不同类型的通信技术的原理、特点和应用领域，展示其在现代通信系统中的重要性和广泛应用，激发学生对通信技术的学习兴趣。

能力目标：掌握数字电路片间总线、串行通信总线、工业现场总线和无线通信等不同类型的通信技术，理解它们的组成和工作原理，能够分析和比较各种通信技术的优缺点，并根据应用需求选择合适的通信技术方案，培养学生解决实际通信问题的能力。

思政目标：认识通信技术的发展成就和我国在通信领域的发展现状，培养学生对通信技术的创新意识和应用意识，增强对我国科技实力的自信和对科技创新的热情。培养学生与通信技术相关的思维能力和价值观，为未来的学习和职业发展奠定坚实基础。

7.1 概述

信息交换和传递的过程称为通信，通过某种类型的介质用于实现通信过程的系统称为通信系统。通信承担着计算机和设备之间数据的存储、处理、传输和交换的任务，是解决信息传输、交换、分配、集中及兼容问题的技术。机电一体化技术是在传统的机械技术基础上深度交叉结合微电子技术和信息技术等的关键技术，这涉及各组成要素之间信息的获取、处理和传递。机电一体化系统中外部设备之间，同一设备不同装置之间，同一装置内部独立芯片之间精细信息数据的传递和交换需要通过不同的通信技术及相应的接口实现，实现整个系统的综合集成和有序控制。

随着计算机科学和通信技术的不断发展，计算机和计算机网络系统的相关技术取得了重大突破。对于生产过程中的基于机电一体化技术的自动化系统，已逐步应用总线技术。采用传统一对一连线，难以实现设备和设备间及系统与外设之间的信息交换，而通过应用片间总线、串行总线和工业现场总线，联通了数字电路芯片间、设备之间以及系统间的数据传输，解决了"信息孤岛"问题。采用总线方式，可以将多种数据以及多路数据合并到一路传输，根据实际应用需求制订设计不同通信协议，提高通信链路的复用能力，构成设备之间的公共传输通道。

目前，作为有线传输的替代技术，无线通信技术已经遍及人们生活的各个方面，无线通信功能的实现已不存在显著困难，数据传输速率和可靠性也大幅度提升，已逐渐接近有线传输的水平。无线通信可以从根本上解决有线通信的布线困难，线路故障排除麻烦以及设备更新导致的重新布线等问题。工业控制系统中使用的无线通信技术主要是无线局域网和短距离无线通信技术。短距离无线通信技术在机电一体化系统中的应用范围更广，其工作在工业、科学和医用频段，无需申请许可证，通过使用专用或通用的无线通信模块，在较短的通信范围内，可实现低成本、低功耗和对等通信。兴起的无线传感器网络是新型传感器技术、微机电系统技术和短距离无线通信技术等多个领域共同构成了其技术基础，实现了数据的采集、处理与传输。

可以看到，通信技术的出现和发展，促使了机械技术与电子技术有机结合。随着机电一体化技术的普及和应用，总线技术已经是目前最为成熟的技术。随着无线通信技术的革新和应用，新的基于无线通信网络的远程控制机电一体化技术势必成为新的发展方向。

7.2 数字电路片间总线

7.2.1 片间总线概述

在通信技术中，总线是连接一个或多个部件的电缆的总称。在微机电系统中，总线起着主要的信息传输通路的作用，对于系统设计者来说是一个重要的研究问题。数字电路的片间总线是一种用于连接多个数字电路元件的通信线路，用于实现元件级的互联。传统的片间总线采用并行方式，通过在电路板上布置一组共享的信号线来传输数据和控制信息，通常包括地址总线、数据总线和控制总线即三总线结构。随着技术的进步，串行总线的传输速度显著提高，具有了更强的抗干扰能力和更长的传输距离，因此采用串行方式的片间总线逐渐占据了主导地位。常见的串行片间总线包括 I^2C 总线、SPI 总线等。

7.2.2 I^2C 通信

1. I^2C 总线简介

I^2C（Inter-Integrated Circuit）总线是由飞利浦公司在 20 世纪 80 年代开发的串行通信协议。它被广泛应用于微控制器与外围设备之间的连接，并成为一种新型的总线标准。I^2C 总线的设计旨在简化芯片之间的通信，并提供一种可靠、高效的通信方式。

I^2C 总线具有如下特点：

➢ I^2C 总线只需两根信号线，即串行数据线 SDA 和串行时钟线 SCLK。所有连接到 I^2C 总线的器件，其串行数据和时钟信号都通过 SDA 和 SCLK 线传输，但时钟信号始终由主控制器件产生。

➢ I^2C 总线的数据传输采用主从模式的通信方式，主机负责控制总线的通信，发起读写操作和提供时钟信号,而从机则被动地响应主机的指令或请求数据。

➤ I^2C 总线具备总线仲裁和高低速设备同步等功能的高性能多主机总线。仲裁机制用于解决多个主机同时请求总线控制权冲突的问题,确保通信的顺序和稳定性。

➤ I^2C 总线的数据传输速率可以根据需要进行调整。在标准模式,速率达到 100kbit/s;在快速模式,速率达到 400kbit/s;而在高速模式,达到 3.4Mbit/s。

➤ I^2C 总线理论上允许的最大设备数取决于总线上所有器件的电容总和,不超过 400pF。每个设备在总线上引入一定的电容负载,当总线上的电容总和超过一定阈值时,可能会影响信号的质量和传输速率。

➤ I^2C 接口直接在组件之上,因此 I^2C 总线占用的空间非常小,减少了电路板的空间和芯片引脚的数量,降低了互连成本。

2. I^2C 总线的工作原理

(1)总线构成

I^2C 总线被广泛用于各种电子设备中,用于实现不同集成电路(IC)之间以及 CPU 与被控制集成电路之间的双向数据传输。I^2C 总线由串行数据线 SDA 和串行时钟线 SCLK 构成,如图 7-1 所示。在 I^2C 总线上,多个被控制电路并联连接,每个电路和模块都有唯一的地址。

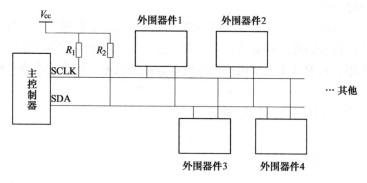

图 7-1 I^2C 总线结构

在数据传输过程中,每个并联在 I^2C 总线上的模块既可以充当主控制器(主设备),也可以充当被控制器(从设备),这取决于其要执行的功能。作为主控制器的元器件需要通过总线竞争获得主控权,才能启动数据传输。CPU 发出的控制信号分为地址码和控制量两个部分,地址码用于寻址,接通需要控制的电路并确定控制的种类。控制量则决定了要进行的调整类别(例如对比度、亮度等)及需要调整的量。尽管所有的控制电路都连接在同一条总线上,但它们是独立的、互不相关的。

(2)信号类型

I^2C 总线在数据传送过程中有三种信号类型:开始信号、结束信号和应答信号。开始信号是由主设备(通常是微控制器和主控制器)发出的,当时钟线 SCLK 为高电平时,数据线 SDA 由高电平向低电平跳变,表示数据传输开始。当数据传输完成后,主设备可以选择发送结束信号。结束信号同样由主设备发出,当 SCLK 为高电平时,SDA 由低电平向高电平跳变,表示数据传输结束。当接收数据的 IC 接收到 8 位数据后,会向发送数据的 IC 发出特定的低电平脉冲,表示已收到数据,此为应答信号。应答信号由接收数据的器件发出,可以是主控器件或从动器件发出。在这三种信号中,开始信号是必需的,而结束信号和应答信号则不是必需的。

目前,许多半导体集成电路上都集成了 I^2C 接口,一些常见的单片机系列如 AVR 系列、PHILIPSP87LPC7×× 系列和 MSP430 系列等均具备硬件 I^2C 接口,使它们能够直接与 I^2C 总线通信。除了单片机,许多外围器件如存储器、监控芯片、数字温度传感器和数字 DIP 开关等也提供了 I^2C 接口,通过使用这些器件的 I^2C 接口,可以方便地将它们集成到 I^2C 总线的通信环境中。在 I^2C 总线上,主控制器可以是带有 I^2C 总线接口的单片机或其他类型的微控制器。如果主控制器具备硬件 I^2C 接口,它可以直接与 I^2C 总线通信,简化了软件开发和通信过程。但是,对于不具备硬件 I^2C 接口的主控制器,如一些经典的 51 单片机,它们没有内置的硬件支持,但仍然可以通过软件模拟 I^2C 协议来实现与 I^2C 总线的通信。需要注意的是,但 I^2C 总线上的被控制器(从设备)必须带有硬件 I^2C 总线接口,由于被控制器必须支持 I^2C 总线的电气特性和通信协议以正确解析和响应来自主控制器的信号。

(3) I^2C 总线接口

I^2C 总线接口的 SDA 和 SCLK 都是双向的,输出电路用于向总线上发送数据,而输入电路用于接收总线上的数据。为了保证总线信号的正确传输和避免信号混乱,每个连接到总线上的设备的输出端必须采用开漏输出或集电极开路输出的结构。如果任一器件输出低电平,都将使该总线的信号变为低电平,从而实现逻辑上的线"与"功能。由于每个设备的输出都是以开漏方式实现的,因此在使用时必须连接上拉电阻。上拉电阻的作用是将输出线保持在高电平状态,当设备不主动拉低时,上拉电阻通过提供一个恢复电流,将输出线拉升至高电平。上拉电阻的大小需要根据电源电压、传输速率等因素来确定。上拉电阻的阻值不宜过小,一般不低于 $1k\Omega$,以防止过大的电流流过总线;也不宜过大,一般不超过 $10k\Omega$,以确保信号的快速上升时间。对于较高的总线速率,例如在 100kbit/s 的总线速率下,通常需要采用较小的上拉电阻,例如使用 $5.1k\Omega$ 的上拉电阻,以保证信号的稳定性和可靠性。

(4) I^2C 总线器件的寻址方式

在 I^2C 总线上,所有器件都连接在一个公共的总线上,因此在进行数据传输之前,主控制器需要选择要进行通信的从器件,称为总线寻址。寻址过程为主控制器首先发送起始条件信号,将时钟线保持高电平的同时,将数据线从高电平转为低电平。主控制器发送 I^2C 总线器件寻址字节。等待从设备发送应答信号来确认设备是否存在。如果从设备存在且地址匹配,它会发送一个低电平的应答信号。主控制器接收到应答后,设备成功寻址。主控制器就可以发送数据或命令,或进行数据读取操作。

地址位与方向位共同构成了 I^2C 总线器件寻址字节,寻址字节的格式见表 7-1。

表 7-1　寻址字节格式

器件地址	引脚地址	方向位
DA3	A2	R/W
DA2	A1	—
DA1	A0	—
DA0	—	—

每个连接到 I^2C 总线上的外围器件都具有唯一的地址,地址由器件地址和引脚地址两部分组成,共计 7 位。器件地址是每个 I^2C 器件固有的地址编码,器件出厂时就已经给定,无法更改。引脚地址是由 I^2C 总线外围器件的地址引脚决定的,根据引脚在电路中的不同形式(接电源正极、接地或悬空)来形成不同的地址编码。引脚地址数也决定了同一种器件可以连接到总线上的最大数目。

方向位（R/W）用于规定总线上的主器件与从器件之间的数据传输方向。当方向位 R/W=1 时，表示主器件读（接收）从器件中的数据；而当方向位 R/W=0 时，表示主器件向从器件写（发送）数据。

7.2.3 SPI 通信

1. SPI 总线简介

SPI（Serial Peripheral Interface）是一种全双工、高速、同步的通信总线，也是一种单片机外设芯片串行扩展接口。它是最早由摩托罗拉公司推出的全双工同步串行传输规范，现已广泛用于微控制器（MCU）连接外部设备的同步串行通信。SPI 主要用于连接各种外部设备，包括闪存 Flash、D/A 转换器、信号处理器、控制器、EEPROM 等。

SPI 通常由一个主设备和一个或多个从设备组成。SPI 不支持多主机，因此，在一个 SPI 总线中只能有一个主设备。主设备通过时钟信号和选定的从设备进行同步通信，从而完成数据的交换。主设备负责提供时钟信号，而从设备则接收这个时钟信号来同步数据传输。SPI 的读写操作都是由主设备发起，主设备控制通信的开始和结束，并决定数据的传输方式，如图 7-2 所示。当存在多个从设备时，通过各自的片选信号进行管理，如图 7-3 所示。在一次通信中，主设备通过选择特定的片选信号，将其置为有效状态，从而选定与之通信的从设备。SPI 的优点是速度快、实现简单，并且支持双工通信，现在的单片机几乎都支持 SPI 总线，其已经成为一种高速、同步、双工的通用标准，并在 IoT 产品中得到广泛应用。

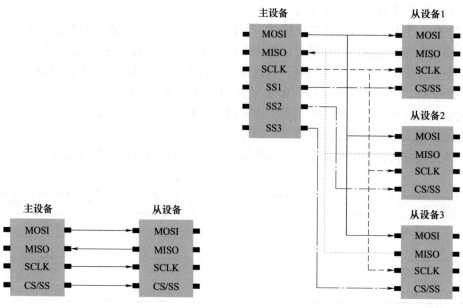

图 7-2　SPI 总线：单一主机对单一从机模式　　图 7-3　SPI 总线：单一主机对多从机模式

SPI 通信模式使用四个基本信号线来实现通信：串行时钟线（SCLK），主设备输出数据线（MOSI），主设备输入数据线（MISO）和片选线（CS/SS），用于实现全双工通信。当进行单向传输时，只需要使用其中的三根线。具体说明如下：SCLK（Serial Clock）是由主设备产生的时钟信号。主设备通过 SCLK 确定数据传输的时序和速率。SCLK 的频率可以根据系统要求进行配置，并且在通信的双方之间需要保持同步；MOSI（Master Output，Slave Input）用于主设备数据输出和从设备数据输入，主设备通过 MOSI 线将数据发送给从设备，从设备则通过该线接收主设备发送的数据。MOSI 在全双工通信中是主设备的输出线，负责将数据传输到从设备；MISO（Master Input，Slave Output）用于主设备数据输入和从设备数据输出。主设备通过 MISO 线接收从设备发送的数据，而从设备则通过该线将数据发送给主设备。MISO 在全双工通信中是主设备的输入线，用于接收从设备传输的数据；CS/SS（Chip Select/Slave Select）是由主设备控制的从设备使能信号。在一主多从的情况下，CS/SS 是从芯片是否被主芯片选中的控制信号，只有片选信号为预先规定的使能信号（高电位或低电位）时，主芯片对该从芯片的操作才有效。

2. SPI 通信原理

SPI 主设备和从设备都有一个串行移位寄存器，主设备通过向其 SPI 串行寄存器写入一个字节来发起一次传输，如图 7-4 所示。SPI 数据通信的流程可以分为以下几步：

1）主设备发起信号，拉低相应从设备的片选信号 CS/SS，启动通信。

2）主设备通过发送时钟信号 SCLK，告知从设备进行写数据或读数据操作。数据传输通常发生在时钟信号的上升沿或下降沿，具体取决于硬件配置。

3）主设备将要发送的数据写入发送数据缓存区 Memory，然后，数据从缓存区经过移位寄存器（缓存长度不一定，取决于单片机配置）逐位移出，并通过主设备的输出信号线 MOSI 传送给从设备。同时，从设备的输入信号线 MISO 接收到的数据经过从设备的移位寄存器一位一位地移到接收缓存区。

4）从设备也将自己的串行移位寄存器中的内容通过 MISO 信号线返回给主设备。同时通过 MOSI 信号线接收主设备发送的数据，这样，两个移位寄存器中的数据进行了交换，实现了数据的双向传输。

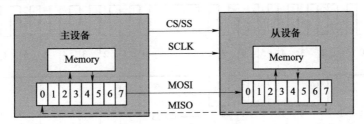

图 7-4 SPI 数据传输原理图

为了与外设进行数据交换，SPI 模块需要根据外设工作要求对 SPI 时钟进行配置。配置涉及三个方面：输出串行同步时钟速率、时钟极性和时钟相位。通过设置时钟极性（CPOL）和时钟相位（CPHA）来控制设备的通信模式以满足不同外设的要求。设置 SPI 通信中的输出串行同步时钟速率，可以实现数据传输的高效性和通信的可靠性。

3. SPI 通信四种模式

SPI 通信有四种常见的模式，它们被称为 Mode 0、Mode 1、Mode 2 和 Mode 3。这些模式通过时钟极性（CPOL）和时钟相位（CPHA）来定义，如图 7-5 所示。

Mode 0（CPHA = 0、CPOL = 0）：空闲态时 SCLK 处于低电平，数据采样在第 1 个边沿（即 SCLK 从低电平到高电平的跳变），因此数据采样发生在上升沿（准备数据），数据

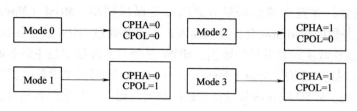

图 7-5　SPI 通信四种模式

发送发生在下降沿。

Mode 1（CPHA = 0、CPOL = 1）：空闲态时 SCLK 处于高电平，数据采样在第 1 个边沿（即 SCLK 由高电平到低电平的跳变），因此数据采样发生在下降沿，数据发送发生在上升沿。

Mode 2（CPHA = 1、CPOL = 0）：空闲态时 SCLK 处于低电平，数据发送在第 1 个边沿（即 SCLK 由低电平到高电平的跳变），因此数据采样发生在下降沿，数据发送发生在上升沿。

Mode 3（CPHA = 1、CPOL = 1）：空闲态时 SCLK 处于高电平，数据发送在第 1 个边沿（即 SCLK 由高电平到低电平的跳变），因此数据采样发生在上升沿，数据发送发生在下降沿。

对于数据传输时序，如图 7-6 所示，SPI 接口在内部硬件实际上是两个简单的移位寄存器，传输的数据为 8 位。在主设备产生从设备的使能信号和移位脉冲下，按位传输，高位在前，低位在后。在 SCLK 的下降沿上数据改变，在上升沿时一位数据被存入移位寄存器。SPI 没有指定的流控制，也没有应答机制来确认是否接收到数据。

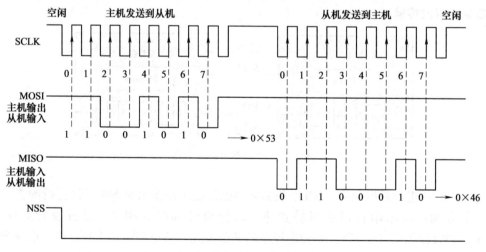

图 7-6　SPI 数据传输时序图

与 I^{2}C 相比，SPI 没有复杂的从设备寻址系统，这使得它在一些特定的应用中更加方便使用。SPI 的数据传输速率比 I^{2}C 更快（几乎快两倍），更适合需要高速通信的场景。SPI 具有分离的 MISO 和 MOSI 信号线，因此可以同时发送和接收数据。SPI 的数据传输非常灵活，不限于 8 位，可以是任意大小的字。此外，SPI 具有非常简单的硬件结构，从设备不需要唯一地址（与 I²C 不同）。而且从机使用主机时钟，不需要精密时钟振荡器/晶振，也不需要收发器。

SPI 也存在一些不足之处，例如缺乏指定的流控制和应答机制确认等功能。SPI 使用四根信号线（而 I²C 和 UART 只使用两根信号线）。SPI 无法确认是否已成功接收数据（I²C 具有此功能）。SPI 没有任何形式的错误检查，如 UART 中的奇偶校验位。SPI 只允许一个主设备。SPI 没有硬件从机应答信号（主机可能在不知情的情况下无法发送数据）。SPI 没有定义硬件级别的错误检查协议。

7.3　串行通信总线

7.3.1　串行通信概述与分类

串行通信是一种将数据逐位按顺序传输的通信方式。相比于并行通信，串行通信只需要一根数据线就可以实现信息在不同系统中的传输，适合于终端与终端或终端与外设之间的较远距离的通信。由于信号线少，串行通信具有较强的抗干扰能力。因此在数据采集和控制系统中得到广泛应用，并成为机电一体化设备中主要的通信方式。

串行通信技术源于贝尔实验室，基于微处理器的控制系统使用串行通信总线实现主机和低速设备之间的信息交互。由于并行通信的抗干扰能力差，连接器和接口设计复杂，无法满足当前主机与近距离外设之间的数据传输需求。近年来，随着串行通信总线频率的提高，数据传输速率大幅度提升，串行通信总线正在逐步取代并行通信总线。

串行通信总线通过按位传输数据，可以在一根线上分时传输包含在传输数据中的所有字节的所有位。常用的串行通信技术标准包括 RS-232、RS-422 和 RS-485，这些标准由电子工业协会制定并发布。目前，通用串行总线（USB）已逐步取代串口成为更为普遍通用的外设接口，现代计算机使用 USB 接口更为普遍，而使用串口则需要外接转换器才能实现兼容。

串行通信中，发送和接收通过时钟来控制。发送端利用发送时钟确定数据位的起始和结束，接收端需要在适当的时间间隔对数据流进行采样并正确地回复数据。根据发送端和接收端是否使用统一的时钟来保持时间一致，串行数据的同步方式可分为同步串行通信和异步串行通信。

同步串行通信是一种连续传送数据的通信方式，数据以数据块为单位进行传输。相比于异步通信中的字符帧，同步串行通信的数据块通常含有多个数据字符，并在传输的数据之前包含用于识别通信开始的同步信号。因此，同步串行通信中每传输完一个数据块后无须停顿，可以直接传输下一个数据块。

同步串行通信的信息帧由多个部分组成，包括同步信号字符、数据字符和校验字符。同步信号字符用于识别通信开始，标志着数据块的传输开始。数据字符是实际要传输的数据位，可以是一个或多个字节的数据。校验字符用于检测和纠正传输中可能引入的错误，增强数据传输的可靠性。

如图 7-7、图 7-8 所示，根据所采用的同步协议，同步串行通信有两种常见的同步格式：面向字符的同步格式（也称为双同步字符帧结构）和面向位的字符格式（也称为单同步字符帧结构）。面向字符的同步格式中，同步字符用于标识帧的开始，并在每个数据字符之间

SYN	SYN	SOH	标题	STX	数据块	ETB/ETX	块校验

SYN：同步字符　　SOH：序始字符　　STX：文始字符　　ETB：组终字符　　ETX：文终字符

图 7-7　面向字符的同步格式

01111110	地址	控制	信息	校验	01111110
8位	8位	8位	≥0位	16位	8位

图 7-8　面向位的同步格式

插入同步字符以保持同步。这种格式在数据传输速率相对较低的情况下较为常见，例如串口通信中的 RS-232 协议。面向位的字符格式中，每个数据字符之间没有显式的同步字符，而是利用时钟信号来保持同步。发送端和接收端共享相同的时钟信号，并根据时钟信号的变化来确定数据位的传输和采样时机，这种格式在高速数据传输的情况下更常见。

同步通信方式的优点包括传输速度快，效率高，可以实现高带宽的数据传输。但同步串行通信也存在一些缺点，首先，它要求发送端和接收端的时钟保持严格同步，否则会导致数据传输错误。其次，由于同步字符没有统一的标准，不同厂家串行通信接口间会存在不兼容的问题，限制了设备的互操作性。因此，同步串行通信的方式逐渐被抛弃。

异步串行通信中数据的传输以字符或字节为单位组成字符帧进行传输。字符帧逐帧由发送端通过线缆传输到接收端，发送端和接收端的时钟源是独立的，它们的时钟信号不同步。在实际传输过程中，当没有开始数据传输或数据传输完成后，传输线将一直保持高电平逻辑 1 状态。当发送端要发送数据时，它将传输线拉低为低电平逻辑 0，表示数据传输开始。接收端检测到传输线发送的低电平逻辑 0 后，就知道发送端开始发送数据了。当接收端在收到字符帧中的停止位时，判定当前字符帧已发送完毕。

在异步通信中，字符帧格式和波特率是两个关键指标。异步通信的字符帧格式如图 7-9 所示。

图 7-9　异步通信字符帧格式

异步格式的字符帧主要由起始位（1 位）、数据位（8 位）以及停止位（1 位）组成，并可设置一位奇偶校验位。数据位紧跟在起始位之后，按照低位到高位的顺序发送。停止位位于字符帧的末尾，用于表示字符帧的结束。停止位的长度可以选择使用 1 位、1.5 位或 2 位。相邻的字符帧格式之间可以有空闲位，也可以没有，具体根据实际需要进行设置。

通常情况下，异步通信方式可以等同于 RS-232 通信方式，RS-232 是一种常用的串行通信接口标准，常用于计算机和外部设备之间的通信。此外，RS-485 和 RS-422 也采用类似的通信，它们在通信接口的电气特性、信号级别以及数据传输的格式和规范方面可能有所不同。

7.3.2　RS-232 总线

RS-232C 是由美国电子工业协会和贝尔公司共同开发和制定的串行通信总线标准，起初用于连接数据终端与通信设备终端的远程通信，现在广泛应用于计算机与终端或外设之间的通信。该标准适用于数据传输速率在 0~2Mbit/s 范围内的通信，并具有最大通信距离为 15m。

EIA-RS-232C 是 RS-232 的国际标准版本，其中 RS 代表 Recommended Standard（推荐标准），232 是标识代码，C 表示标准的版本号。RS-232C 标准规定了总线的电气特性、逻辑电平以及相应信号线的功能。RS-232 串行总线采用一对物理连接器，但对于连接器的物理特性并没有明确的要求。在实际应用中，出现了各种类型的接口，如 DB-9（9 针 D 型子母头连接器）、DB-25（25 针 D 型子母头连接器）和 DB-15（15 针 D 型子母头连接器），DB-9 接口是最常见和广泛使用的连接器类型。

RS-232C 标准定义了数据终端设备和数据通信设备之间的接口信号。在串行通信中，接收和发送是从数据终端设备的角度定义的。在 RS-232C 的 DB-9 接口引脚中，进行异步串行通信时，需要两个数据信号引脚（RXD、TXD）、六个控制信号和一个信号地线；在某些情况下，例如无应答控制的信息交互场景中，只需要使用两个数据信号引脚（RXD、TXD）和一个信号地线。用于异步串行通信的 RS-232C 接口信号，如图 7-10 所示。

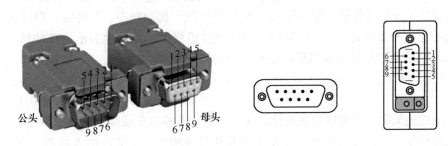

图 7-10　RS-232C 接口

RS-232C 标准对信号的逻辑电平、最高数据传输速率和信号功能进行了以下规定：RS-232C 采用了 -15~-3V 和 3~15V 的信号电压范围，而不使用 TTL 信号电压范围（0~5V），这种设计目的是提高抗干扰能力并增加传输距离。对于数据信号，逻辑 1 被定义为低于 -3V 的电平，逻辑 0 被定义为高于 3V 的电平。在传输线路的发送端（TXD）和接收端（RXD）上，传送信号使用 -15~-3V 的电压表示，空闲信号使用 3~15V 的电压表示，传送信号和空闲信号使用相反的电压表示。这样的设计通过使用 6V 的电压变化极大地提高了数据传输的可靠性。对于其他控制信号，接通状态即信号有效的电平大于 3V，断开状态即信号无效的电平低于 -3V。当传输电平的绝对值大于 3V 时，接口电路可以有效地检测信号信息。当电压值介于 -3~3V 之间时，电路可以有效地检测出无效信号。处于 -3~3V 之间的电平信号是无意义的，低于 -15V 或高于 15V 的电压信号也没有实际意义。因此，在实际应用中，应确保信号电压在 3~15V 之间。

此外，传输线的长度与传输电容相关。根据 EIA 标准，被驱动电路（终端）的电容以及电缆连接电容必须小于 2500pF。对于多芯电缆，每英尺（0.305m）电容为 40~50pF，满足电容特性的电缆最长可达 15m。RS-232C 串行通信总线所允许的信号传输速率通常限制在 19.2kbit/s。其他参数包括开路电压不能大于 25V，终端一侧的旁路电容 C 不应超过 2500pF，驱动电路必须能够承受电缆中任何导线的短路，而不会导致有关设备的损坏。

尽管 RS-232C 串行总线标准早已问世，但目前仍存在一些问题。首先，接口信号的电平值较高，可能会损坏接口电路芯片，并且与 TTL 信号不兼容。因此，在使用 TTL 信号时需要增加电平转换电路。其次，在异步传输中，传输速率较低，波特率不超过 19.2kbit/s。此外，该接口采用了共地的传输形式，即一根信号线和一根信号返回线，容易受到共模干扰的影响。传输距离也有限，理论上最大距离为 50m，但实际上只能达到 15m 左右。最后，RS-232C 仅支持一对一通信，应用范围有限。

7.3.3 RS-422 总线

RS-422 是在 RS-232 基础上发展而来的串行总线标准，主要增加了通信距离并提升了数据传输的速度。相比于 RS-232，RS-422 采用了平衡通信接口，最大数据传输速率可达到 10Mbit/s，传输距离延长到了 1km 以上。每条 RS-422 平衡总线可以连接多达 10 个接收器，并且最大支持扩展到 32 个接收器。因此，RS-422 可以实现单机发送和多机接收的单向平衡传输规范。

RS-422 标准中的信号采用了差分传输方式，也称为平衡传输。它使用双绞线，其中一根线定义为 A，另一根线定义为 B。每对 A 和 B 线之间的电压差表示信号的状态，这样设计的目的是通过差分信号传输，RS-422 可以更好地抵抗干扰和噪声。当传输线路受到干扰时，A 和 B 线的电压都会受到影响，但它们之间的差值仍然能够准确地表示传输的信号。因此，RS-422 能够在长距离传输中提供更稳定和可靠的信号传输。

在 RS-422 标准中，发送端驱动器的 A 和 B 线之间的正电平一般在 2~6V 之间，被定义为逻辑 1；负电平一般在 -2~-6V 之间，被定义为逻辑 0。此外，还有信号地引脚 C，一般采用经过处理的低阻通路将信号地连接起来，以增加共模抗干扰能力。接收器也有相应的规定，与发送端相对应。通过双绞线将 A-A 与 B-B 对应相连，当接收端 A 线与 B 线之间的电平差大于 200mV 时，输出逻辑电平 1；当电平差小于 200mV 时，输出逻辑电平 0。接收器接收平衡线的电平范围一般为 200mV~6V 之间。一般将 B 大于 A 的状态定为逻辑 1，A 线大于 B 线的状态定义为逻辑 0，而 A 和 B 之间的电压差小于 200mV。

RS-422 属于典型的四线接口，另外还有一根信号接地线，接地线的接口可能会有不同的标准，例如 DB-37、DB-25、DB-9、RJ-45 和 RJ-11 等。

在 RS-422 中，需要接入一个终端电阻，其阻值应与传输电缆的特性阻抗相匹配。在短距离传输（通常为 300m 以下）时，不需要使用终端电阻。目前，RS-422 的最大传输距离约为 1200m，最大传输速率可达到 10Mbit/s。然而，传输速率与线缆长度成反比关系，只有当传输速率在 100kbit/s 以下时，才能实现最远距离的传输。因此，在长距离传输时，需要降低传输速率以保证信号的可靠性。

7.3.4 RS-485 总线

RS-485 是一种基于 RS-422 标准扩展而来的新型通信标准，旨在解决 RS-232 串行总线在短距离通信和低速率方面的限制。通常在通信距离达到上千米时，广泛采用 RS-485 收发器。RS-485 标准支持的最高数据传输速率为 10Mbit/s。然而，由于 RS-485 串行总线需要与终端接口进行通信（如 PC 端的 RS-232 接口通信），实际的数据传输速率通常限制在 115.2kbit/s。此外，随着传输线长度的增加，传输速率也会下降。

RS-485 接口采用平衡发送和差分接收的组合方式。发送端驱动器将 TTL 信号转换成差分信号输出，而接收器将差分信号转换成 TTL 信号，这种设计具有抑制共模干扰的能力，并且接收器具有高灵敏度，可以检测到最低达到 200mV 的电压。

此外，RS-485 的一个重要改进是增加了多点和双向通信能力。RS-485 串行总线可以连接 128 个收发器，实现多机通信。RS-485 有两种接线方式：两线制和四线制。四线制采用全双工方式，而两线制采用半双工方式。四线制可实现点对点通信，而二进制可实现多点双向通信。目前，大多数情况下采用 RS-485 构建半双工网络，采用屏蔽双绞线传输的两线制接线方式。RS-485 串行线的接口可以选择接线端子或者 DB-9 等接头。

RS-485 的电气规范大部分与 RS-422 相似。数据信号采用差分传输方式，采用屏蔽双绞线，将两根信号线分别定义为 A 和 B。A 和 B 之间如果为正电平时，电压一般在 2~6V 之间，表示逻辑 1；当为负电平时一般在 -2~-6V 之间，表示逻辑 0。在实际使用中，还有一个参考信号地（GND），通常采用经过处理的低阻通路将信号地连接在一起，以增加其共模抗干扰能力。对于接收端的电气规范，在接收端电平大于 200mV 时输出逻辑 1，电平小于 -200mV 时输出逻辑 0。

相比于 RS-422，RS-485 需要在总线的两端各接入一个终端电阻，并且阻值要求终端电阻的阻值等于传输电缆的特性阻抗。一般情况下，RS-485 采用阻值为 120Ω 的终端电阻，因为大多数双绞线电缆的匹配阻抗为 100~120Ω。另外，RS-485 的共模输出电压范围在 -7~12V，RS-485 接收器的最小输入阻抗为 12kΩ，其驱动器可以在 RS-422 接口中使用。

RS-485 接口电气特性见表 7-2。

表 7-2　RS-485 接口电气特性

引脚编号	连接器	信号	集成 RS485 端口
1		屏蔽	机壳接地
2		24V 回流	公共输入端
3		RS-485 信号 B	RS-485 信号 B
4		请求发送	RTS（TTL）
5		5V 回流	公共输入端
6		+5V	+5V 输出，100Ω 串联电阻
7		+24V	+24V 输出
8		RS-485 信号 A	RS-485 信号 A
9		RI 振铃	RI 振铃
连接器外壳		屏蔽	机壳接地

使用 RS-485 标准接口可以方便地构建总线型、树形等拓扑结构的内部通信局域网络。在工业控制设备之间的长距离通信方案中，应用 RS-485 串行通信组网时应考虑接地和终端阻抗匹配的问题。

7.3.5 USB 串行通信技术

通用串行总线 USB（Universal Serial Bus）是当前日常生活中最常见的串行通信总线技术。每台计算机终端都配备了 USB，它是主机和外设之间主要的通信接口。英特尔、Compaq、Digital、IBM、Microsoft、NEC 和 Northern Telecom 等科技公司成立了 USB 论坛，并于 1995 年 11 月正式制定了 USB 0.9 通用串行总线规范。1996 年 2 月发布了 USB 1.0 版本，USB 1.0 规范支持低速（1.5Mbit/s）和全速（12Mbit/s）两种传输速率。随着技术的发展和需求的增长，USB 不断演进，USB 2.0 规范于 2000 年 4 月发布，提供了更高的传输速率，最高可达 480Mbit/s。USB 2.0 的推出使得大容量文件的传输更加快速和高效。

为了进一步提高传输速率和功能，英特尔、Microsoft、惠普、德州仪器、NEC 以及 ST-NXP 等业界知名公司于 2008 年组成了 USB 3.0 Promoter Group，并通过公布 USB 3.0 标准，将数据传输速率提高了 10 倍。USB 3.0 主要针对个人计算机外设设备和消费电子产品进行优化。

早期 USB 主要通过电缆总线实现主机和各种即插即用的外设之间的数据通信。与传统的串行通信的外围接口相比，USB 接口具有方便易用、传输速度快、易于扩展、独立供电、使用灵活、支持多个外设同时工作等优点。除了作为标准外设接口广泛应用于计算机外设的扩展，USB 还成为大部分新型应用的通信接口标准，包括数据采集、测试测量和工业控制等。

USB 的主要接口种类见表 7-3。

表 7-3 USB 的主要接口种类

USB CNTR		USB 2.0	USB 3.1 Gen1	USB 3.1 Gen2
Type-A	Standard-A			
Type-A	Mini-A		—	—
Type-A	Micro-A		—	—
Type-B	Standard-B			
Type-B	Mini-B			
Type-B	Micro-B			
Type-C				

USB 总线包括 Vbus（电源线）、D+（数据线）、D-（数据线）和 GND（接地线）四根线组成。如图 7-11 所示。Vbus 提供电力供应给连接的 USB 设备，通常为+5V 电压。D+和 D-为一对双绞线，负责传输 USB 设备之间的数据信号。GND 为接地线，提供电路的参考地，确保数据传输的可靠性和稳定性。USB 线缆的最大长度限制为 5m，超过这个长度，信号会受到衰减和

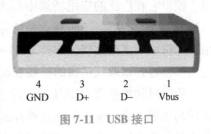

4	3	2	1
GND	D+	D-	Vbus

图 7-11　USB 接口

失真，可能导致数据传输错误或性能下降。为了支持更长的距离，可以使用信号放大器、USB 延长器或通过中继器来增强信号。USB 接口的插头设计较为简单，只有 4 芯。上游插头是 4 芯长方形插头，下游插头是 4 芯方形插头，二者容易混淆，在插拔时要确保正确连接。USB 的接口分为 A 型和 B 型两种，USB Type-A 接口通常用于主机端，例如计算机的 USB 端口，而 USB Type-B 接口通常用于设备端，例如打印机、扫描仪等外部设备。通过 A 型和 B 型接口的匹配，实现了设备与主机之间的连接。此外，还存在一些小型接口，如 Mini-A、Mini-B 和 Micro-USB 等，主要用于一些移动设备和小型外设。

7.4　工业现场总线

7.4.1　现场总线概述

现场总线（Fieldbus）是 20 世纪 80 年代中后期兴起的一门新兴技术，随着计算机、通信、控制和模块化集成等技术的发展而迅速崛起。这一概念最早由欧洲学者提出，并在随后的几十年中得到了北美和南美等地大量的研究工作支持。现场总线一直以来都是自动化领域技术发展的热点之一，被誉为自动化领域的计算机局域网。

现场总线最初是指现场设备之间共用的信号传输线，后来又被定义为一种应用于生产现场的技术，实现了现场设备之间和现场设备与控制装置之间双向、串行、多节点数字通信。

现场总线以测量控制设备作为网络节点，使用双绞线等传输介质作为纽带，把位于生产现场且具备了数字计算和数字通信能力的测量控制设备连接成网络系统。它采用公开和规范的通信协议，实现了多个测量控制设备之间以及现场设备与远程监控计算机之间的数据传输与信息交换，形成适应各种应用需求的自动控制系统。

类比于计算机网络给单台计算机带来的变革，现场总线给自动化领域带来了深远的变化。它使得自控设备能够连接为控制网络，并与计算机网络进行通信连接，使控制网络成为信息网络的重要组成部分。

7.4.2　CAN 总线和 CAN FD 总线

控制器局域网（Controller Area Network，CAN）是一种串行通信协议，被广泛应用于分布式实时控制系统中。它最初由德国的 BOSCH 公司在 20 世纪 80 年代初提出，旨在解决汽车内部复杂的硬接线问题，实现汽车内部测量与执行部件之间的数据通信。

CAN 总线具有许多独特的设计特点，例如低成本、高可靠性、强实时性和强抗干扰能

力，使得它在广泛的应用场景中都表现出色。在汽车电子行业中，CAN可以用于连接发动机控制单元、传感器、防制动系统等各种设备。它的传输速度可达1Mbit/s，适用于高速网络和低价位的多路接线。此外，CAN还可以安装在汽车本体的电子控制系统中，如车灯组、电气车窗等，以取代传统的接线和配线装置。

随着时间的推移，CAN总线的应用范围已经超越了汽车工业的限制，并广泛应用于离散控制领域。它逐步扩展到过程控制、纺织机械、农用机械、机器人、数控机床、医疗器械和传感器等领域。许多知名公司如Motorola、Intel、Philips、Siemens、NEC等也积极支持和推广CAN技术。

1. CAN的基本概念

➢ 报文：报文是CAN通信的基本单位，包含了数据和标识符。报文可以是数据传输请求、数据传输回应或错误信息。在CAN总线上，当总线空闲时，任何连接到总线的节点都可以开始发送一个新的报文。

➢ 信息路由：信息路由指定了CAN网络中报文的传输路径。每个CAN节点根据报文的标识符来决定是否接收该报文。

➢ 位速率：位速率是CAN总线上数据传输的速率，以每秒传输的位数来表示。常见的位速率有1Mbit/s、500kbit/s、250kbit/s和125kbit/s等。在CAN中，位速率在不同系统中可以是不同的。而在给定的CAN系统中，此速率是唯一且固定的。

➢ 优先权：CAN协议使用基于标识符的优先级来管理报文的发送顺序。较低标识符的报文具有较高的优先级。在CAN总线的访问过程中，报文的标识符定义了报文的静态优先级。

➢ 远程数据请求：远程帧（Remote Frame）是一种特殊类型的CAN报文，用于请求远程节点发送数据。远程帧中的标识符ID指示了所请求的数据的类型或位置。数据帧（Data Frame）是包含实际数据的CAN报文。它与远程帧具有相同的标识符ID来关联请求和响应的数据。当一个节点接收到远程帧时，它会根据标识符ID确定需要响应的数据，并生成一个相应的数据帧来回复请求的节点。

➢ 多主站：CAN允许多个节点同时拥有主节点的能力，这些节点可以独立发送报文和控制总线。当总线开放时即没有节点正在发送报文时，任何一个节点均可开始发送报文，具有最高优先权报文的单元将获得总线访问权。

➢ 仲裁：当多个节点同时发送报文时，CAN协议使用非破坏性仲裁算法来决定哪个节点可以在总线上继续发送数据。当总线开放时，任何单元均可开始发送报文。多个单元同时开始发送报文时，使用逐位仲裁规则来解决总线冲突，节点依靠标识符ID进行比较，具有较低标识符ID的报文将具有较高的优先级，在总线冲突时优先被发送。该仲裁规则可以确保信息和时间均无损失，确保了CAN的可靠性和可预测性。如果同时发送一个具有相同标识符的数据帧和远程帧，数据帧将优先于远程帧发送。仲裁期间，每一个发送节点都将发送的位电平与总线上检测到的电平进行比较。若相同，则该节点可以继续发送报文；若发送一个"隐性"电平（逻辑高电平），而在总线上检测为"显性"电平（逻辑低电平），则该节点退出仲裁，并停止后续位的传输。

➢ 故障界定：故障界定（Error Confinement）是 CAN 协议中的一个重要机制，旨在自动检测和隔离出现错误的节点，以确保 CAN 的稳定性和可靠性。CAN 节点具备故障界定的能力，可以识别永久性故障和短暂扰动，并自动采取措施来处理这些错误。当节点检测到错误时，它会发送一个错误帧（Error Frame）来通知其他节点发生了错误。

➢ 连接：指两个或多个 CAN 节点之间建立的物理或逻辑连接，用于数据的传输和通信。CAN 总线是一条串行通信链路，可以连接多个节点。理论上，CAN 总线可以连接无限数量的节点，但在实际应用中，连接的节点数量受到一些限制。这些限制包括延迟时间和总线的电气负载能力。

➢ 单通道：CAN 总线通常是单通道的，意味着在同一时间只能进行一次数据传输。单通道借助数据重同步来实现信息传输，具体而言，发送节点将数据转换为位表示并在总线上发送，而接收节点则接收并解码这些位。在 CAN 技术规范中，并未规定实现单通道的具体方法，可以使用不同的物理媒介来实现单通道的 CAN 总线，例如单线（加接地线）、两条差分连线、光纤等。

➢ 总线数值表示：CAN 总线使用差分信号线来传输数据，具有抗干扰能力，并使用非归零编码来表示位的值。CAN 总线上有两种互补的逻辑数值：显性电平和隐性电平。在显性位与隐性位同时发送时，总线上的数值将是显性位。例如，在总线的"线与"操作情况下，显性位由逻辑"0"表示，隐性位由逻辑"1"表示。在 CAN 技术规范中，并没有指定具体的物理状态来表示这种逻辑电平，例如电压、光、电磁波等。

➢ 应答：在 CAN 通信中，接收节点在成功接收到报文后会发送应答信号，以确认发送节点的报文已被接收。相容性检查是为了验证接收到的报文是否满足节点的过滤条件和接收规则，所有接收节点都会对接收的报文进行相容性检查，并对相容报文进行应答，同时标记不相容报文。

2. CAN 的特点

1991 年 CAN 总线技术规范（Version2.0）制定并分布。该技术规范共包括 A 和 B 两个部分。其中 2.0A 给出了 CAN 报文标准格式，而 2.0B 给出了标准的和扩展的两种格式。

1993 年 11 月，ISO 正式颁布了道路交通运输工具、数据信息交换、高速通信控制器局域网国际标准 ISO 11898 CAN 高速应用标准和 ISO 11519 CAN 低速应用标准，这标志着控制器局域网（CAN）的标准化和规范化取得了重要的进展。CAN 具有以下特点：

1）CAN 采用多主方式工作，任一节点均可以在任意时刻主动向网络上其他节点发送信息，而无需区分主从节点。这种灵活的通信方式无需站地址等节点信息。

2）CAN 上的节点信息可分成不同的优先级，以满足不同的实时性要求。高优先级的数据可在很短的时间内传输，满足快速通信的需求。

3）CAN 采用非破坏性总线仲裁技术，当多个节点同时向总线发送信息时，优先级较低的节点会主动退出发送，而优先级较高的节点可不受影响地继续传输数据，节省了总线冲突仲裁时间。

4）CAN 通过报文滤波即可实现点对点、一点对多点及全局广播等几种方式传输/接收数据，无需专门的调度。

5）CAN 具有广泛的通信距离和速率选择，直接通信距离最远可达 10km（此时速率为 5kbit/s 以下），而通信速率最高可达 1Mbit/s（此时通信距离最长为 40m）。

6）CAN 的节点数量主要取决于总线驱动电路，目前可支持 110 个节点。同时，CAN 协议定义了 2032 种报文标识符（CAN 2.0A），而扩展标准（CAN 2.0B）的报文标识符几乎不受限制。

7）CAN 采用短帧结构，传输时间短，受干扰概率低。并且，CAN 的每帧信息都采取 CRC 及其他检错措施，确保数据的高可靠性和极低的出错率。

8）CAN 的通信介质可为双绞线、同轴电缆或光纤，选择灵活。

9）CAN 节点在错误严重的情况下会自动关闭输出功能，以保护线上其他节点的操作不受影响，这种保护机制确保了整个网络的稳定性和可靠性。

3. CAN 的技术规范

制定 CAN 技术规范的目的是确保任意两个 CAN 设备之间的兼容性。为了实现设计透明度和柔韧性，CAN 被划分为不同的层次：对象层、传输层和物理层。

对象层和传输层包括 ISO/OSI 模型中定义的数据链路层的所有服务和功能。对象层的作用包括：查找被发送的报文、确定实际要使用的传输层接收哪一个报文、为应用层相关硬件提供接口。传输层的作用主要是传输规则，也就是控制帧结构、执行仲裁、错误检测、出错标定和故障界定。传输层确定了在总线上何时开始发送新的报文以及何时开始接收报文。此外，位定时的一些普通功能也可以看作是传输层的一部分。对传输层的修改是受到一定限制的。物理层的作用是在不同节点之间根据所有的电气属性进行位的实际传输。在同一网络中，所有节点必须使用相同的物理层特性。

（1）CAN 的分层结构

按照 OSI 标准模型，CAN 结构划分为数据链路层和物理层两层。数据链路层包括逻辑链路控制（LCC）子层和介质访问控制（MAC）子层。而在 CAN 技术规范 2.0A 的版本中，数据链路层的 LCC 和 MAC 子层的服务和功能被描述为目标层和传输层。

物理层的功能是涉及全部电气特性在不同节点间的实际传输。在同一 CAN 中，所有的节点必须采用相同的物理层特性。然而，物理层的选择也具有一定的灵活性，即可以根据具体需求和网络环境的特点选择适合的物理层。

（2）CAN 的报文传输和帧结构

在 CAN 中，数据传输涉及报文的发送和接收。发出报文的单元称为该报文的发送器，它在总线空闲或丢失仲裁之前一直是发送器。如果一个单元不是报文发送器，并且总线不处于空闲状态，则该单元为接收器。

报文的实际有效时刻对于发送器和接收器是不同的。对于发送器而言，如果直到帧结束的最后一位之前没有发生错误，则发送器报文有效。如果报文受损，则允许按照优先权顺序自动进行重发送。为了能同其他报文进行总线访问竞争，一旦总线空闲，重发送立即开始。对于接收器而言，如果直到帧结束的最后一位之前没有发生错误，接收器才会认为报文是有效的。

构成一帧的帧起始、仲裁场、控制场、数据场和 CRC 序列均借助位填充规则进行编码。当发送器在发送的位流中检测到连续 5 位的相同数值时，会自动地在实际发送的位流中插入一个补码位。数据帧和远程帧的其余位场采用固定格式，不进行填充，出错帧和超载帧同样采用固定格式，也不进行位填充。

报文传输由 4 种不用类型的帧进行表示和控制：数据帧携带数据，由发送器发送至接收器；远程帧通过总线单元发送，用于请求发送具有相同标识符的数据帧；出错帧由检测出总线错误的任何单元发送；超载帧用于提供当前的和后续的数据帧的附加延迟。数据帧和远程帧借助帧间空间与当前帧分开。

1）数据帧：数据帧由 7 个不同的位场组成，即帧起始（SOF）、仲裁场、控制场、数据场、CRC 场、应答（ACK）场和帧结束。数据场的长度可为 0。

在 CAN 2.0B 中，存在两种不同的帧格式，主要区别在于标识符的长度，包括 11 位标识符的帧称为标准帧，包括 29 位标识符的帧称为扩展帧。

为了简化控制器的设计，报文并不要求执行完全的扩展格式（例如，以扩展格式发送报文或由报文接收数据），但必须不加限制地执行标准格式。例如，符合 CAN 技术规范兼容的新型控制器至少具备以下特性：每个控制器均支持标准格式；每个控制器均接收扩展格式报文，即不至于因为它们的格式而破坏扩展帧。

CAN 2.0B 对报文滤波特别加以描述，报文滤波以整个标识符为基准。屏蔽寄存器可用于选择一组标识符，以便映射至接收缓存器中，屏蔽寄存器的每一位值都需是可编程的。它的长度可以是整个标识符，也可以仅是其中一部分。

① 帧起始：帧起始是用来标识数据帧和远程帧起始的标志。它仅由一个显性位构成。只有在总线处于空闲状态时，才允许站开始发送。所有站都必须与首先开始发送的那个站的帧起始前沿同步。

② 仲裁场：仲裁场由标识符和远程发送请求（RTR）组成，如图 7-12 所示。

图 7-12　仲裁场的组成

对于 CAN 2.0B 标准，标识符的长度为 11 位，并按从高位到低位的顺序发送，其中最低位为 ID.0，最高的 7 位（ID.10~ID.4）不能全为隐性位。

远程发送请求位在数据帧中必须是显性位，而在远程帧中必须为隐性位。

在 CAN 2.0B 中，标准格式和扩展格式的仲裁场格式不同。在标准格式中，仲裁场由 11 位标识符和远程发送请求位组成，标识符位为 ID.28~ID.18；而在扩展格式中，仲裁场由 29 位标识符和替代远程（SSR）位、标识位和远程发送请求位组成，标识符位为 ID.28~ID.0。

③ 控制场：控制场由 6 位组成，如图 7-13 所示。控制场包括数据长度码（DLC）和两个保留位，这两个保留位必须发送显性位，但接收器认可显性位与隐性位的全部组合。

图 7-13　控制场的组成

数据长度码指出数据场的字节数目。数据长度码为 4 位，在控制场中被发送。数据字节允许使用的字节数目必须为 0~8 字节，不能使用其他数值。

④ 数据场：数据场由数据帧中被发送的数据组成，它可包括 0~8 字节，每个字节 8 位。首先发送的是最高有效位。

⑤ CRC 场：CRC 场包括 CRC 序列和 CRC 界定符，如图 7-14 所示。

图 7-14　CRC 场的组成

CRC 序列由循环冗余码求得的帧检查序列组成，适用于位数小于 127 的帧（BCH 码）。发送/接收数据场的最后一位后是 CRC 序列，CRC 序列后面是 CRC 界定符，它只包括一个隐性位。

⑥ 应答场：应答场为两位，包括应答间隙和应答界定符。如图 7-15 所示。

图 7-15　应答场的组成

在应答场中，发送器送出两个隐性位。接收器正确收到有效报文后，在应答间隙中通过发送一个显性位向发送器发送确认信息。所有接收到匹配 CRC 序列的站都会在应答间隙内将显性位写入发送器的隐性位，以进行报告。

应答界定符是应答场的第二位，必须是隐性位。因此，应答间隙被两个隐性位（CRC 界定符和应答界定符）包围。

⑦ 帧结束：每个数据帧和远程帧均由 7 个隐性位组成的标志序列界定。

2）远程帧：激活为数据接收器的站可以借助于传输一个远程帧来初始化各自源节点数据的发送。远程帧由 6 个不同分位场组成：帧起始、仲裁场、控制场、CRC 场、应答场和帧结束。

与数据帧相反，远程帧的远程发送请求位是隐性位，不存在数据场。数据长度码的数据值在远程帧中是没有意义的，可以是 0~8 中的任何数值。远程帧的组成如图 7-16 所示。

图 7-16　远程帧的组成

3）出错帧：出错帧由两个不同的场组成，第一个场由来自各帧的错误标志叠加得到，第二个场是错误界定符。出错帧的组成如图 7-17 所示。

图 7-17　出错帧的组成

为了正确地终止出错帧，当存在"错误节点"时，总线必须在空闲状态至少保持 3 个位时间（如果"错误认可"，则接收器存在本地错误），因而总线不允许被加载至100%。

错误标志有两种形式：活动错误标志（Active Error Flag）和错误认可标志（Passive Error Flag）。活动错误标志由 6 个连续的显性位组成；而错误认可标志由 6 个连续的隐性位组成，除非被来自其他节点的显性位冲掉重写。

4）超载帧：超载帧包括两个位场：超载标志和超载界定符。如图 7-18 所示。

图 7-18 超载帧的组成

存在两种导致发送超载标志的超载条件：一种是接收器内部的条件，要求延迟下一个数据帧或远程帧；另一种是在间歇场检测到显性位时发生。由前一种超载条件引起的超载帧只能在期望的间歇场的第一位时间开始，而由后一种超载条件引起的超载帧则在检测到显性位的后一位开始。在大多数情况下，为了延迟下一个数据帧或远程帧，这两种超载帧都可能会产生。

超载标志由 6 个显性位组成，全部形式对应于活动错误标志形式。超载界定符由 8 个隐性位组成，超载界定符与错误界定符具有相同的形式。发送超载标志后，站监视总线直到检测到由显性位到隐性位的发送。在此站点上，总线上的每一个站均发送出自己的超载标志，并且一致地开始发送剩余的 7 个隐性位。

5）帧间空间：数据帧和远程帧同前面的帧相同，不管是何种帧，均以称之为帧间空间的位场分开。与之相反，在超载帧和出错帧之前没有帧间空间，并且多个超载帧之间也不被帧间空间分隔。

图 7-19 "非错误认可"帧间空间

帧间空间包括间歇场和总线空闲场，对于前面已经发送报文的错误认可站还包含暂停发送场。对于非错误认可或已经完成前面报文的接收器，其帧间空间如图 7-19 所示；对于已经完成前面报文发送的错误认可站，其帧间空间如图 7-20 所示。

图 7-20 "错误认可"帧间空间

间歇场由 3 个隐性位组成。间歇期间，不允许启动发送数据帧或远程帧，它仅用于标注超载条件。

总线空闲周期可以是任意长度。此时，总线是开放的，因此任何需要发送的站均可访问总线。在其他报文发送期间，暂时被挂起的待发报文紧随间歇场从第一位开始发送。此时总线上的显性位被理解为帧起始。

暂停发送场是指错误认可站发完一个报文后，在开始下一次报文发送或认可总线空闲之前，紧随间歇场后送出 8 个隐性位。如果在此期间开始一次发送（由其他站引起），本站将变为报文接收器。

4. CAN FD 通信协议

在汽车智能化的过程中，CAN FD 协议因其卓越的性能受到了广泛关注。CAN FD 是 CAN 总线的升级设计，旨在提高 CAN 总线的网络通信带宽并改善错误帧漏检率，同时保持网络系统大部分软硬件特别是物理层的兼容性。CAN FD 协议充分利用 CAN 总线的保留位进行帧格式的判断和区分。在现有的车载网络中应用 CAN FD 协议时，需要加入 CAN FD 控制器，但 CAN FD 也可以与原始的 CAN 通信网络兼容。CAN FD 总线和 CAN 总线的区别主要在以下两个方面。

（1）可变速率

CAN FD 采用了两种位速率：从控制场中的位速率转换（BRS）位到应答场之前（含 CRC 界定符）为可变速率，其余部分为原 CAN 总线使用的速率。仲裁段和数据控制段使用标准的通信比特率，而数据传输段会切换到更高的通信比特率。两种速率各有一套位时间定义寄存器，它们除了采用不同的位时间单位外，位时间各段的分配比例也可以不同。

（2）CAN FD 数据帧

CAN FD 对数据场的长度作了很大扩充，DLC 最大支持 64B，在 DLC 小于或等于 8B 时，与原 CAN 总线相同；而当 DLC 大于 8B 时，有一个非线性的增长，因此最大的数据场长度可达 64B。

1）CAN FD 数据帧格式：CAN FD 数据帧在控制场新添加扩展数据长度 EDL（Extended Data Length）位、位速率转换 BRS（Bit Rate Switch）位、错误状态指示 ESI（Error State Indicator）位，采用了新的 DLC 编码方式和新的 CRC 算法（CRC 场扩展到 21 位）。

CAN FD 标准帧格式如图 7-21 所示，CAN FD 扩展帧格式如图 7-22 所示。

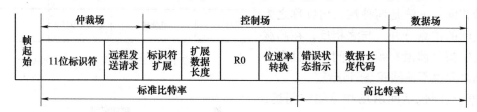

图 7-21　CAN FD 标准帧格式

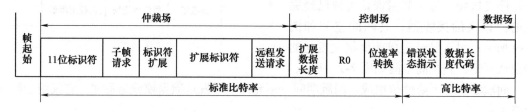

图 7-22　CAN FD 扩展帧格式

2）CAN FD 的数据帧中新添加位：CAN FD 中新添加位如图 7-23 所示。

EDL 位：原 CAN 数据帧中的保留位 r，该位功能为隐性，表示 CAN FD 报文，采用新的 DLC 编码和 CRC 算法；该功能位为显性，表示 CAN 报文。

BRS 位：该功能位为隐性，表示转换可变速率；该功能位为显性，表示不转换可变速率。

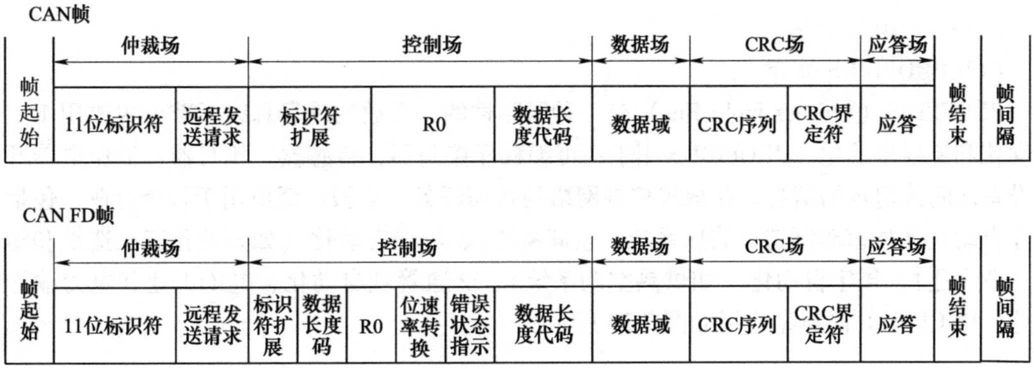

CAN帧

帧起始	仲裁场		控制场			数据场	CRC场		应答场	帧结束	帧间隔
	11位标识符	远程发送请求	标识符扩展	R0	数据长度代码	数据域	CRC序列	CRC界定符	应答		

CAN FD帧

帧起始	仲裁场		控制场						数据场	CRC场		应答场	帧结束	帧间隔
	11位标识符	远程发送请求	标识符扩展	数据长度码	R0	位速率转换	错误状态指示	数据长度代码	数据域	CRC序列	CRC界定符	应答		

图 7-23　CAN FD 数据帧中新添加位

ESI 位：该功能位为隐性，表示发送节点处于被动错误状态（Error Passive）；该功能位为显性，表示发送节点处于主动错误状态（Error Active）。

EDL 位可以表示 CAN 报文还是 CAN FD 报文。BRS 位表示位速率转换，该位为隐性时，表示报文 BRS 位到 CRC 界定符之间使用转换速率传输，其余场位使用标准位速率；当该位为显性时，报文以正常的 CAN FD 总线速率传输。通过 ESI 位可以方便地了解当前节点所处的状态。

3）CAN FD 数据帧中新的 CRC 算法：CAN 总线由于位填充规则对 CRC 的干扰，造成错误帧漏检率未达到设计意图。CAN FD 对 CRC 算法做了改变，即 CRC 以含填充位的位流进行计算。在校验和部分为避免再有连续位超过 6 个，就确定在第一位以及以后每 4 位添加一个填充位加以分割，这个填充位的值是上一位的反码，作为格式检查，如果填充位不是上一位的反码，就作出错处理。CAN FD 的 CRC 场扩展到了 21 位。由于数据场长度有很大变化区间，所以要根据 DLC 大小应用不同的 CRC 生成多项式。CRC-17 适合于帧长小于 210 位的帧，CRC-21 适合于帧长小于 1023 位的帧。

4）CAN FD 数据帧新的 DLC 编码：CAN FD 数据帧采用了新的 DLC 编码方式，在数据场长度为 0~8B 时，采用线性规则，数据场长度为 12~64B 时，使用非线性编码。

CAN FD 白皮书在论及与原 CAN 总线的兼容性时指出：CAN 总线系统可以逐步过渡到 CAN FD 系统，网络中所有节点要进行 CAN FD 通信都得有 CAN FD 协议控制器，但是 CAN FD 协议控制器也能参加标准 CAN 总线的通信。

5）CAN FD 位时间转换：CAN FD 有两套位时间配置寄存器，应用于仲裁段的第一套的位时间较长，而应用于数据段的第二套位时间较短。首先对 BRS 位进行采样，如果显示隐性位，即在 BRS 采样点转换成较短的位时间机制，并在 CRC 界定符位的采样点转换回第一套位时间机制。为保证其他节点同步 CAN FD，选择在采样点进行位时间转换。

7.4.3 PROFIBUS 现场总线

1. PROFIBUS 概述

（1）PROFIBUS 简介

PROFIBUS（Process Field Bus）是一种国际性的、开放的现场总线标准，主要用于工厂自动化和流程自动化。PROFIBUS 用于在可编程序控制器、传感器、执行器、低压电器开关等设备之间传递数据信息，并承担控制网络的各项任务。它被广泛应用于各个行业，包括制造业自动化（如汽车制造、装瓶系统、仓储系统）、过程自动化（如石油化工、造纸和纺织品工业企业）、楼宇自动化（如供热空调系统）、交通管理自动化、电子工业和电力输送等行业。PROFIBUS 的典型应用如图 7-24 所示。

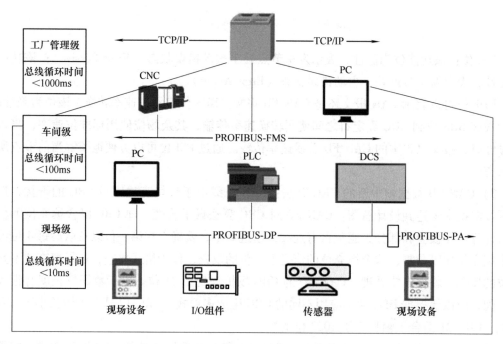

图 7-24 PROFIBUS 的典型应用

PROFIBUS 的开发始于 1987 年，由德国 SIEMENS 公司等 13 家企业和 5 家研究机构共同合作开发。在 1991 年，PROFIBUS 成为德国的工业标准，即 DIN 19245。随后，在 1996 年，PROFIBUS 成为欧洲标准，即 EN 50170 V.2，这个阶段的标准化工作作为 PROFIBUS 的推广和应用奠定了基础。1999 年，PROFIBUS 成为国际标准 IEC 61158 的组成部分。2001 年，PROFIBUS 也成为我国的机械行业标准 JB/T 10308.3—2001，该标准现已废止，被 GB/T 20540.1—2006 替代。

PROFIBUS 适用于高速数据传输，传输速度可在 9.6kbit/s~12Mbit/s 之间选择。设备投入运行后，同一条网段上的所有设备必须选择相同的传输速度，传输速度还将决定信号传输的最大距离。在电磁干扰很大的环境下，可以使用光纤作为信号传输的载体，以减轻电磁干扰的影响，增加高速传输的最大距离。

（2）PROFIBUS 的组成

为了满足工厂网络中不同应用场景下的多种应用需求，PROFIBUS 系统主要包含有 PROFIBUS-DP、PROFIBUS-FMS 和 PROFIBUS-PA 三个子集，这些子集具有以下特点：

1）PROFIBUS-DP 是专门为自动控制系统与设备级分散 I/O 之间的通信而设计的，用于实现分布式控制系统设备之间的高速数据传输。它基于 DIN 19245 的第一部分，根据通信需求进行了功能扩展。PROFIBUS-DP 的传输速率可达 12Mbit/s，通常构建单主站或多主站系统，主站和从站之间采用循环数据传输方式工作。目前，PROFIBUS-DP 应用占据整个 PROFIBUS 应用的 80%，展现了 PROFIBUS 的技术核心和特点。

PROFIBUS-DP 本身有三个历史发展形成的版本：DP V0、DP V1 和 DP V2。DP V0 规定了周期性数据交换所需的基本通信功能，并提供了对 PROFIBUS 数据链路层 DDL 的基本技术描述，还包括站点诊断、模块诊断和特定通道的诊断功能。DP V1 增加了针对过程自动化需求的功能，例如非周期性数据通信，用于参数赋值、操作、智能现场设备的可视化和报警处理等，以及更复杂类型的数据传输。DP V2 增加了面向驱动技术需求的其他功能，例如用于实现运动控制中时钟同步数据传输、从站对从站的通信等的同步从站模式。

2）为了解决过程自动化控制中大量的要求本质安全通信传输的问题，PROFIBUS 国际组织在 DP 之后推出了 PROFIBUS-PA。PROFIBUS-PA 采用了与 PROFIBUS-DP 和 PROFIBUS-FMS 完全不同的物理层标准，根据 IEC 1158-2 规定的通信规程进行通信。PROFIBUS-PA 将自动化系统和过程控制系统与现场设备连接起来代替了 4~20mA 模拟信号传输技术。使用 PROFIBUS-PA 可以节约高达 40% 的成本，包括现场设备的规划、电缆布线、调试、投入运行和维护等。PROFIBUS-PA 具有本质安全特性，支持总线供电，适用于安全性要求较高且通信速度较低的过程控制场景。

3）PROFIBUS-FMS 适用于承担车间级通用性数据通信，它能够提供通信量大的相关服务，用以完成以中等传输速率进行的周期性和非周期性通信任务。由于 PROFIBUS-FMS 是完成控制器和智能现场设备之间的通信以及控制器之间的信息交换，因此它考虑的主要是系统的功能而不是系统的响应时间，应用过程通常需要进行随机的信息交换，例如改变设定参数等。PROFIBUS-FMS 提供了广泛的应用范围和更大的灵活性，适用于大范围和复杂的通信系统。

4）近年来，PROFIBUS 家族又增加了几种重要的新行业规格，主要包括 PROFINET、PROFIdrive 和 PROFIsafe。为了方便实现信息集成，PROFIBUS 国际组织在交换式以太网和 TCP/IP 基础上开发了 PROFINET。严格意义上来说，PROFINET 的通信协议与 PROFIBUS 固有的令牌通信机制有本质上的区别，不能冠以 PROFI 的代称。但是 PROFINET 使用了大量 PROFIBUS 固有的用户界面规范，并且充分考虑了与原有的 PROFIBUS 产品的兼容和互联，是 PROFIBUS 向工业以太网方面发展的重要一步，因此也被看作 PROFIBUS 家族中的一个子集。PROFIdrive 主要用于运动控制领域，而 PROFIsafe 则针对控制可靠性要求特别高的场合。

2. PROFIBUS 的协议结构

PROFIBUS 的协议结构见表 7-4。

表 7-4　PROFIBUS 的协议结构

层	协议结构		
用户层	DP 设备行规	FMS 设备行规	PA 设备行规
	基本功能扩展功能		基本功能扩展功能
	DP 用户接口直接数据链路映像程序（DDLM）	应用层接口	DP 用户接口直接数据链路映像程序（DDLM）
第 7 层（应用层）	未使用	应用层现场总线报文规范（FMS）	未使用
第 3~6 层		未使用	
第 2 层（数据链路层）	数据链路层现场总线数据链路（FDL）	数据链路层现场总线数据链路（FDL）	IEC 接口
第 1 层（物理层）	物理层（RS-485/光纤）	物理层（RS-485/光纤）	IEC 1158-2 标准

PROFIBUS 采用了 ISO/OSI 模型作为参考，其中第一层（物理层）、第二层（数据链路层）和必要时的第七层（应用层）被应用于 PROFIBUS 协议。PROFIBUS 可以使用不同的物理层。而数据链路层则采用了基于 Token-Passing 的主从分时轮询协议，通常称为 FDL（Fieldbus Data Link）协议。应用层定义了 PROFIBUS 节点之间的通信协议和数据交换方式。它规定了不同设备和系统可以调用的应用功能，使第三方的应用程序可以直接与 PROFIBUS 进行通信。

PROFIBUS-DP 采用了通信参考模型的第一层、第二层和用户层，未使用第三~七层。这种精简的结构有利于实现快速和高效的数据传输。第一层即物理层，提供了 RS-485 传输技术或光纤作为传输介质。第二层即现场总线数据链路层 FDL，采用基于 Token-Passing 的主从分时轮询协议来控制总线访问和确保可靠的数据传输。用户层规定了用户、系统以及不同设备可以调用的应用功能，使第三方的应用程序可以被直接调用，并详细说明了各种不同的 PROFIBUS-DP 设备的设备行为。

PROFIBUS-FMS 的通信参考模型定义了第一层、第二层和第七层。PROFIBUS-FMS 和 PROFIBUS-DP 的第一、二层完全相同。它使用和 PROFIBUS-DP 相同的传输技术和统一的总线访问协议，这两套系统在同一根电缆上同时运行。不同之处在于，PROFIBUS-FMS 的第七层是应用层，使用了现场总线报文规范（FMS），其中包括了应用协议和丰富的通信服务选项。

PROFIBUS-PA 在数据链路层采用扩展的基于 Token-Passing 的主从分时轮询协议，与 DP 所用基本等同。不同于 FMS 和 DP 的是，PROFIBUS-PA 的物理层采用与 FF（Foundation Fieldbus）总线相同的 TEC 1158-2 标准。

3. PROFIBUS 的系统组成和总线访问控制的特点

（1）系统组成

PROFIBUS 总线系统由三类不同站点组成，包括主站和从站。主站分为 1 类主站和 2 类主站，而从站则是被动站。一个简单的 PROFIBUS 系统如图 7-25 所示。

1）1 类主站（Master Class 1）：1 类主站是具有总线访问控制权的设备，拥有控制多个从站的能力。常见的 1 类主站设备包括 PLC（可编程序逻辑控制器）和 PC 等。1 类主站可以进行总线通信的控制和管理，能够占用总线并传输报文。

2）2 类主站（Master Class 2）：2 类主站是具有管理 1 类主站的组态数据和诊断数据能力的设备。它可以与 1 类主站进行通信，并完成数据读写、系统组态、监视、故障诊断等任务。编程器、操作员工作站和操作员接口等设备属于 2 类主站。

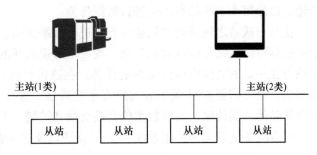

图 7-25　一个简单的 PROFIBUS 系统

3）从站（Slave）：从站是被动站点，没有总线访问控制权。它们提供 I/O 数据，并可以分配给 1 类主站进行控制。从站可以是各种现场设备，如驱动器、传感器和执行机构等。从站在主站的控制下完成组态、参数修改和数据交换等任务，通过主站的指令驱动 I/O，并将输入和故障诊断信息返回给主站。

一个 PROFIBUS-DP 系统可以是单主站结构或多主站结构。在单主站结构中，网络中只有一个 1 类主站，所有从站都隶属于该主站，主站与从站之间进行主从数据交换。而在多主站结构中，一条总线上连接了几个主站，主站之间通过令牌传递方式来获得总线控制权。获得令牌的主站和其控制的从站之间进行主从数据交换。总线上的主站和各自控制的从站构成多个独立的主从结构子系统。

（2）总线访问控制的特点

PROFIBUS 的 DP、FMS 和 PA 均使用单一的总线访问控制方式。PROFIBUS 的总线访问控制包括主站之间的令牌传递和主站与从站之间的主从通信，如图 7-26 所示。

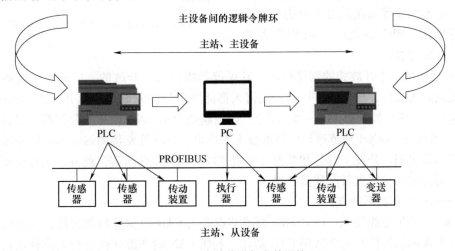

图 7-26　令牌传递与主从通信

令牌传递是 PROFIBUS 总线访问控制的关键机制之一。令牌是一条特殊的报文，它在所有主站之间循环传递，并规定了令牌在主站之间的最长循环时间。控制主站之间通信的令牌传递程序应保证每个主站在规定的时间间隔内得到令牌，从而获得总线访问权。令牌环是所有主站的组织链，按照主站的地址构成逻辑环。在这个环中，令牌按照主站的地址顺序依次传递，确保每个主站都有机会进行数据传输。

主站与从站之间采用主从通信方式进行数据交换。主站在得到令牌时可与从站通信，每个主站均可向从站发送或索取信息。构成令牌逻辑环的几个主站，当某主站得到令牌后，该主站可在一定的时间内执行主站的任务。在这段时间内，它可以按照主-从关系表与所有从站通信，也可依照主-主关系表与所有主站通信。这种主从通信方式允许主站灵活地控制和调度从站的数据传输，实现数据的有效交换和控制。通过主站间的令牌逻辑环和主从通信方式，可以将系统组态为纯主系统、主-从系统以及这两者的混合系统。

7.4.4 DeviceNet 现场总线

1. DeviceNet 简介

DeviceNet 是一种基于 CAN 总线技术的开放型通信网络，主要用于构建底层控制网络。它允许现场设备通过网络与其他控制设备和主控制器进行对等通信。DeviceNet 的设计目标是提供低成本、高性能的工业设备互连解决方案，通过嵌入 CAN 通信控制器芯片的设备组成网络节点，实现设备之间的直接互连和重要的设备级诊断功能。

DeviceNet 由美国 Allen-Bradley 公司于 1994 年推出，并在离散控制、低压电器等领域迅速发展，成为了国际标准 IEC 62026 和欧洲标准 EN 50325 的一部分。许多 PLC 和控制器制造商都参与了 DeviceNet 主站产品的开发，并且其从站设备的开发也十分活跃。许多行业如国家的汽车行业、半导体行业和低压电器行业等都在采用该项技术推进行业的标准化。图 7-27 为一个以 PLC 为主站的 DeviceNet 网段。

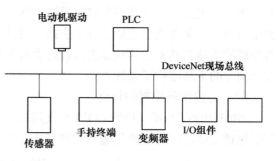

图 7-27　以 PLC 为主站的 DeviceNet 网段

DeviceNet 是一个开放式的网络标准，其规范和协议都是开放的，厂商在将设备连接到系统时无须购买硬件、软件或许可权。任何人都能以少量的复制成本从开放式 DeviceNet 供货商协会（ODVA）处获得 DeviceNet 规范。任何制造 DeviceNet 产品的公司都可以加入 OD-VA，并参加对 DeviceNet 规范进行增补的技术工作组。寻求开发帮助的公司可以通过任何渠道购买样本源代码、开发工具包和其他开发服务以简化其工作流程。此外，关键的硬件可以从世界上最大的半导体供货商那里获得。

DeviceNet 具有如下特点：

1）基于 CAN 总线技术：DeviceNet 网络节点嵌入 CAN 通信控制器芯片，其网络通信的物理信令和媒体访问控制完全遵循 CAN 协议。利用 CAN 的非破坏性总线逐位仲裁技术，有效节省了总线仲裁时间。

2）灵活的传输速率：DeviceNet 支持 125kbit/s、250kbit/s 和 500kbit/s 三种传输速率，每个网络最多可连接 64 个节点，每个节点支持的 I/O 数量没有限制。

3）生产者/客户通信模式：DeviceNet 采用生产者/客户通信模式，允许网络上的所有节点同时存取同一源数据，实现高效的网络通信和数据存取。

4）设备互换性和可扩展性：DeviceNet 上的各个厂商设备都可以互相连接和替换，确保设备的互操作性。同时，DeviceNet 支持多种拓扑结构，适应不同规模和复杂度的网络布局。

5）热插拔和易于维护：DeviceNet 支持设备的热插拔，使维护、扩充和改造更加方便。此外，DeviceNet 还提供了丰富的诊断功能和工具，有助于实时监测、故障排除和维护。

6）低成本布线和高可靠性：DeviceNet 上的设备安装比传统的 I/O 布线更加节省费用，尤其适用于设备分布范围广的场景。它采用短帧结构，具有传输时间短、抗干扰能力强的特点，同时 CRC 和其他检错措施。

7）RS Network for DeviceNet 软件支持：DeviceNet 提供了 RS Network for DeviceNet 软件，方便对网络上的设备进行配置、测试和管理，以图形方式显示工作状态。

2. DeviceNet 的通信参考模型

DeviceNet 的通信参考模型为三层，分别是应用层、数据链路层和物理层。其中 DeviceNet 定义了应用层规范、物理层连接单元接口规范、传输介质及其连接规范，而在数据链路层的媒体访问控制层和物理层的信令服务规范则直接采用了 CAN 规范。DeviceNet 的通信参考模型见表 7-5。

表 7-5　DeviceNet 通信参考模型

层	定义	协议规范
ISO 应用层	应用层规范	DeviceNet 协议规范
ISO 数据链路层	逻辑链路控制层 LLC	DeviceNet 协议规范
ISO 数据链路层	媒体访问控制层 MAC	CAN 协议规范
ISO 物理层	物理层信号 PLS	CAN 协议规范
ISO 物理层	物理层介质访问单元	DeviceNet 协议规范
ISO 介质层	传输介质	DeviceNet 协议规范

在 DeviceNet 的通信参考模型中，应用层位于最高层，负责定义设备之间的通信规则和数据交换方式。它使用了基于对象字典的方法来管理设备的数据和功能。数据链路层位于中间层，使用 CAN 规范作为基础，定义了 CAN 帧的格式和传输规则。它负责将上层应用层的数据封装成 CAN 帧并进行传输，同时提供帧的确认和错误检测机制。物理层定义了 DeviceNet 的物理连接和传输介质规范。它规定了网络拓扑结构、连接器类型、电缆布线、信号电平和电源分配等细节。

DeviceNet 的通信参考模型使得不同厂商的设备能够进行互联和通信，实现了在工业自动化系统中设备的集成和控制。实现了设备之间的高效、可靠和实时的通信，为工业控制系统提供了强大的功能和灵活性。

3. DeviceNet 的通信方式

DeviceNet 支持多种数据通信方式，包括确定的周期性通信、状态改变触发通信、选通通信、轮询通信等。

➢ 确定的周期性通信：用于一些模拟设备的 I/O 数据传输，并可以根据设备信号的变化快慢灵活设定通信周期，在该通信方式下，设备之间按照预定的时间间隔进行通信。这种方式适用于需要实时数据传输的应用，例如传感器数据采集或控制指令传输。

➢ 状态改变触发通信：当设备的状态发生变化时，会通过 DeviceNet 发送通知消息给其他设备发生通信。这种通信方式可以用于实现事件驱动的通信，例如设备故障报警或状态更新通知。

➤ 选通通信：在该方式下，主设备可以向网络上特定的设备发送显示报文，主设备发送的显示报文通常是8字节的长度，其中包含了从设备的地址和要执行的特定功能的指令。通过位标识，主设备可以指定需要响应的从设备。

➤ 轮询通信：网络按主从通信方式，点对点地将I/O报文直接依次发送到各个从设备。这种方式适用于小规模网络和实时性要求不高的应用，主设备通过轮询每个从设备来实现数据的交互和同步。

DeviceNet传输支持两种主要的报文，I/O报文和显式报文。

➤ I/O报文是DeviceNet中用于实时数据传输的一种报文类型。它主要用于面向控制的数据通信，并具有较高的实时性要求。它通常使用优先级高的连接标识符，与一点或多点连接进行信息交换。这种报文用于需要快速传输数据的应用场景，例如传感器数据、执行器状态等。

➤ 显式报文用于两个设备之间的点对点通信。显式报文是一种典型的请求响应通信方式，常用于节点的配置、诊断和参数设置等应用场景。与I/O报文不同，显式报文通常使用优先级低的连接标识符，该报文的相关信息包含在报文帧的数据域中，说明要执行的服务和相关对象的属性及地址。显式报文提供了一种灵活的通信方式，允许设备之间进行具体的请求和响应操作。

7.4.5 CC-Link 现场总线

1. CC-Link 简介

CC-Link（Control & Communication Link）是在工业控制系统中使用的一种现场网络。CC-Link最初于1996年由三菱电机为主导的多家公司基于"多厂家设备环境、高性能、省配线"的理念开发、公布和开放，并于1997年获得日本电机工业会（JEMA）颁发的杰出技术成就奖。1998年，汽车行业的马自达、五十铃、雅马哈、通用、铃木等公司也成为了CC-Link的用户，并且CC-Link迅速进入了中国市场。为了进一步推广CC-Link并便利用户选择和配置系统，CC-Link协会（CC-Link Partner Association，CLPA）于2000年在日本成立。CC-Link协议已经获得了多个国际和国家标准的认可，包括ISO 15745（应用集成框架）、IEC 61784和IEC 61158（工业现场总线协议规范）、SEMI E54.12、我国国家标准GB/T 19780—2005以及韩国工业标准KSB ISO 15745-5。

CC-Link能够同时传输控制和信息数据，传输速率可达10Mbit/s。它采用开放式架构的工业现场总线协议，允许不同厂商的设备按照CC-Link协议进行通信，实现设备之间的互联互通。CC-Link具有多级可选的通信速率，能够适应不同范围的管理层网络和传感器网络。CC-Link具有性能卓越、应用广泛、使用简单和节省成本等突出优点，被广泛应用于各种工业控制领域，包括制造业、汽车工业、机械加工等。作为唯一起源于亚洲地区的总线系统，其技术特点较为适合亚洲人的思维习惯。

CC-Link的底层通信协议模型遵循了RS-485串行通信协议，并主要采用广播方式进行通信。一个CC-Link系统至少包括一个主站，支持主站与本地站和智能设备站之间的通信。CC-Link的通信方式主要有循环通信和瞬时传送两种。循环通信实现了不断的数据交换，包括远程输入RX、远程输出RY和远程寄存器RWw、RWr等各种类型的数据变换。瞬时传送占用循环通信的周期，并通过专用指令 FROM/TO 完成数据传输。

2. CC-Link 现场总线的组成与特点

CC-Link 现场总线由多个主要组成部分构成，包括 CC-Link、CC-Link/LT、CC-Link Safety、CC-Link IE Control、CC-Link IE Field 和 SLMP。CC-Link 网络层次结构如图 7-28 所示。

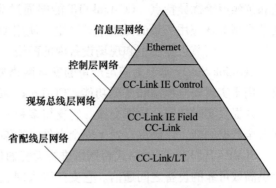

图 7-28 CC-Link 网络层次结构

CC-Link 现场总线具有如下特点：

➢ 高速稳定的输入/输出响应：CC-Link 以高达 10Mbit/s 的通信速率实现快速、稳定的输入/输出响应，并具备高确定性和实时性，可构建稳定的控制系统。

➢ 优越的灵活扩展潜能：CC-Link 与众多厂商产品兼容，有超过 1500 多个品种的兼容产品，具有轻松、低成本开发网络兼容产品的特点。众多厂商采用统一的"存储器映射规则"开发 CC-Link 兼容产品。用户不需要改变链接或控制程序，能够很容易地更换产品品牌。

➢ 可扩展的传输距离：CC-Link 的传输距离可根据通信速率灵活扩展，最大可达 1.2km。使用电缆中继器和光中继器还可进一步扩展传输距离。

➢ 减少线缆数量和简化安装：CC-Link 显著减少了复杂生产线所需的控制线缆和电源线缆数量，降低了配线和安装成本，减少了配线和设备安装所需的时间，使完成配线所需的工作量减少并极大地改善了维护工作。

➢ CC-Link Ver. 2.0 提供更多功能和卓越性能：CC-Link Ver. 2.0 提供了更多功能和更优异的性能。它支持高容量的循环通信，最大可扩展至数千个 I/O 点，通信容量最大提高到 8 倍，提供更大的灵活性和性能。

➢ 高可靠性的 RAS 功能：CC-Link 依靠备用主站、从站脱离、自动恢复、测试和监控等 RAS 功能，提供了高可靠性的网络系统并使网络瘫痪的时间最小化，确保可靠性、可使用性和可维护性。

CC-Link IE Control 是基于以太网的千兆控制层网络，采用双工传输路径，具有稳定可靠的通信。其核心网络打破了各个现场网络或运动控制网络之间的界限，通过千兆大容量数据传输实现了控制层网络的分布式控制和超高速、大容量的网络型共享内存通信。同时，它采用冗余传输路径（双回路通信），确保了各个控制器之间的高可靠通信。作为工厂内使用的主干网，它可以协调管理大规模分布式控制器系统和独立的现场网络之间的通信，并具备强大的网络诊断功能。

CC-Link IE Filed 是基于以太网的千兆现场层网络，可以在多个网络连接的情况下，以千兆传输速度实现对 I/O 的实时与分布式控制，确保控制数据和信息数据之间畅通无阻的通信。它集成了高速 I/O 控制和分布式控制系统于一个网络中，可以根据设备布局灵活敷设电缆，同时提供了安全通信和运动通信功能以简化系统配置。此外，CC-Link IE Filed 网络拓扑的选择范围广泛，具有强大的网络诊断功能。

CC-Link/LT 是基于 RS-485 的开放式网络，具备高性能、高可靠性和省配线的特点。它解决了安装现场复杂的电缆配线或不正确的电缆连接的问题，继承了 CC-Link 的开放性、高速和抗噪声等优异特点。CC-Link/LT 能够通过简单设置和便捷的安装步骤来降低工时，适用于小型 I/O 应用场景的低成本型网络。使用 CC-Link/LT 能够以较低的成本轻松开发主站和从站，从而节省控制柜和现场设备内的配线。

CC-Link Safety 是专为满足严苛的安全网络要求打造而成。它提供了一种可靠的通信协议，用于实现安全控制和监测功能。CC-Link Safety 允许安全设备与控制器之间进行双向通信，并提供实时的安全数据交换。它支持多种安全功能和机制，如安全通信协议、安全冗余和安全数据刷新，以确保在发生安全事件时能够及时采取措施。

SLMP 可使用标准帧格式跨网络进行无缝通信。SLMP 具有简化的消息格式和通信流程，提供高效可靠的设备之间通信。它支持以太网、串口和无线通信，提供丰富的指令和功能，包括数据交换、设备控制和状态监测。SLMP 的灵活网络拓扑结构支持多个主站和从站之间的通信。在工业自动化中，SLMP 被广泛应用于实现设备间的可靠通信和数据交换。

除了这些传统优点，CC-Link Ver. 2.0 还满足了对大容量和稳定数据通信的需求，例如在半导体制造中的 "In-Situ" 监视和 "APC（先进的过程控制）" 以及仪表和控制中的多路模拟-数字数据通信，这使得开放的 CC-Link 网络在全球范围内更具有吸引力。

3. CC-Link 通信协议

CC-Link 的通信过程分为初始循环、刷新循环和恢复循环三个阶段。初始循环阶段用于建立从站的数据连接，主站会通过广播方式向所有从站发送测试传输请求。从站接收到测试传输请求后，会返回响应以表明其存在并准备好接收主站的指令。主站会依次轮询每个从站，确保与每个从站建立有效的数据连接。

刷新循环阶段用于执行主站和从站之间的循环或瞬时传输，在循环传输过程中，主站会周期性地向所有从站发送数据，并且每个从站都会根据接收到的主站轮询请求返回相应的数据。另外，CC-Link 还支持瞬时传输，用于主站、本地站和智能设备站之间传输非周期性的数据。

恢复循环阶段则用于重新建立从站的数据连接。在某些情况下，数据连接可能会中断，例如从站断电或网络故障。在恢复循环阶段，主站会向未建立数据连接的从站执行测试传输，以检测并恢复与这些从站的数据连接。从站接收到测试传输请求后会返回响应，表示其已恢复数据连接。

整体的运行过程是主站对所有从站进行 "轮询和刷新数据" 的操作。主站会周期性地向每个从站发送数据请求，从站接收到从主站发送来的刷新数据后会返回相应的数据。这种循环的数据交换确保了 CC-Link 网络中各个设备之间的实时通信和数据同步。

CC-Link 协议配置中的用户层由应用层、数据链路层以及物理层构成。

CC-Link 的应用层分为网络管理实体、循环传输实体和瞬时传输实体。网络管理实体负责参数管理、本站和其他站点的状态监视和网络状态管理等功能。循环传输实体实现了周期性数据传输功能。而瞬时传输实体用于非周期性数据的传输，包括主站与本地站、智能设备站之间的数据交换。

在数据链路层方面，CC-Link 支持多种传输类型，包括测试传输、循环传输和瞬时传输。CC-Link 传输由主站发起，采用广播轮询方式依次进行测试传输、循环传输和瞬时传输。从站通过测试传输来建立与网络的数据连接，然后进行循环传输和瞬时传输。

在物理层方面，CC-Link 使用 3 芯屏蔽绞线作为传输介质，并采用差分信号传输。通信信号由差动信号 A（正：DA）和 B（反：DB）以及数字信号接地（DG）构成。

7.5　无线通信

7.5.1　无线通信简介及原理

有线通信系统在广泛应用中面临了许多问题，尽管其以双绞线、同轴电缆和光纤等传输介质为基础，具有优秀的保密性，稳定的通信质量和抗干扰能力，但是高成本、建设周期长、有限扩容性和复杂维护等缺点不可忽视。然而，随着移动通信需求的增长，人们对于将有线通信转变成无线通信的强烈需求也日益引起关注。近数十年，无线移动通信技术中的数字和射频电路技术取得了重大突破，大规模集成电路和数字交换技术的出现使终端设备体积更小、功能更可靠。无线通信技术的未来发展仍然有巨大的潜力。

一套无线通信系统包括信号源、发射设备和接收设备，如图 7-29 所示。信号源将待传送的信息转换成基带电信号，而发送设备则负责将电信号与信道进行匹配。调制器则起到将基带信号进行频谱调制的作用。接收设备则将接收到的高频信号变换为基带信号。相反地，接收装置的功能是将基带信号转变为可传递的信息。

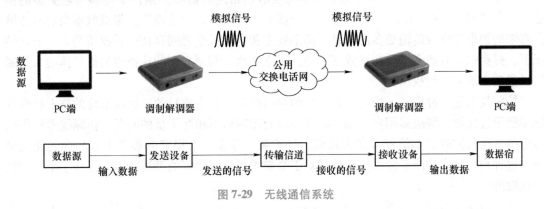

图 7-29　无线通信系统

无线通信的原理是利用电磁波来传递信息。在理想的均匀空间中，电磁波以直线的方式进行传播，但是当电磁波在传播过程中遇到尺寸远大于电磁波波长时，会发生反射现象；如果电磁波能够穿过障碍物，障碍物表面产生折射现象后形成二次波在空间中继续传播，即为电磁波的绕射。当电磁波遇到尺寸远小于波长的障碍物时，将产生散射现象。目前，无线通信中的电磁波从发射设备（天线），主要通过地波传播、空间波传播和天波传播等方式到达接收设备。

根据通信方式分类，无线通信可分为固定通信和移动通信。固定通信指发送和接收设备的安装位置固定，而移动通信则表示至少有一方的设备的位置处于可移动状态。根据通信信道分类，无线通信可分为卫星通信、红外通信和短波通信。根据接入网络的组网方式来分，无线通信可分为无线广域网、无线局域网和无线个域网。

此外，根据是否存在固定的网络基础设施来分，无线通信可分为蜂窝系统和 Ad hoc 系统。蜂窝系统以基站为固定的网络基础设施，实现对网络的集中管理。而 Ad hoc 系统没有固定的基站设施，其网络结构是可配置的，通过配置的节点来实现基站的功能。

无线通信中传播方式和特点主要取决于无线电信号的频率。长波和中波的波长较长，电离层对电磁波的折射和吸收作用比较强。波长越长的电磁波沿地面传播，能量被吸收得越少，损耗就越少。短波的工作频率较高，沿地面传播的距离有限，但电离层的折射和吸收程度较小，只要发射的角度合适，电磁波可以返回地面，所以短波通信可以借助天波传播。

调制与解调是无线通信系统中的关键技术，用于将信息信号转换成适合传输的信号，并在接收端将其恢复为原始信号。调制就是对信号源进行信息编码处理的过程，使其变为适合传输和适应信道复用的形式，把基带信号转变为高频带通信号。带通信号叫作已调信号，基带信号称作调制信号。调制的主要目的是将信息信号转换为适合传输的信号形式，以便在传输过程中减小信号受到噪声和失真的影响。解调则是将基带信号从载波中提取出来，主要任务是将调制信号还原为原始信号，并消除传输过程中引入的噪声和失真。

在无线通信中，模拟信号主要有三种调制基本方式，振幅调制（AM）、频率调制（FM）和相位调制（PM）。对于数字信号的调制，通常称为键控（keying），主要有振幅键控（ASK）、频率键控（FSK）和相位键控（PSK）。调制方案的性能可以通过功率效率和带宽效率来衡量。功率效率定义了在低功率情况下所应用调制技术保持数字信息信号正确传送的能力。数字调制方案的功率效率通常表示为在接收机输入特定的五码概率下，每比特信号能量和噪声功率谱密度的比例。功率效率高表示在相同的信噪比条件下能够传输更多的信息。带宽效率是指在有限的频谱资源下，调制方案能够传输的比特数。带宽效率高表示能够在有限的频带宽度内传输更多的信息。功率效率和带宽效率之间存在一种权衡关系。通常情况下，提高带宽效率会导致功率效率下降，反之亦然。调制方案的选择应根据具体的无线通信场景和要求来进行权衡。

扩频技术是一种用于无线通信系统中的调制技术，其主要目的是提高系统的抗干扰性和抗多径干扰性能，解决多用户在同一频带中同时使用而不相互干扰的问题。扩频技术使用的传输带宽比所需的最小信号带宽大几倍，且扩频信号在一个很宽的频谱上有相同的能量分布，这种均匀分布的能量使得扩频信号对于窄带干扰具有较好的抵抗能力，提高了系统的抗干扰性能。

无线通信网络按其覆盖范围可分为无线广域网（WWAN）、无线局域网（WLAN）、无线城域网（WMAN）和无线个域网（WPAN）。它们适用于不同的应用场景和需求：无线广域网适用于实现跨越国家或大范围地区的通信连接，提供全球范围的无线通信服务；无线局域网适用于办公、家庭或校园等较小范围的通信；无线城域网适用于城市范围内的宽带接入和连接不同局域网；无线个域网适用于个人设备之间的短距离通信。

（1）无线广域网

无线广域网（Wireless Wide Area Network，WWAN）主要指移动电话和蜂窝数据服务使用的通信网络。它利用基站和无线电信号传输塔来建立网络基础设施，使得用户在广大地理区域内进行无线通信，具有覆盖范围广的特点。无线广域网采用各种无线通信技术来实现数据传输，从早期的 2G 技术发展到目前的 5G 技术，经历了从 GSM、GPRS 到 CDMA 的发展阶段。每一代技术的发展都提供了更高的数据传输速率、更低的延迟和更好的系统容量，以满足日益增长的无线通信需求。

3G：第三代蜂窝通信系统相比于第二代的主要特点能够提供丰富的移动多媒体业务，

传输速率范围为144kbit/s-2Mbit/s，具体取决于当前的移动速度。3G网络的技术基础是码分多址技术（CDMA），其技术标准包括WCDMA、CDMA2000和TD-SCDMA。

4G：第四代蜂窝通信系统是在3G基础上的重大升级，引入LTE（Long-Term Evolution）作为主要无线接入技术。4G提供高速数据传输、低延迟和广泛的应用支持。4G网络支持多频段和频谱效率，提高了网络容量和覆盖范围。

5G：第五代蜂窝通信系统是当前最先进的无线通信技术，技术基础主要包括两个关键技术：NR（New Radio）和mmWave（毫米波）。5G NR是5G网络的无线接入技术标准，支持更高频率范围和更大的带宽，提供千兆级的传输速率和低毫秒级的延迟。mmWave技术利用高频段的毫米波信号进行传输，具有极高的传输速率和容量，但覆盖范围相对较小。

（2）无线局域网

无线局域网（Wireless Local Area Network，WLAN）是在有限局域网基础上发展起来的，使局域网内的计算机具备了移动性，是计算机网络和无线通信技术相结合的产物。无线局域网具有灵活的移动性、便捷的安装和强大的可扩展性。它广泛应用于家庭、办公室、公共场所和企业等各种场景，为用户提供了无线网络连接和便利的移动通信体验。为了统一无线局域网，IEEE制定了相应的IEEE标准，其中最常用的是基于IEEE 802.11系列标准。这些标准定义了无线局域网的硬件和协议规范，包括了无线局域网的物理层和数据链路层协议，以及相关的安全和管理机制。WiFi则是在IEEE 802.11基础上进行了扩展，采用了直接序列扩频和补偿编码键控调制方式。无线局域网使用的主要技术包括无线接入点、无线网卡、无线信道管理、无线安全机制等。

（3）无线城域网

无线城域网（Wireless Metropolitan Area Network，WMAN）是覆盖城市范围的无线通信网络，提供高速无线连接和宽带服务。相比于无线局域网（WLAN），它的覆盖范围更大，通过无线传输技术和基站设备构建一个覆盖范围较大的网络，支持高速数据传输和广泛的应用，适用于城市中的大规模用户。WMAN常见的技术标准是WiMAX，这是一种宽带无线接入技术，基于IEEE 802.16系列标准，使用微波信号进行数据传输。它采用了先进的调制和多址技术，如OFDM（正交频分多址）和MIMO（多输入多输出），以提供高速传输和抗干扰能力。无线城域网广泛应用于企业、公共机构和个人用户等各个领域。它可以满足城市范围内的大规模宽带接入需求，支持高速互联网访问、移动应用和物联网连接。随着5G的发展，5G网络也提供类似的功能，与无线城域网相辅相成，共同满足不同场景的通信需求。

（4）无线个域网

无线个域网（Wireless Personal Area Network，WPAN）是一种用于短距离通信的无线网络，通常用于个人设备之间的短距离无线连接。它的覆盖范围相对较小，适用于个人办公、家庭和短距离传输需求。无线个域网的应用范围广泛。它可以实现个人设备之间的快速数据传输，如无线耳机、无线鼠标等。此外，它还支持个人健康监测设备、智能家居设备和智能手表等物联网设备的互联。无线个域网还在工业控制领域得到广泛应用，用于传感器网络、自动化控制和远程监测等场景。同时，无线个域网也可以与其他无线通信网络（如无线局域网和无线城域网）进行互联，形成更大范围的无线通信覆盖。

7.5.2 短距离无线通信

短距离无线通信利用低功耗、小体积、小范围的无线连接代替传统线缆，提高网络组网的灵活性，使设备更便捷地实现无线接入，从而增强设备的可移动性，在用户、设备和其使用环境之间实现协作通信。该技术开发简单，适用于搭建小型网络，在机电系统中得到广泛推广。

短距离通信技术作为现有无线长距离通信技术的补充，同样通过无线电波传输信息，但是传输距离有限。它采用数字信号单片射频芯片、微控制器以及外围电路构成无线通信模块，该模块包括简单的数据传输协议和加密协议，降低了用户对于无线通信原理和机制的要求，可较容易入门实现数据的无线传输。目前常见的短距离无线通信技术主要有蓝牙、802.11（WiFi）、ZigBee 和近距离无线通信（NFC）等。它们具有各自的特点，并可划分为高速短距离无线通信技术和低速短距离无线通信技术。高速通信主要指数据传输速率大于 100Mbit/s，通信距离小于 10m；低速短距离无线通信的最低数据传输速率小于 1Mbit/s，通信距离小于 100m。

1. 蓝牙技术

蓝牙技术是一种业界公认的开放性无线通信规范，是由爱立信、诺基亚、东芝、IBM 和英特尔几家大公司于 1998 年 5 月联合推出的一种旨在固定或移动终端提供通用的无线接口。它将近距离分散的设备统一起来，以较低的功耗在有限距离内实现语音、数据和视频传输。蓝牙使用全球通用的 2.4GHz ISM 频段进行传输，支持 1Mbit/s 的传输速率和 10m 的传输距离。

蓝牙技术广泛应用于智能手机、笔记本计算机、平板电脑等便携移动设备，通过蓝牙技术，这些设备可以方便地相互连接。目前，蓝牙技术成为一种全球公认的无线数据与语音通信的开放性全球规范，得到超过 1000 多家电子器件制造商的认可。

蓝牙技术实质上是建立通用的无线电空中接口和控制软件的公开标准，使不同厂家生产的便携设备可以无需有线连接而相互通信。蓝牙技术最多支持 7 个移动设备之间的连接，并通过跳频技术消除信号衰落，采用快调频和短分组技术减少同频干扰，提高信息传输的安全性。此外，蓝牙技术还采用前向纠错编码技术来减少随机噪声的干扰。

蓝牙技术联盟（Bluetooth SIG）制定了基本速率（BR）和增强数据速率（EDR）的第一版和第二版技术规范。为了进一步拓展蓝牙技术的应用场景，该联盟继续发布了第三版和第四版蓝牙技术规范，引入了高速和低功耗技术规范。

蓝牙技术协议是一套用于无线通信的标准化解决方案，旨在实现设备之间的无线通信、数据交换和功能支持。该协议采用了电路交换和包交换的组合形式，其中时隙被用作同步数据分组的专用通道。

蓝牙技术协议的主要内容涵盖了多个层级和功能，以满足不同需求。表 7-6 中，物理层定义了蓝牙设备的无线通信频段、调制解调方式和传输速率等参数，负责实现无线信号的传输。链路层负责连接管理、数据传输和错误处理，确保可靠的数据交换。控制器和基带层实现了物理层和链路层的功能，包括调制解调、频率跳转和数据编解码等操作。主机控制器接口（HCI）定义了主机与蓝牙控制器之间的通信协议和命令格式，使主机能够控制蓝牙设备的操作。逻辑链路控制和适配层（L2CAP）提供高级的数据传输服务，支持不同类型的数据传输。

表 7-6 蓝牙技术协议

蓝牙技术协议
逻辑链路控制和适配层（L2CAP）
主机控制层接口（HCL）
链路层（Link Layer）
物理层（PHY）

蓝牙系统主要由以下组件构成：天线单元、链路控制单元、链路管理和蓝牙协议单元。蓝牙天线属于微带天线，体积小、质量轻，遵循美国联邦通信委员会对 ISM 频段电平为 0dBm 的标准；链路控制单元使用了 3 个集成电路，包括连接控制器、基带处理器以及射频传输/接收器，还使用了单独的调谐元件。基带链路控制器负责处理基带协议和其他底层常规协议；链路管理单元模块负责电路的数据设置、鉴权、链路硬件配置和其他一些协议。链路管理模块主要提供发送和接收数据、请求名称、链路地址查询、链路模式协商和建立，以及决定帧的类别。链路管理模块负责控制和管理蓝牙设备之间的连接和通信。它确保设备之间的数据传输顺利进行，并协调不同设备之间的传输时机和状态转换。设备处于呼吸模式，在特定时隙智能地发送数据；设备处于保持模式，通过进入 hold 模式来节省能量，通常在较长的周期内停止接收数据；设备处于暂停模式，不需要传输数据但仍保持同步状态，设备会周期性地激活并跟踪同步。

2. ZigBee 低速短程网

ZigBee 的应用目标是无线控制和监控，包括工业远程控制和家庭自动控制等领域。虽然对于数据传输速率要求不高，但对功耗、成本、实时性和易操作性有较高的要求。ZigBee 联盟于 2001 年 8 月成立，Invensys、Mitsubishi、Motorola 和 Philips 等公司在次年加入，共同制定了 ZigBee 的技术规范。

ZigBee 主要用于无线个人区域网（WPAN）。它采用 IEEE 802.15.4 标准作为物理层和 MAC 层技术标准，并在此基础上定义了包括网络层及以上的技术标准。ZigBee 逐渐发展成为一种高效、经济且可组网的短距离通信技术。2007 年，ZigBee 发布了 ZigBee Pro 规范，2009 年发布了面向消费电子的 RF4CE 规范，还陆续发布了面向健康监护、智能电网、智能家居和建筑自动化等领域的规范。

ZigBee 的传输速率支持 10~250kbit/s，适用于低传输应用需求。它的有效覆盖距离短，通常在 10~75m 范围内（受实际发射功率和应用场景影响），可以覆盖普通家庭和办公环境。其网络容量较大，最多可支持 255 个设备。它的工作频段选择灵活，可使用 2.4GHz、868MHz 和 915MHz，无需申请执照。

与其他技术相比，ZigBee 技术具有低复杂性和低资源需求的特点。它主要以低功耗、低成本和低时延为特点。在智慧农业中，采用 ZigBee 网络可以将传统孤立的无通信能力的设备终端连接起来，实现基于信息和软件的智能农业模式，通过自动化、网络化和信息远程控制设备来监测作物的生长状况和控制水肥等设备的运行。在工业控制领域中，ZigBee 网络结合各种传感器实现关键数据的自动采集、分析和处理，成为自动控制系统的重要组成部分。

3. WiFi 通信

WiFi 是一种广泛应用的无线通信技术，全称为无线高保真通信协议。它基于 IEEE 802.11b 标准，属于短距离无线通信技术。WiFi 的发展经历了多个阶段，不断演进和改进，以满足不断增长的无线通信需求。最早的 WiFi 标准是 802.11b，于 1999 年发布。它提供了最高 11Mbit/s 的传输速率，使得无线通信成为可能。随后的 802.11g 标准在 2003 年发布，它在 2.4GHz 频段上工作，并提供更高的传输速率。802.11g 兼容于 802.11b 设备，这进一步推动了 WiFi 技术的普及。之后的 802.11n 标准在 2009 年发布，引入了多输入多输出（MIMO）技术，提供更高的传输速率和更大的信号覆盖范围。随着技术的发展，WiFi 的新一代标准不断涌现。2013 年，IEEE 发布了 802.11ac 标准，被称为 Gigabit WiFi。它在 5GHz 频段上工作，采用了更高级的 MIMO 技术，提供了更高的传输速率和更广泛的频段选择。最新的 WiFi 标准是 802.11ax（WiFi6）于 2019 年发布。它引入了正交频分多址（OFDMA）和多用户多输入多输出（MU-MIMO）等新技术，提供了更高的网络容量、更低的延迟和更好的性能。

WiFi 通信技术的基础是无线电波传输和接收。WiFi 使用 2.4 GHz 和 5 GHz 频段来传输数据，具有一定的传输距离和传输速率。最初，WiFi 的通信覆盖范围约为 100m，但这个范围会受到环境和设备的影响。近年来，随着技术的不断进步，WiFi 的通信距离得到了提高，封闭环境下的通信距离可以达到约 300m。

WiFi 系统由多个组件组成。无线接入点（Access Point，AP）是网络的核心设备，用于建立和管理 WiFi 网络。它负责接收和发送无线信号，并连接到有线网络，充当无线通信的中转站。客户端设备是使用 WiFi 进行无线连接的设备，通过扫描附近的 WiFi 网络，选择合适的网络进行连接，并与接入点建立通信。

WiFi 通信技术具有许多特点和优势。首先，它提供了便捷的无线连接方式，使用户可以在不同地点和场景中轻松接入网络。其次，WiFi 具有较高的传输速率，能够支持高带宽应用，如高清视频流媒体、在线游戏等。此外，WiFi 网络具有较低的部署成本，相对于有线网络，无需布线，减少了设备和维护成本。WiFi 还支持移动性，用户可以在覆盖范围内自由移动，而无需断开网络连接。

7.5.3 无线传感器网络

在工业机电一体化系统中，目前主要采用有线方式实现各种功能。工业总线技术和工业局域网等有线网络在推广应用中对于实现自动控制起到了重要的推动作用。然而，随着无线通信技术的迅猛发展，无线通信功能尤其是短距离无线通信的实现变得越来越容易，数据传输速率也逐渐接近有线网络。因此，为解决工业系统中有线网络中的布线困难、线路故障排除麻烦以及设备更新导致的重新布线等问题，研发适用于工业机电一体化系统控制要求和环境的无线通信技术变得越来越重要。无线传感器网络是工业控制应用无线技术的最佳选择，也是研究和应用最集中的领域。

在机电系统中，通过将大量具有传感器、数据处理单元及通信模块的微小智能节点密集布置在感知区域，节点间以自组织方式构成的网络称为传感器网络。如果节点间的通信媒介采用无线通信实现，则称之为无线传感器网络。无线传感器网络是一种大规模、自组织、多跳、无基础设施的网络。

　　根据应用模式，传感器网络可以分为主动型和响应型。主动型传感器网络持续监测周围环境数据以恒定速率发送数据；响应型网络只在事件触发时发送数据。作为一种全新的信息获取平台，无线传感器网络可以将感知区域内传感器采集的监测对象的信息传送到节点进行处理，实现对网络区域内的监测、跟踪和远程控制。无线传感器网络广泛应用于环境监测、健康管理、智能家居、复杂机电系统监控、城市交通管理和智能工厂等领域，其研究、开发和应用具有巨大的前景。

　　目前在机电系统中应用的无线传感器网络综合了传感器技术、嵌入式技术、分布式信息处理技术和无线通信技术等，其实现得益于传感技术、微机电系统技术和无线网络技术的高速发展。

　　无线传感器网络的工作原理是从环境中采集用户感兴趣的数据。数据源节点负责数据的采集，所采集到的数据通过中间节点以多跳方式传递给数据接收者。数据在经过中间节点时，通常需要进行相关的处理过程，去除冗余信息并提取有用信息。无线传感器网络和传统无线自组织网络有一定的相似处，但也存在本质区别。这主要体现在无线传感器网络是以数据为中心，而无线自组织网络是为多种应用而设计的通用平台。

　　无线传感器网络在通信方式、动态组网以及多跳通信等方面与无线网络有许多相似之处，但也有明显的差别，其具体特点如下：

　　➢ 节点通信能力有限：网络的通信带宽窄且经常变化，节点的能量和网络覆盖范围有限，无线传感器网络的数据传输能力受限且不够稳定，数据传输经常出错。

　　➢ 节点的供能有限：网络中的节点体积小，携带的电池能量有限，大部分节点无法持续供电，节点经常因为电量耗尽而退出网络。为补充失效节点，需补充额外的传感器节点。

　　➢ 节点的计算能力有限：无线传感器网络的节点通常采用片上系统，受制于成本、体积和功耗等因素，其核心处理器的计算能力和存储能力都十分有限。

　　➢ 网络节点数量巨大：为了获取传感器探测数据，通常会设置大量的传感器网络节点，这使得网络变得复杂，维护成本较高。

　　➢ 数据冗余度高：一个观测对象会被多个传感器节点探测到，随着时间的推移，这份数据在网络中存在许多备份，导致数据出现大量冗余，消耗网络资源。

　　➢ 自组织和动态性特点：网络具备自组织能力，即在无人干预的情况下，可以根据物理环境和网络自身的变化自动进行配置和管理，并使用适合的路由协议来实现监测数据的转发。

　　➢ 多跳路由：网络中节点的通信距离有限，节点只能与相邻的节点直接通信。如果需要与其通信覆盖范围外的节点进行通信，需要通过中间节点进行路由转发。

　　无线传感器网络如图 7-30 所示。监视区域由多个节点簇组成，每个节点簇包含多个节点，构成特定的监测区域。每一个节点簇都有一个相应的中继节点，称为簇头。簇头的功能是管理本簇节点信息，并充当整个监测区域传感器网络的中继器。传感器网络经过网关可以连接到专用局域网和互联网。

　　传感器节点是一个嵌入式系统，具有网络节点终端和路由器功能。除了进行本地信息的收集和数据处理外，还承担其他节点转发的数据的存储、管理和融合等任务。如图 7-31 所示，典型的无线传感器网络节点主要由数据获取单元、数据处理单元、数据传输单元和电源模块组成。数据获取单元负责传感器数据的采集和转换。数据处理单元负责和其他节点通

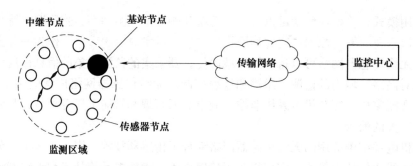

图 7-30 无线传感器网络

信，交换控制命令以及收发采集的数据。电源模块为节点运行提供能源，通常采用电池如太阳能电池。

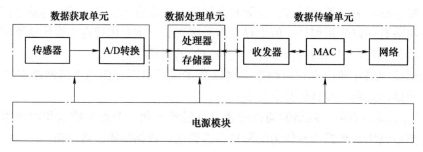

图 7-31 无线传感器网络节点

阅读材料 G "北斗"系统"三步走"发展历程的前世今生

2020 年 6 月 23 日，我国北斗三号最后一颗全球组网卫星发射任务顺利完成，这意味着北斗进入服务全球、造福人类的新时代。北斗系统是着眼于国家安全和经济社会发展需要，自主建设、独立运行的卫星导航系统。

1. 卫星导航系统的开端

1957 年 10 月 4 日，苏联发射了全世界第一颗人造地球卫星，开创了人类的空间纪元。美国对此密切关注，数学家威廉·盖伊和物理学家乔治·威芬巴赫在霍普金斯大学应用物理实验室里面发现了一个现象：苏联发射的这颗卫星的频率会出现一定程度的偏移。经过研究他们最终发现这是相对运动所引起的多普勒频移效应。随后，这两位科学家对此进行了实验研究，发现如果在地面上架设多部接收机，就可以根据接收到的不同频差信号来推算出这个卫星的具体位置。他们很高兴地把这个研究成果告诉了实验室主任弗兰克·麦克卢尔，说他们已经实现了对苏联卫星的多普勒定位跟踪。弗兰克主任当时在做海军的一项研究，其研究内容就是如何在茫茫大海中定位军舰的具体位置。听到这两位科学家汇报以后，他眼前一亮：既然你们能够发现卫星在哪里，如果把问题反过来，卫星就能发现你们在哪里。这就为他当时研究海军军舰的定位问题开辟了思路。GPS 就是按照这种思路开始启动的，图 7-32 为卫星定位导航示意图。

2. 为什么要发展本国的定位导航系统

美国投入巨资打造的 GPS 对全世界是免费使用的。这是因为免费的 GPS 一定会在全球形成巨大的市场，依托这套系统会产生新的国际性产业，同时也会形成一股强大的国家软实力。所以说 GPS 免费才是符合美国国家利益的。

　　GPS 免费对于全世界的民生来说是个福利，但是在军事方面却是一种挑战。万一哪天这个国家跟美国打仗，美国把 GPS 给你停下，这时候自己就会变成瞎子，搞不清方向和目标；更可怕的是如果美国给你发个欺骗码，那你瞄准美国的导弹就可能飞到自己的身体上。所以说，其他国家军备绝对不能使用美国的 GPS，一旦形成依赖，后果不堪设想。

图 7-32　卫星定位导航示意

　　从 20 世纪 70 年代开始，我国就提出了"新四星"计划。到了 80 年代初期，以两弹一星的元勋陈芳允院士为首的专家团体提出了双星定位方案，这是当时公认的最优方案。但是由于经济条件等原因耽搁了 10 年。直到 1991 年的海湾战争，由于美国的 GPS 在作战中应用非常成功，当时深刻地意识到以后的战争必须要依靠这种技术，所以被搁置 10 年的双星定位方案就马上启动了。

　　3. 中国北斗系统的"三步走"

　　从 20 世纪 90 年代开始，北斗系统启动研制，按三步走发展战略：从无到有。先有源后无源，先区域后全球。先后建成了北斗一号、北斗二号、北斗三号系统，走出一条中国特色的卫星导航系统建设道路。北斗系统建设的三步走是结合我国在不同阶段技术经济发展实际提出的发展路线。

　　(1) 北斗一号系统：实现卫星导航从无到有

　　第一步建设北斗一号系统又叫北斗卫星导航试验系统，实现卫星导航从无到有。1994 年，北斗一号系统建设正式启动，2000 年发射两颗地球静止轨道卫星，北斗一号系统建成并投入使用。2003 年又发射了第三颗地球静止轨道卫星，进一步增强系统性能。北斗一号系统的建成迈出了探索性的第一步，初步满足了中国及周边区域的定位、导航和授时需求。当时采用的是有源定位体制，也就是说用户需要发射信号系统才能对其定位。这个过程要依赖卫星转发器，所以有时间延迟且容量有限，满足不了高动态的需求。

　　当时宣称北斗一号具有既能通信又能定位的独特优势，但是它的通信功能比国际海事卫星有差距，而定位功能也与 GPS 有一定差距。尽管如此，北斗一号已经达到了设计指标，在工程上是非常成功的。假如没有国际海事卫星和 GPS 的话，那么既能定位又能通信的北斗一号简直就是光芒四射。但是问题是北斗一号问世的时候，这两种卫星系统已经相当成熟了。在它们的对比之下，北斗一号的使用体验比较差，那么往下该怎么走呢？

　　(2) 北斗二号系统：区域导航服务亚太

　　北斗二号系统，从有源定位到无源定位，区域导航服务亚太。2004 年北斗二号系统建设启动。北斗二号创新构建了中高轨混合星座架构，到 2012 年完成了 14 颗卫星的发射组网。北斗二号系统在兼容北斗一号有源定位体制的基础上，增加了无源定位体制。也就是说，用户不用自己发射信号，仅靠接收信号就能定位，解决了用户容量限制，满足了高动态需求。北斗二号系统的建成不仅可服务中国，还可为亚太地区用户提供定位、测速、授时和短报文通信服务。

（3）北斗三号系统：实现全球组网

第三步建设北斗三号系统，架设星间链路，实现全球组网。2009 年北斗三号系统建设启动，到 2020 年完成三十颗卫星发射组网，全面建成北斗三号系统。北斗三号在北斗二号的基础上进一步提升性能，扩展功能，为全球用户提供定位导航授时、全球短报文通信和国际搜救等服务。同时，在中国及周边地区提供星基增强、地基增强、精密单点定位和区域短报文通信服务。

 思考与练习题

7-1 通信技术在现代社会中的应用非常广泛，请列举几个通信技术在不同领域的具体应用实例。

7-2 数字电路片间总线是用于在电子设备内部传输数据和控制信号的通信技术，请解释数字电路片间总线的基本原理。

7-3 什么是 I^2C 通信？简要介绍一下 I^2C 总线的工作原理和常用的接口。

7-4 SPI 通信是一种串行通信总线，请解释 SPI 总线的基本原理，并描述 SPI 通信的四种模式。

7-5 USB 串行通信技术是用于连接计算机和外部设备的通信技术，请谈谈 USB 通信的主要特点和优势。

7-6 工业现场总线是用于连接和控制工业自动化设备的通信技术，请解释工业现场总线的概念，并列举几个常见的工业现场总线协议。

7-7 什么是 CAN 总线和 CAN FD 总线？比较它们的特点和应用场景。

7-8 PROFIBUS 现场总线是工业自动化领域中常用的通信技术，请介绍一下 PROFIBUS 的协议结构和系统组成。

7-9 DeviceNet 现场总线是用于工业现场设备连接的通信技术，请谈谈 DeviceNet 的通信方式和主要特点。

7-10 CC-Link 现场总线是一种用于工业控制系统的通信技术，请描述 CC-Link 现场总线的组成和特点。

7-11 蓝牙技术是一种短距离无线通信技术，请谈谈蓝牙技术的应用场景和主要特点。

7-12 ZigBee 低速短程网是一种用于物联网的无线通信技术，请解释 ZigBee 技术的主要特点和适用范围。

7-13 WiFi 通信是一种用于局域网无线接入的通信技术，请谈谈 WiFi 通信的应用和无线网络标准。

7-14 无线传感器网络是一种用于数据采集和传输的无线通信技术，请描述无线传感器网络的体系架构和网络协议。

7-15 无线传感器网络在哪些领域有广泛的应用？请列举一些具体应用场景。

7-16 串行通信总线和并行通信总线有何区别？在什么情况下选择串行通信总线更合适？

7-17 无线通信技术的发展趋势是什么？谈谈您对未来无线通信的预测和展望。

7-18 在工业现场总线中，CAN 总线和 PROFIBUS 总线有何不同？分析它们在工业自动化应用中的优缺点。

7-19 USB 串行通信技术在个人计算机和外部设备之间起到了什么作用？列举几种常见的 USB 外部设备。

7-20 通信技术中的调制解调技术是如何实现信号的传输和解码？举例说明不同调制解调技术的应用场景。

7-21 无线通信技术对个人隐私和信息安全有何影响？探讨无线通信中的安全问题和保护措施。

7-22 无线通信技术如何支持物联网的发展？探讨无线通信在物联网中的关键作用和应用前景。

7-23 数字电路片间总线中的 I^2C 总线和 SPI 总线有何不同？分析它们在不同应用场景中的适用性。

7-24 工业现场总线在工业自动化系统中的数据传输速率有何要求？如何选择合适的现场总线来满足系统需求？

7-25 无线传感器网络如何实现节点之间的通信和协调工作？解释网络路由和数据传输过程。

7-26 数字电路片间总线中的 I^2C 总线如何实现多个器件之间的寻址和通信？解释其中的寻址机制。

7-27 无线传感器网络如何应对复杂环境中的信号干扰和传输问题？介绍一些常见的抗干扰技术。

7-28　无线通信技术在农业领域的应用有哪些？如何利用无线通信技术提高农业生产效率和管理水平？

参 考 文 献

[1] 王泉德，王先培．测控总线及仪器通信技术［M］．北京：科学出版社，2016.
[2] 王先培，王泉德．测控总线与仪器通信技术［M］．北京：机械工业出版社，2007.
[3] 周云波．串行通信技术：面向嵌入式系统开发［M］．北京：电子工业出版社，2019.
[4] 罗华，傅波，刁燕．机械电子学：机电一体化系统中的数字化检测与控制［M］．北京：机械工业出版社，2014.
[5] 阳宪惠．现场总线技术及其应用［M］．北京：清华大学出版社，2008.
[6] 拉帕波特．无线通信原理与应用［M］．孟庆民，等译：北京：电子工业出版社，2012.
[7] 郑长山．现场总线与 PLC 网络通信图解项目化教程［M］．北京：电子工业出版社，2020.
[8] 刘宏新．机电一体化技术［M］．北京：机械工业出版社，2015.
[9] 谢健骊，李翠然，吴昊，等．物联网无线通信技术［M］．成都：西南交通大学出版社，2013.
[10] 张发军，杜轩．机电一体化技术［M］．北京：中国水利水电出版社，2018.
[11] 于海斌，曾鹏，梁炜．智能无线传感器网络系统［M］．北京：科学出版社，2006.
[12] 阳宪惠．工业数据通信与控制网络［M］．北京：清华大学出版社，2003.
[13] 胡健栋．现代无线通信技术［M］．北京：机械工业出版社，2003.
[14] 刘奇．无线通信与网络应用技术［M］．上海：浦东电子出版社，2001.
[15] 杨坤明．现代高速串行通信接口技术与应用［M］．北京：电子工业出版社，2010.
[16] 金庆江．无线网络技术及应用［M］．上海：上海交通大学出版社，2003.
[17] Gil Held．无线数据传输网络：蓝牙、WAP 和 WLAN［M］．周欣，王艺，译．北京：人民邮电出版社，2001.
[18] Brent A. Miller, Chatschik Bisdikian．蓝牙核心技术［M］．侯春萍，等译．北京：机械工业出版社，2001.
[19] 曾华燊．现代网络通信技术［M］．成都：西南交通大学出版社，2004.
[20] 张宝富，张曙光，田华．现代通信技术与网络应用［M］．西安：西安电子科技大学出版社，2017.
[21] 李正军，李潇然．现场总线及其应用技术［M］．北京：机械工业出版社，2017.
[22] 李旭．数据通信技术教程［M］．北京：机械工业出版社，2001.
[23] 杨春杰，王曙光，亢红波．CAN 总线技术［M］．北京：北京航空航天大学出版社，2010.
[24] 张戟，程旻，谢剑英．基于现场总线 DeviceNet 的智能设备开发指南［M］．西安：西安电子科技大学出版社，2004.
[25] 陈启军，覃强，余有灵．CC-Link 控制与通信总线原理及应用［M］．北京：清华大学出版社，2007.
[26] Louis E. Frenzel Jr．串行通信接口规范与标准［M］．林赐，译．北京：清华大学出版社，2017.
[27] 孙利民，李建中，陈渝，等．无线传感器网络［M］．北京：清华大学出版社，2005.
[28] 陈忠华．可编程序控制器与工业现场总线［M］．北京：机械工业出版社，2012.
[29] 夏继强，邢春香．现场总线工业控制网络技术［M］．北京：北京航空航天大学出版社，2005.
[30] 黄风．工业机器人与现场总线网络技术［M］．北京：化学工业出版社，2020.
[31] 阿亮新青年．"北斗"系统"三步走"发展历程的前世今生［Z/OL］．［2020-07-06］．https://baijiahao. baidu. com/s? id=1671477039243269815&wfr=spider&for=pc.

第 **8** 章

机电一体化系统抗干扰技术

 教学目标

知识目标：介绍典型的机电一体化系统的抗干扰技术，使学生熟悉机电一体化产品产生扰动的源头及防治措施。

能力目标：培养学生设计机电一体化产品时消除产品的干扰源和产品不对外释放干扰源的能力，对系统进行可靠性设计，确保系统安全、长期稳定运行。

思政目标：培养学生防患于未然的思维习惯。

8.1 概述

机电一体化系统投入应用环境运行时，系统总会受到电网、空间与周围环境的干扰。若系统抵御不住干扰的冲击，各电气功能模块将不能进行正常工作，微机系统往往会因干扰产生程序"跑飞"，传感器模块将会输出伪信号，功率驱动模块将会输出畸变的驱动信号，从而使执行机构动作失常，影响系统的可靠性，最终导致系统产生故障，甚至瘫痪。

8.2 干扰源的分类

一般情况下，在机电一体化系统中，由专用或微型计算机组成的控制器，其硬件经过筛选和老化处理，可靠性非常高，平均无故障工作时间较长，引起控制器故障的原因多半不在其本身，而在于从各种渠道进入控制器的干扰信号。从干扰窜入系统的渠道来看，系统所受到的干扰源分为供电干扰、强电干扰、接地干扰、过程通道干扰和场干扰等，如图 8-1所示。

干扰窜入系统的渠道可分为两大类型：一是传导型，通过各种线路传入控制器，包括供电干扰、强电干扰、接地干扰和过程通道干扰等。二是辐射型，通过空间感应进入控制器，包括电磁干扰和静电干扰等。

1. 供电干扰

控制器一般都配备有专用的直流稳压电源，即使如此，从交流供电网传来的干扰信号仍

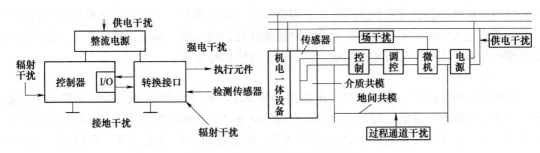

图 8-1 干扰源对系统影响示意图

然可能影响电源电压的稳定性，并可能经过整流电源窜入控制器。这些干扰信号主要来源于附近大容量用电设备的负载变化和开、停时产生的电压波动。由于一些大型设备的起停经常会使电网上出现几百伏甚至是上千伏的尖峰脉冲干扰，这些设备在起动时使电网电压瞬时降低，在停止时又产生过电压和冲击电流。此外，雷电感应也会产生冲击电流。供电电网对控制器的另一种干扰是断电或瞬时断电，这将引起数据丢失或程序紊乱。

2. 强电干扰

机电一体化系统的驱动电路中的强电元件，如继电器、电磁铁和接触器等感性负载，在断电时会产生过电压和冲击电流。这些干扰信号不仅影响驱动电路本身，还会通过电磁感应干扰其他信号线路。这种强电干扰信号能通过外部接口影响控制器内部 I/O 接口的状态，并通过 I/O 接口进入控制器。

3. 接地干扰

接地干扰是由于接地不当，形成接地环路产生的。图 8-2 为接地环路的两种典型情况：图 8-2a 是由于接地点远而形成的环路，因为不同位置的接地点一般不可能电位相同，因此形成图中所示的地电位差；图 8-2b 是采用公用地线串联接地而形成的环路，由于各设备负载不平衡、过载或漏电等原因，可能在设备之间形成电位差。无论哪种情况形成的电位差，都会产生一个显著的电流干扰电路的低电平。

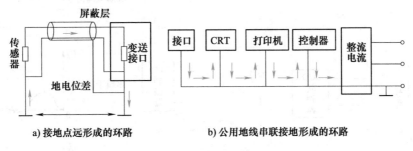

a) 接地点远形成的环路   b) 公用地线串联接地形成的环路

图 8-2 接地环路

4. 过程通道干扰

过程通道干扰一般都是出现在长线传输中，如果系统中有电气设备接地的系统不完善、漏电、传感器测量部件的绝缘效果不好等情况出现时，都会在过程通道中窜入很高的差模电压和共模电压。如果各个通道的传输线都处在一根相同的电缆中，那么各个通道中或多或少地都会出现一些干扰，尤其是将 0~15V 的信号线和交流 220V 的电源线放在同一个长达百米的管道内，这种干扰会使系统无法工作。多路信号一般是靠多路开关与采样保持器对数据进行采集然后送入微机，如果这一部分的电路性能没有达到标准，幅值比较大的干扰信号同样会使相邻的通道之间产生信号的串扰，这种串扰会使信号失真。

5. 辐射干扰

如果在控制系统附近存在磁场、电磁场、静电场或电磁波辐射源，例如太阳和天体辐射，手机、广播以及通信发射台，周围有中频的设备等。这些辐射源产生的场就可能通过空间感应，直接干扰系统中的各个设备（控制器、驱动接口、转换接口等）和导线，使其中的电平发生变化，或产生脉冲干扰信号。系统附近或系统中的感性负载是最常见的干扰源，它的开、停会引起电磁场的急剧变化，其接点的火花放电也会产生高频辐射。人体和处于浮动状态的设备都可能带有静电，甚至可能积累很高的电压。在静电场中，导体表面的不同部位会感应出不同的电荷，或导体上原有的电荷经感应而重新分配，这些都将干扰控制系统的正常运行。

8.3 干扰存在形式

1. 串模信号

串模干扰是在测试的时候的干扰信号，也被称为横向的干扰信号。然而，产生串模干扰的原因是长距离传输和空间电池厂引起的干扰工作，在进行机电一体化系统建设的时候，被测试的信号主要是直流信号，而形成干扰信号的则经常是一些杂乱的波形脉冲，如图 8-3c 所示。图 8-3c 中，U_s 表示理想的测试信号，U_c 表示实际传输过程中的信号，U_g 表示不规则的干扰信号，其干扰信号主要来源于内部，如图 8-3a 所示，还有一部分则可能是来自导线的感应，如图 8-3b 所示。

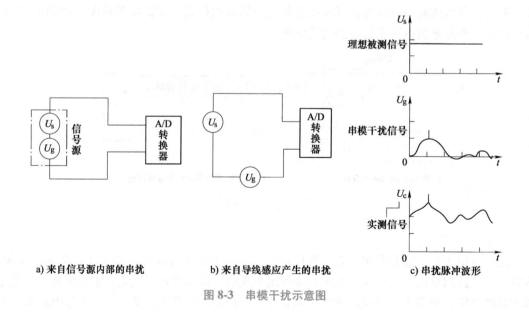

图 8-3 串模干扰示意图

2. 共模干扰

共模干扰主要是指在进行各个输入信号端口加载时的信号干扰。图 8-4 所示电路中，检测信号输入 A/D 转换器，A/D 转换器的两个输入端上即存在公共的电压干扰。由于输入的信号源有着一个较长的传输距离，因此输入信号 U_s 的参考点和计算机计算的参考点不同，这个定位之间的差异就使得两个端口上容易形成干扰。如以计算机的接口作为参考，加到输入点 A 的信号为 $U_s +$ U_{cm}，加到输入点 B 上的信号为 U_{cm}。

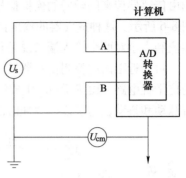

图 8-4　共模干扰示意图

8.4　抗干扰措施

为抑制上述各种干扰信号的产生以及防止干扰信号危害，必须要在机电一体化系统的设计中考虑抗干扰措施，既要有针对各种干扰源的性质和部位而采取的措施，也要有从全局出发而采取的提高产品可靠性的措施。

1. 供电系统的抗干扰措施

针对交流供电网络干扰源所采取的抗干扰措施主要是稳压、滤波、隔离。

增加电子交流稳压器：在直流稳压电源的交流进线侧增加电子交流稳压器，用来稳定 220V 单向交流进线电压，可以进一步提高电源电压的稳定性。

增加低通滤波器：用来滤去电源进线中的高频分量或脉冲电流。

加入隔离变压器：以阻断干扰信号的传导通路，并抑制干扰信号的强度。

采用不间断电源：在可靠性要求很高的地方，可采用不间断电源（具有备用直流电源），以解决瞬时停电或瞬时电压降低所造成的危害。

2. 接口电路的抗干扰措施

在控制器与执行元件之间的驱动接口电路中，少不了由弱电转强电的电感性负载，以及用来通、断电感负载的触点，这些都是产生强电干扰的干扰源。这种干扰也会通过电磁感应影响控制器与传感器之间的转换接口电路。对于这种干扰以及从空间感应受到的其他辐射干扰，也需采取隔离的办法，以免通过转换接口进入控制器。

二极管隔离：可采用 RC 电路或二极管和稳压二极管吸收在电感负载断开时产生的过电压，以消除强电干扰。

光电隔离：采用光电隔离措施以防止驱动接口中的强电干扰及其他干扰信号进入控制器。如图 8-5 所示，GD 为光电耦合器，信号在其中单向传输，其输入端与输出端之间的寄生电容很小，绝缘电阻又非常大，因此干扰信号很难从输出端反馈到输入端，从而起到隔离作用。

转换接口隔离：为了防止各种干扰影

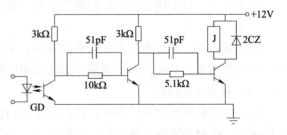

图 8-5　驱动接口的光电隔离措施图

响由传感器传来的较弱的模拟信号，可以采用差动式运算放大器来隔离干扰信号，其原理如图 8-6 所示。这种放大器的输出信号决定于两个输入端的电位差，即 $U_p - U_i$，而干扰信号的相位和大小对两个输入端来说是相同的，因此干扰信号就被抵消了。

对于近距离的检测传感器发出的数字或脉冲信号，不必再经过放大，可采用图 8-7 所示的抗干扰电路。由 R_1 和 C_1 组成滤波器，滤去高频干扰。由于经 RC 滤波后的脉冲信号往往有脉动和抖动，为了改善脉冲前沿，可增加一级整形电路。

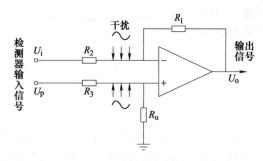

图 8-6　差动式运算放大器干扰原理图

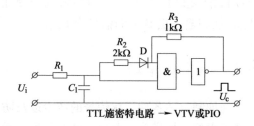

图 8-7　近距离数字信号抗干扰接口电路图

3. 接地系统的抗干扰措施

要防止从接地系统传来的干扰，主要的方法是切断接地环路，可以采用以下措施：

单点接地：对于图 8-2a 所示的由于接地点远而形成的环路，可采用图 8-8a 所示的单点接地的方法来切断。

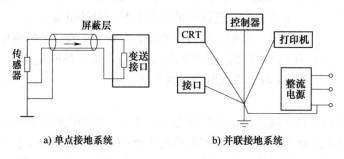

图 8-8　接地系统抗干扰

并联接地：对于图 8-2b 所示的由于多个设备采用公用地线串联接地而形成的环路，可以用图 8-8b 所示的并联接地的方法来切断。

光电隔离：对于用长线传输的数字信号，可用光电耦合器来切断接地环路。

4. 软件抗干扰

根据数据受干扰性质及干扰后果的不同，采取的软件对策各不相同，没有固定的模式。对于实时数据采集系统，为了消除传感器通道中的干扰信号可以采用下面介绍的几种方法。

（1）算术平均值法

对于一点数据连续采样多次，以其算术平均值作为该点采样结果。这种方法可以减少系统的随机干扰对采集结果的影响。一般 3~5 次平均即可。

（2）比较取舍法

当控制系统测量结果的个别数据存在偏差时，为了剔除个别错误数据，可采用比较取舍法，即对每个采样点连续采样几次，根据所采数据的变化规律，确定取舍，从而剔除偏差数据。例如"采三取二"，即对每个采样点连续采样三次，取两次相同的数据为采样结果。

（3）中值法

根据干扰造成采样数据偏大或偏小的情况，对一个采样点连续采集多个信号，并对这些采样值进行比较，取中值作为该点的采样结果。

（4）一阶递推数字滤波法

该法利用软件完成 RC 低通滤波器的算法，实现用软件方法代替硬件 RC 滤波器。一阶递推数字滤波公式为

$$Y_n = \tau X_n + (1 - \tau)Y_{n-1} \tag{8-1}$$

式中，τ 为数字滤波器时间常数；X_n 为第 n 次采样时的滤波器输入；Y_n 为第 n 次采样时的滤波器输出。

采用软件滤波器对消除数据采集中的误差可以获得满意的效果。但应注意，选取何种方法应根据信号的变化规律选择。

阅读材料 H　"国之重器"盾构机从 0 到 1

上天有"神州"，下海有"蛟龙"，入地有超级盾构机。从高山隧道到水利工程，铺就世界上海拔最高的铁路，盾构机穿山越海的挖掘速度，总是能不断地给世界创造奇迹。

1. 国产最大直径盾构机下线，解决了世界性难题

2021 年 10 月 12 日，"聚力一号"成功下线，这台盾构机的开挖直径达 16.09m，长 140m，重 5000t，是目前国产最大直径盾构机。这款盾构机，不仅可实现 5000m 超长距离连续挖掘不换刀，还能解决超大直径盾构机、高水压下掘进"十隧九漏"的世界性难题，实现隧道掘进施工滴水不漏，为我国高水压、超长距离的隧道修建工程，增添了一把畅通无阻的利器。图 8-9 所示为盾构机外观。

图 8-9　盾构机外观

2. 以前没有自主研发能力，进口德国盾构机"天价"

我国使用盾构机的时间比较晚，开始自主研发到世界第一全球领先，不过也就十五年的时间。之前我国没有自主研发盾构机的能力，挖掘隧道是个难以攻克的难题，仅仅依靠人工费时又费力，如果想使用盾构机进行高效作业，只能去国际市场购买二手盾构机。

1997 年，我国在修建秦岭隧道的时候，施工遇到了很多困难，决定向德国进口盾构机，结果对方两台盾构机要 6.7 亿元人民币，而且设备经常出现问题，国内并没有技术能够支持，后期还要请德国专家和工程师来维修设备，这又是一笔高昂的费用。

制造业技术的落后，让我们完全受制于人，看到了与世界制造工业的差距，盾构机是大国建设的核心装备，也是基建的实力所在。必须研发出自己的盾构机，必须让盾构机的先进技术，牢牢掌握在自己的手里，这样才能够做到成功逆袭！

3. 经过多年探索和努力，中国盾构机实现了从 0 到 1 的突破

经过多年不懈的努力和探索，我国终于研发出来了属于自己的"国之重器"。2008 年研发制造了中铁 1 号，这是我国第一台具有知识产权的复合式土压盾构机，并且实现了零的突

破，也让国人欢欣鼓舞，振奋人心，为制造产业的发展带来更大的想象空间。第二年又在河南郑州，修建了全国最大的盾构机生产基地，拉开了我国盾构机的帷幕，随后盾构机研发开始迅速发展，并逐渐实现了弯道超车。

2019 年为我国盾构机反攻海外的第一年，在这一年，我国成功将生产的盾构机出口到了盾构机研发国，以及其他需要从他国进口盾构机的国家，而借助于国产盾构机的强大性能，我国的盾构机不仅征服了那些需要使用盾构机进行基础建设的国家，就算像日本这样的盾构机研发强国，最后也选择使用我国制造的盾构机，为他们解决隧道和地下广场挖掘所面临的难题。

到 2021 年，我国盾构机，连续九年占据国内第一，以及全世界出口的三分之二，成为了世界上销售量最高的盾构机，而随着盾构机技术的推广，国产盾构机企业未来将会为全球地下隧道的挖掘工作，又或者其他地下设施的建造工作，提供更多的中国解决方案，让全世界的人们都知道：中国建造并不是空话，而是拥有实实在在的建造能力。

 思考与练习题

8-1 如何从可靠性入手提高机电一体化产品的抗干扰能力？

8-2 机电一体化系统的干扰源有哪些？

8-3 机电一体化产品受到干扰后会产生哪些现象？

8-4 什么是共模干扰？

8-5 如何避免机电一体化产品接口电路发生干扰？

参 考 文 献

[1] 赵煜涵 . 小议机电一体化系统抗干扰措施 [J]. 科技资讯，2006，(15)，54-55.

[2] 黄浩 . 控制系统的抗干扰措施 [J]. 工业炉，2018，40 (1)，65-69.

[3] 安玲玲，于雷 . 机电一体化系统的抗干扰措施 [J]. 机电技术，2008，(3)，64-65，78.

[4] 科技日报记者　乔地 . 1000 台！我国盾构机从 0 到世界第一 [Z/OL]. [2020-09-29]. https://m.gmw.cn/baijia/2020-09/29/1301620144.html.

机电一体化系统工程实例

知识目标：基于不同领域的机电一体化应用案例，剖析所涉及相关原理及技术，加深传感器工作原理、信号检测技术、精准控制技术等关键技术的理解；通过案例了解机电一体化系统的基本理论和基本设计方法。

能力目标：掌握生活、工业及农业生产等不同领域应用案例的设计方案、工作原理等，使学生具备完成系统设计、方案选型以及系统调试维护能力；进一步明确在不同行业案例应用中的共性技术和专有技术，培养学生应用所学知识解决复杂工程问题的能力，提高学生应用知识和创新的能力。

思政目标：了解机电一体化技术在工业、生活、农业生产等不同行业应用案例，激发学生思考机电一体化应用中的共性关键技术，探究最新前沿应用，提高学生使命感；进一步强化学生工程观点的建立，同时培养学生严谨细致的工匠精神，敢于尝试的创新精神，团结协作的团队意识与责任意识。

9.1 引言

在前面章节中，对机电一体化系统中机械设备、传感器、控制单元等关键组成部分的原理进行了详细介绍。机电一体化产品是包含机械技术、微电子技术、计算机技术、信息技术、自动控制技术和通信技术的高科技产品。机电一体化产品在其所包含的各种技术相互渗透、相互结合的基础上，充分利用各个相关技术的优势，使系统或者设备的性能达到精密化、高柔化、智能化。目前机电一体化技术在生活、生产等各个领域已得到广泛使用。本章选取机电一体化技术在不同领域的应用案例进行介绍，讲解一些机电一体化产品的基本组成和原理。

9.2 生活中的机电一体化产品

9.2.1 自助售票机

自动售检票（Automatic Fare Collection，AFC）系统是地铁系统中重要的子系统，可对地铁票务运营中售票、检票、统计、财务、运营等业务进行全过程自动化管理，系统架构图如图9-1所示。该系统可准确监测客流及票务统计分析，为运营调控、市场营销、新线建设提供科学决策依据；也可使乘流井然有序地快速通过减少有意无意地逃票；并能大大减少现金交易人工记账及统计工作，可精减人员提高运行效率等。自动售检票系统分为车票、车站终端设备、车站计算机系统、线路中央计算机系统、清分系统五个层次。

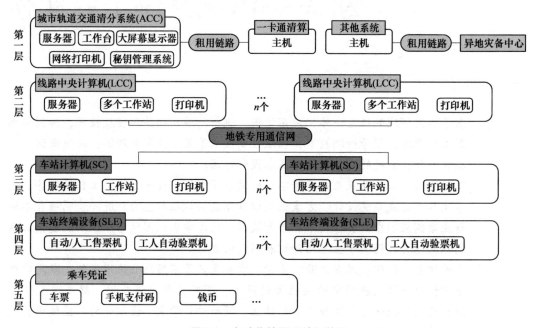

图9-1　自动售检票系统架构图

城市轨道交通清分/清算系统，主要功能是统一城市轨道交通内部的各种运行参数、收集城市轨道交通产生的交易和审计数据并进行数据清分和对账、同时负责连接城市轨道交通和城市一卡通的清分；线路中央计算机系统与车站计算机系统，主要功能是监控和配置各线路车站中的本地设备，收集本层次系统或设备产生的交易和审计数据，并将此数据上传给上一级系统，完成对账工作；车站终端设备安装在各车站的站厅，直接为乘客提供售/检票及查询等服务的设备。

图9-2所示的自动售票机是自动售检票系统的主要终端设备之一，也是该系统的重要组成部分。其可代替人工完成购、补、退票等功能，实现轨道交通运营系统中通过设备取代人工。本案例主要对轨道交通中自动售票机进行分析。

自动售票机前板面面向乘客，前板面是人机交互最集中之处，设置有各类显示、触摸模块和输入输出口。

图9-2　地铁中的自助售票机

如图9-3a所示即为JWTVM-2型自动售票机的前板面，集支付、找零、制票、证件识读、监控等功能于一体。售票机内部布局，基本参照前板面所需功能需求，并充分考虑日常运营维保需要（如便于钱箱、票箱的更换，便于检修等），常见内部布局如图9-3b所示，主要布置有工控机模块，银行卡、纸币及硬币处理模块、凭单打印、票据发放、键盘、储值卡读写器及电源模块等。

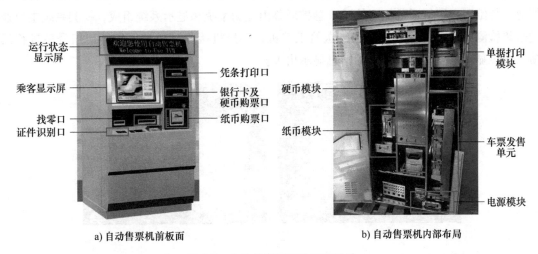

a) 自动售票机前板面　　　　　　　　　b) 自动售票机内部布局

图 9-3　自动售票机结构布局设计

自动售票机主要由电源、与乘客交互的 UI 界面、主控单元、LED 状态显示器、财务设备、票务设备等多个功能模块组合而成，硬件结构图如图 9-4 所示。由控制部分对整个设备进行协调控制，主要完成的功能有识别乘客的购票选择，自动实现车票的出票和发票；并且能够对乘客使用的储蓄卡、现金、信用卡等付费方式进行识别，将无法识别的予以退回；对乘客投入现金的计算，根据计算结果进行找零；对机器各部件的工作状态进行监控，并将监控结果输送到中央计算机系统中。

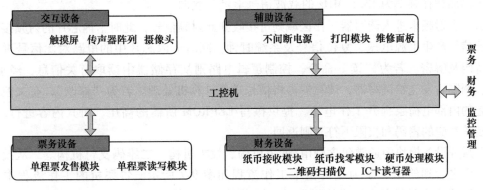

图 9-4　自动售票机硬件结构

主控单元包含主板、存储硬盘、中央处理器、数据传输接口、控制模块等，可实现对各个模块和单元进行协调控制，并实现与管理系统的通信，上传票务数据等，相当于售票机的"大脑"，通常采用微型电子计算机或工控机等。另外，为了能够适应重新组装部件构成不同功能的售票机控制，各部件内也装了小型微机用来担负部件中进行处理的细微控制。

图 9-5 所示触控屏幕界面图是网络售票机与用户交流的途径。用户可以通过视觉和触觉与之交流，辅助用户选择站点、购票张数等功能。与传统液晶显示屏幕相比，触控屏幕更为便捷，带给用户更舒适的交互体验。触控屏幕由检测系统和显示系统组成，检测系统主要通过采集检测触摸点信息，将信息传送给工控机，工控机接收到触控系统传出信号后进行反馈，通过显示系统将用户需要的信息显示出来。

图 9-5 售票机购票界面图

票务设备包含出票、打印、单程票读写、储票等模块。其中单程票读写模块由射频天线、读写芯片、SAM卡组成，负责对来自发售模块的单程票进行寻卡、读卡、写卡操作，使车票具有发售设备号、发售时间和存储金额等信息，票卡功能结构如图 9-6 所示。目前常采用的射频卡读卡器主要采用 RS-232 或 RS-422 等有线通信的方式与终端设备控制主机进行通信，其工作流程一般为终端设备的控制模块向读写器传送操作指令，读写器将指令信号编码加载在频率为 13.56MHz 的载波信号上经天线向

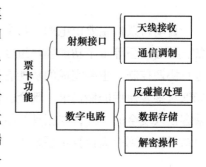

图 9-6 票卡功能结构图

外发送，当射频卡进入读写器工作区域则可接收到此射频信号，此时卡内芯片的射频接口模块由此信号产生电源电压、复位信号及系统时钟，同时卡内芯片中的电路对此信号进行解调、解码及解密。若为"读"命令，控制逻辑电路则从存储器中读取有关信息，经加密、编码、调制后发送给读写器，读写器再将信号送至计算机处理。若为"修改"，有关控制逻辑引起的内部电荷泵提升工作电压，提供擦写 EEPROM 所需的高压，对其内容进行改写。若判断其对应的密码和权限不符，则返回。

在财务设备模块中通常包含硬币/纸币机构、找零机构、二维码支付机构等。从投入硬币或纸币之后到给出车票为止的基本工作流程如图 9-7 所示。售票机的工作流程主要如下：（a）乘客在显示器中地图的引导下选择要到达的目的地，显示器根据乘客选择信息对购票所需金额进行显示；（b）主控单元向硬币和纸币模块发送允许接收的命令信息，这时乘客可以根据需要选择两种方式进行购票，将硬币或纸币放入模块接收装置中，显示器对乘客投入的金额数量进行显示，对于不能识别的及时予以退还，如果金额足够，主控单元将指令发送给票卡读卡器，读卡器完成相应的读写票卡动作，票卡读取完成后，主动单元将出票命令发送给单程票发售模块，如果需要找零，主控单元将找零命令发送给硬币模块，与票卡

同时发出。硬币/纸币、车票及信号的传递流程图如图 9-8 所示。

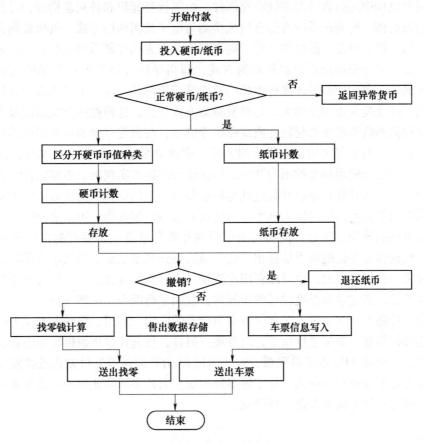

图 9-7　购票基本工作流程图

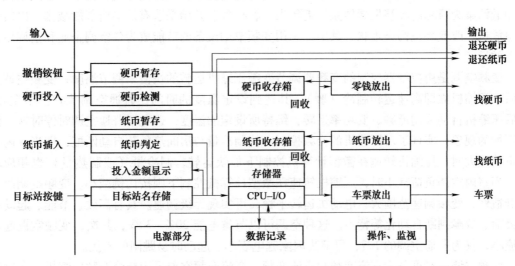

图 9-8　硬币/纸币、车票及信号的传递流程图

硬币机构可辨别投入硬币的真伪，区分硬币的种类，投入硬币的暂存部分，找结零钱等；另外硬币机构中还包含外部零钱补充部件，由零钱补充箱和补充盘构成，可把找零钱用硬币供给硬币机构。辨别硬币的真伪有机械检测与电子检测两种方式。机械检测方式是测量并判定硬币的外径、厚度、图样的印痕、周缘刻纹及有无孔等硬币形状的方式。另外还有一种机械检测方式则是根据硬币材料检测的方式，即当导体（硬币）在磁场中通过时，导体中就会产生涡流，利用控制导体通过磁场的速度进行检测的方法，电导率高的材料的硬币产生的涡流强，速度变化也相应增大。与机械检测方式相比，这种检测方式速度较快。电子检测方式是用检测器收集硬币的材料性质或形状等信号，与预先存储的每种钱币的信息相比较进行判定的方法。目前多用的是电子检测方式，这种检测基于单片 CPU 实现，用电磁螺线管使对应于已判定的硬币种类的闸门开闭、转换硬币通路来实现的。当零钱机构找钱时，零钱通过光电开关，每种硬币逐枚计数直到与控制部分输出的应找钱的枚数一致为止。

而纸币机构类似的也包含输入纸币、对插入的纸币辨别真伪、识别金额以及纸币暂存等功能。纸币真伪的辨别方法是，同样先把纸币的外形尺寸及纸币固有的信息等用检测器收集，然后与机构预先存储的纸币信息相比较，最后得到判定结果。当纸币找零时，采用了真空吸附装置将一张纸币取出，也可以利用橡胶辊一张张反复取送出，一旦两张重叠一起送出时，利用检测光的透过量及厚度便可测出异常，收回重叠纸币、重新支付。

近年来，伴随着新兴支付方式在轨道交通行业的应用，利用二维码等方式支付，使售票机继续朝着操作简便、购买速度快等方向发展。另外，目前许多售票机添加语音模块，负责辅助乘客购票。随着 APP 电子单程票、银联闪付和 NFC 闪付等支付方式迅速发展，售票机在一定程度上也要能够承担问询、兑零等多种职能。因此多项功能集成也是未来设备功能优化的方向，促进车站走向无人化、智能化。

9.2.2 变频空调

为提高人们的物质生活水平和实现社会的可持续发展，减少温室气体排放，建立以低能耗和低污染为目标的经济发展体系。近年来，各行各业开始采取有效措施节能减排，以缓解能源危机，改变环境污染现状。其中，家用变频空调设备的节能成为各空调企业和空调用户关心的话题。

变频空调是由控制器控制的变频器调节变额压缩机运转的快慢来调节温度，变频空调开机后，压缩机立即高速运转制冷（暖），其达到设定温度的时间比普通空调节省一半左右。随后压缩机自动采用低频、低功率运转，维持所设定的温度，避免了普通空调时停时转、温度不均的现象。实现了对压缩机的变频控制，使制冷量与房间热负荷自动匹配，即当室内空调负荷加大时，压缩机转速在微型计算机控制下加快运转，制冷量（或制热量）也相应增加；当室内空调负荷减小时，压缩机转速在微型计算机控制下则按比例减小。变频空调改善了舒适性，变频调速范围大，电动机运转平稳，可实现无级调速。具有高效、节能、起动运转灵活、故障判断自动化等特点。这种空调可以节省电能 20%～30%，其次，变频空调起动电流小，仅为普通空调的 1/7，可解决因家庭电表小、起动时易跳闸的困扰。

变频空调一般可分为交流变频和直流变频。交流变频空调采用交流变频压缩机，两次调节电压转换，与定频压缩机相比，没有起动电容，减少了电路损耗，从而达到节能的目的。直流变频，直流数字变频压缩机只经过一次电压转换，与直流电动机类似，去除了电路中的铜损，与交流变频相比可节省 18% ~ 40%的电能，展示了直流变频技术的优势。下面对这两种变频技术进行介绍。

1. 交流变频原理

由异步电动机的工作原理可知，p 极的异步电动机的旋转磁场的速度为

$$n_0 = \frac{120f}{p} \tag{9-1}$$

式中，n_0 为电动机旋转磁场同步速度（r/min）；p 为电动机极数；f 为电源频率（Hz）。

转子速度 n_1 为

$$n_1 = \frac{120f}{p}(1 - s) \tag{9-2}$$

式中，n_1 为异步电动机转子速度（r/min）；s 为异步电动机转差率，$0 < s < 1$。

由式（9-2）可知，改变电动机的供电频率 f，就可以改变电动机转子转速 n_1。异步电动机在运行时，产生的感应电动势为 E_1，如式（9-3）所示，由于定子阻抗上的压降很小，可以忽略，这时电动机端电压约等于感应电动势，如式（9-4）所示。

$$E_1 = 4.44 k_d f N_1 \Phi \tag{9-3}$$

$$U_1 \approx E_1 = 4.44 k_d f N_1 \Phi \tag{9-4}$$

式中，U_1 为电动机端电压；k_d 为电机绕组系数；N_1 为每相定子绕组匝数；Φ 为每极磁通（Wb）。

由式（9-4）得

$$\Phi \approx \frac{U_1}{4.44 k_d f N_1} \tag{9-5}$$

由式（9-5）可知，要保持 Φ 恒定，则要保持 U_1/f 恒定，因此频率 f 改变时，电动机定子电压 U_1 必须随之发生变化，即在变频的同时也要变压，这种调节转速的方法称为 VVVF(Vairble Voltage Varibe Frequency)，简称 V/F 变频控制。现在变频空调的控制方法基本上都是采用这种方法来实现变频调速的。异步电动机用的变频器结构框图如图 9-9 所示。

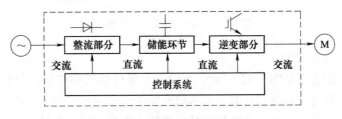

图 9-9　变频器结构方框图

由图 9-9 可知，变频器主要包含整流器、滤波器、逆变器等部分。变频器中的计算机控制系统，对各取样点传来的信号进行分析处理，并经内部波形产生新的控制信号，再经驱动

放大去控制变频开关，产生相应频率的模拟三相交流电压，供给压缩机。系统输入为220V的电压、50Hz的频率的电流，整流器将交流变为直流得到310V左右的直流电，再经过逆变器逆变之后就可以得到控制压缩机运转的变频电源，可以将50Hz的电网频率转变为30~130Hz，交流变频器工作原理图如图9-10所示。

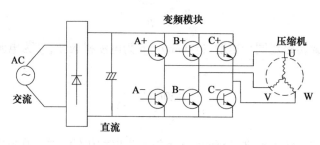

图 9-10　交流变频器工作原理图

2. 直流变频原理

直流变频器的控制电路与交流变频器的基本一样。同样是把工频市电220V转换为直流电源，并送至功率模块，变频模块每次导通两个晶体管，给两相线圈通以直流电，同时模块受微型计算机的控制，输出电压可变的直流电源，并将直流电源送至压缩机的直流电动机，控制压缩机的排量，工作原理图如图9-11所示。由于直流变频空调采用了无刷直流电动机作为压缩机，因此其直流变频器相比交流变频器多一个位置检测电路，使直流变频的控制更精确。

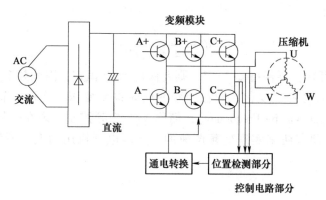

图 9-11　直流变频器工作原理图

3. 变频空调组成及控制

变频空调的控制关系如图9-12所示，其输入主要包括三类变量，分别是室内温差及其随时间的变化率，室内换热器管壁温度及其随时间的变化率和室外换热器管壁的温度及其随时间的变化率。进一步将这些输入变量的精确值转化为模糊量，并结合模糊推理规则表给出控制决策，模糊输出接口再将模糊控制量转化为精确量，实现对空调的制冷、制热、除湿、风量等功能的智能化控制。

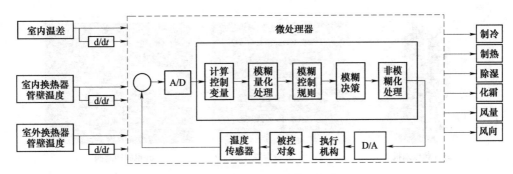

图 9-12　变频空调的控制关系图

变频空调器的室内机主要用来接收人工指令，并对室外机提供电源和控制信号。内部设有空气过滤部分、蒸发器、电路部分、贯流风扇组件、导风板组件等。变频空调器的室外机主要用来控制压缩机为制冷剂提供循环动力，与室内机配合，将室内的能量转移到室外，达到对室内制冷或制热的目的。室外

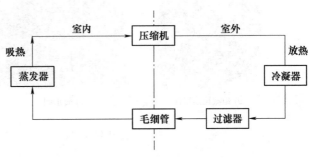

图 9-13　空调制冷系统工作过程示意图

机主要由变频压缩机、冷凝器、闸阀和节流组件（电磁四通阀、截止阀、毛细管、干燥过滤器）、电路部分（控制电路板、电源电路板和变频电路板）、轴流风扇组件等。空调制冷系统工作过程图如图 9-13 所示。

其中，变频压缩机（见图 9-14a）可使制冷剂在变频空调器的制冷管路中形成循环，是变频空调器制冷剂循环的动力源。变频空调器的压缩机采用变频压缩机，通过变频电路部分向压缩机输入变化的频率和电压，来改变压缩机的转速，调节室内温度。冷凝器（见图 9-14b）是室外机中的热交换部件，其由多组 S 形铜管胀接铝合金散热片制成，用于传输制冷剂，使制冷剂不断循环流动，制冷剂流经冷凝器时，向外界散热或从外界吸收热量，与室内机蒸发器的热交换形式始终相反，以实现空调的制冷/制热功能。其中制冷剂的流向则是由电磁四通阀（见图 9-14c）控制的。轴流风扇组件（见图 9-14d）通常位于冷凝器的内侧，主要由轴流风扇驱动电动机、轴流风扇扇叶和轴流风扇起动电容器组成，可确保室外机内部热交换部件（冷凝器）良好的散热。截止阀（见图 9-14e）是变频空调器室外机与室内机之间的连接部件，室内机的两根连接管路分别与室外机的两个截止阀相连，从而构成制冷剂室内、室外的循环通路。干燥过滤器、单向阀和毛细管等（见图 9-14f）是室外机中的干燥、闸阀、节流组件。其中，干燥过滤器可对制冷剂进行过滤；单向阀可防止制冷剂回流；而毛细管可对制冷剂起到节流降压的作用。

整个系统电路结构如图 9-15 所示，在室内机和室外机中，都有独立的计算机芯片控制电路，两个控制电路之间有电源线和信号线连接，完成供电和相互信息交换。变频空调器工作时，室内机组计算机芯片接收人工指令与各路传感元件送来的检测信号，如遥控器指定运转状态的控制信号、室内温度传感器信号、蒸发器温度传感器信号（管温信号）、室内风扇

a) 变频压缩机　　　　b) 冷凝器　　　　c) 电磁四通阀

d) 轴流风扇组件　　　　e) 截止阀　　　　f) 干燥过滤器、单向阀
和毛细管等

图 9-14　空调外机主要部件图

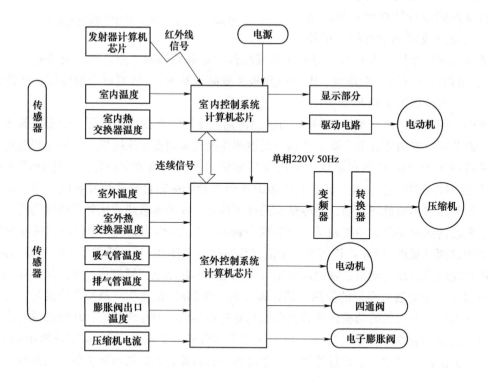

图 9-15　变频空调整体系统电路结构图

电动机转速的反馈信号等。控制单元基于此信号发送系列控制指令，如室内风机转速控制信号、压缩机运转频率的控制信号、显示部分的控制信号（主要用于故障诊断）和控制室外机传递信息用的串行信号等。同时，室外机内计算机芯片从监控元件得到感应信号，如来自

室内机的串行信号、电流传感器信号、电子膨胀阀温度检测信号、吸气管温度信号、压缩机壳体温度信号、大气温度信号、变频开关散热片温度信号、除霜时冷凝器温度信号等。综合这些信号基于模糊控制技术实现对多变量的动态控制，进而实现空调器的制冷、制热、除湿、化霜、风向、风量等功能的智能化控制。

9.3　工业、生产线中的机电一体化产品

9.3.1　电火花数控机床

数控技术将传统的机械制造技术、计算机技术、传感器和测试技术、液压气动技术和电气技术等整合到了一起，是未来机械制造竞争中的决定性因素之一。电火花加工是利用工件和工具（正负电极）之间脉冲性电火花的放电时瞬时高温来使工件局部的材料熔化、氧化而被腐蚀，从而实现对工件的尺寸形状和表面质量预定加工。三轴数控电火花成型机实物图如图 9-16 所示。

基本原理如图 9-17 所示。加工时，脉冲电源的一极接工具电极，另一极接工件电极，两极均浸入具有一定绝缘度的液体介质（常用煤油矿物油或去离子水）中。工具电极由自动进给调节装置控制，保证工具与工件在正常加工时维持有一个很小的放电间隙（0.01～0.05mm），当脉冲电压加到两极之间，便会形成放电通道。由于通道的截面面积很小，放电时间极短，能量高度集中在放电区域产生的瞬时高温足以使材料熔化甚至蒸发，在材料上形成一个小凹坑。第一次脉冲放电结束之后，经过很短的间隔时间，第二个脉冲又在另一极间最近点击穿放电。如此周而复始高频率地循环下去，工具电极不断地向工件进给，它的形状最终就复制在工件上，形成所需要的加工表面。与此同时，总能量的一小部分也会释放到工具电极上，从而造成工具电极的损耗。

图 9-16　三轴数控电火花成型机实物图

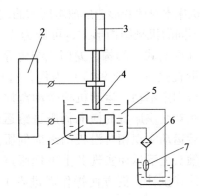

图 9-17　电火花加工原理图

1—工件　2—脉冲电源　3—伺服机构　4—电极
5—工作液　6—过滤液　7—循环泵

由于电火花加工可以解决难加工材料及复杂形状零件的加工问题，具有许多传统切削加工无法比拟的优点，因此其应用领域日益扩大，目前已广泛应用于模具制造、航空、电子、精密微细机械、仪器仪表等行业。电加工机床大致可分为四大类：（a)加工各种模具、型

腔、型孔的电火花成型加工机床；（b）电火花线切割机床，用来切割零件和加工冲模；
（c）工具电极相对于工件既有直线进给运动又有旋转运动的电火花镗、磨螺纹等加工机
床；（d）可对工件进行表面处理的电火花加工机床，如电火花刻字等。

常见的电火花加工机床主要包含由机床本体、脉冲电源、自动进给调节系统、工作液循
环过滤系统、数控系统等部分，如图 9-18 所示。

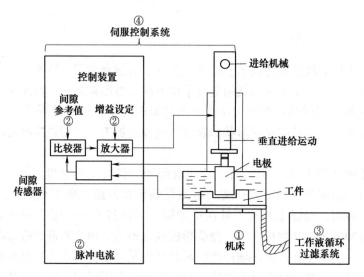

图 9-18　电火花加工设备主要构成

机床本体即机床的机械实体，主要由床身、立柱、主轴
头、工作台及润滑系统等部分组成，主要用来实现对工具和工
件的装夹、调整等。机床本体要求有足够的刚度，以防在加工
过程中由于机床本身的变形造成放电间隙的改变，使加工无法
进行。根据不同的机械结构形式，可分为立柱式（C 型）结
构、滑枕式（牛头式）结构、龙门式结构等。参考张世钦等
人研究，以滑枕式（见图 9-19）为例，对机床本体进行介
绍。其工作台固定不动，运动机构带动滑枕和主轴头左右运
动进而实现相对底座床身的横向伺服进给运动；运动机构带
动主轴头前后运动实现相对滑板的纵向伺服进给运动，运动
机构带动主轴头上下运动实现其上下伺服进给运动。这种结

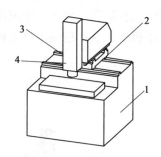

图 9-19　滑枕式数控电火花
成型机床结构示意图
1—工作台（底座）　2—滑板
3—滑枕　4—主轴头

构为三面开放式设计，更方便操作者进入工作区域，也为装夹工具、安装可升降式工作
液槽提供方便。但同时，这种结构的三个运动轴相互关联，制造也相对困难，其适用于
数控化程度较高的机床。另外，目前有的机械机床在 X、Y、Z 三个直线运动轴的基础上，
还增加了主轴绕 X 轴和 Y 轴的旋转而构成五轴运动系统，可实现对具有倾斜特征的面、
孔的电火花加工。

脉冲电源用于将工频交流电转变成一定频率的定向脉冲电流，提供电火花成形加工所需
能量，主要由脉冲发生器、隔离放大电路、直流电源电路、功率放大电路和开关电路等部分

构成。放电脉冲的产生过程如下：脉冲发生器首先产生一个高频参数化的脉冲信号，这个信号经过光耦隔离后，由功率推动电路进行功率放大，从而控制高频开关管的通断。高频开关管的另一端接的是直流电源，该直流电经过高频开关管的通断产生高频的放电加工脉冲电源。脉冲电源的形式很多，如晶体管矩形波脉冲电源、高频分组脉冲电源、并联电容型脉冲电源、低损耗电源等。随着电火花加工工艺的改进，电火花加工机床也有了很大的发展，如在广泛地采用矩形波脉冲电源的同时，又发展了各种叠加波形的脉冲电源和各种矩形波派生电源。另外，为了提高电火花脉冲电源的放电稳定性、可靠性和安全性，隔离式变换器也应用于脉冲电源中，例如 Odulio 等人设计的一种反激式的节能微细脉冲电源如图 9-20 所示。

　　工作液循环与过滤装置主要包括工作液箱、工作液泵、流量控制阀、进液管、回液管和过滤网罩等，如图 9-21 所示为工作液循环系统示意图。工作液循环方式主要分为冲油式和抽油式。其中，冲油式循环系统是把经过过滤的清洁工作液经液压泵加压，强迫冲入电极与工件之间的放电间隙里，将放电蚀除的电蚀产物随同工作液一起从放电间隙中排除，以达到稳定加工的目的。工作液循环系统主要作用主要包含以下四个方面：（a）形成电火花击穿放电通道，在放电结束后迅速恢复间隙的绝缘状态；（b）对放电通道起到压缩作用，使放电能量集中，强化加工过程；（c）在加工过程中，对电极和工件表面起到冷却和散热作用，确保放电间隙的热量平衡；（d）及时冲走放电加工时产生的废物，保持工具电极及工件间的清洁、恒定的间隙。另外，在工作液循环系统中，为了使其正常工作，一定要安装必要的调节和过滤装置，以便对工作液进行过滤和净化。常用的工作液主要是煤油和变压器油的混合物，过滤对象主要是金属粉屑和高温分解出来的炭黑。

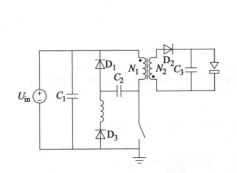

图 9-20　反激式节能微细脉冲电源原理图

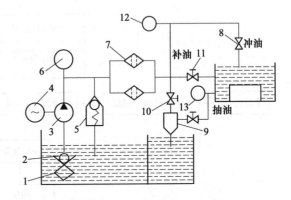

图 9-21　工作液循环系统示意图

1—粗过滤器　2—单向阀　3—涡旋阀　4—电动机　5—安全阀
6—压力表　7—精过滤器　8—压力调节器　9—射流抽吸管
10—冲油选择阀　11—快速进油控制阀（补油）　12、13—压力表

　　控制系统的主要作用是在电火花线切割加工过程中，按加工要求自动控制电极丝相对工件的运动轨迹和进给速度，来实现对工件的形状和尺寸加工，亦即根据放电间隙大小与放电状态自动控制进给速度，使进给速度与工件材料的蚀除速度相平衡。例如，才群等人设计的数控软件的功能模块结构如图 9-22 所示。

　　如图 9-23 所示为电动机运动控制流程图。操作者可以进行基本的参数设置，通过硬盘、其他编辑器上将工件的形状和尺寸自行编辑成加工程序，然后计算机根据指令控制电动机实

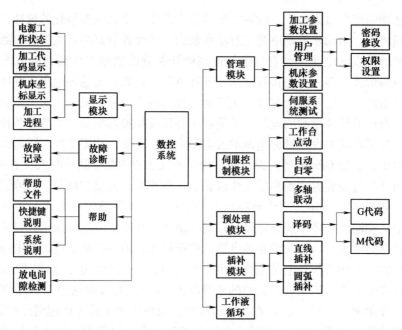

图 9-22　数控软件的功能模块结构示意图

现工件与电极丝的相对轨迹运动；另外反馈系统中光栅传感器等测量执行机构位移、数据采集卡测得的电极与工件间的电压信息，均反馈给控制器和上位机，进而实现从定位、输入、加工到工件测量等环节全数控化作业。

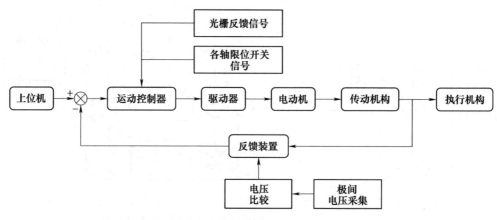

图 9-23　电动机运动控制流程图

　　另外，目前数控电火花加工机床的智能化程度有了很大的提高，很多机床都配有"专家系统"，只需通过简单的对话式输入（如输入加工面积，选择电极材料、工件材料及加工要求等），机床即可自动生成加工程序，如自动决定加工规范标准、放电参数、转档次数和分配摇动量等，在无需经验的情况下实现优化加工。

9.3.2　双排称重系统

　　在食品生产包装过程中，有很多产品是单独一个包装袋或是一个包装箱，而每个定量包装食品的质量是否达标是消费者和生产厂家十分关注的问题。为了避免质量不达标产品流入市场，在传统检测方法中，通常需对已封装好的产品进行二次检测，人工在生产线末端将产品置于电子台秤上进行验证检测，检查不合格的产品则会被剔除，这种检测方式的工作量十分巨大。因此很多厂家采取抽样检测方式，而这又会导致漏检的情况发生。另外，有些厂家为了避免出现包装质量不达标对企业造成负面影响，通常采用宁多毋少的原则，但这种方式在一定程度上增加了厂家的生产成本。因此在生产线中增加称重环节，在流水生产线动态情况下实现高速、高精度质量检测并动态分选出过轻或过重产品，相比以往传统方法，可避免质量不合格产品流入市场，同时降低了人工操作强度与生产厂家生产成本。

某公司的方便面食品生产线中的质量检测与分选系统要求该模块能在桶面线充填机正常运行速度（约 19 排/min）下，满足产品在线称重要求。系统主要分为承载运输模块、称重模块（桶面产品称重与面块称重）、分选模块和控制显示模块四部分构成。

承载运输模块：该生产线可实现一行 10 个杯面产品的传输。结合方便面面桶特点，其传输模块包含一个长方形板，板上设有 10 个圆孔，圆孔尺寸与面桶上部尺寸相同，这样可保证圆孔卡住面桶上端，从而在长板传动过程中卡住 10 个面桶同步运输。承载运输模块中设计图及实物图如图 9-24 所示。

a) 设计图　　　　　　　　　　　　　　　b) 实物图

图 9-24　承载运输模块中设计图及实物图

称重模块：称重机构位于传输运输模块下方，称头成"人"字形左右排列，可同时实现两行产品（20 个桶面）的称重检测（见图 9-25）。当运输模块方板携带桶面产品运送至称重模块上方时，称重托盘上移将面桶顶起，连接称重托盘的横梁会同时因托举面桶发生形变，贴附于横梁上的电阻应变片式传感器的阻值会随着变形而改变进而实现称重。称重模块整体检测精度误差为±1%。

图 9-25　称重模块实物图

分选模块：当产品依次经过面块称重机构与单桶称重机构后，两者差值即为料包和叉子的质量，当这个值超过设定值时，这个产品则会被认定为不合格品，该产品在后续的生产线中则不会被封口，并且会在剔除模块，由托盘上气缸顶起，并由一根横杆将其拨至垂直方向运动的辊轴输送单元上将其剔除出生产线，如图 9-26 所示。

图 9-26　不合格产品剔除示意图

控制显示模块：图 9-27a 所示为参数设置界面，可在此设置所称重产品的质量最小与最大值，并可选择产品类型对应的编号；进一步进入称重模块校正界面（见图 9-27b），在这一界面也可以选择或停止某一个称重单元；最后进入检测监控界面（见图 9-27c），监控界面主要显示当前机器的运行状态、工位启用、称重实时数据及报警显示。当称重单元对应窗口出现红框时，则代表当前工位产品超出设置范围，此时系统则可通过自动调整气缸上下实现异常产品的剔除。另外，也可通过按钮手动切换气缸上下，进而辅助异常样品的剔除。

a) 参数设置界面　　　　　　b) 称重模块校正界面　　　　　　c) 检测监控界面

图 9-27　软件界面

双排称重系统检测原理为桶面产品经过单桶称重机检测的质量，与经过面块称重机检测的质量相比较，可计算得出差异值（即为料包+叉子质量），当这个差异值超出设定值时该产品则认定为不合格品（漏投），需要剔除，其控制流程图如图 9-28 所示。

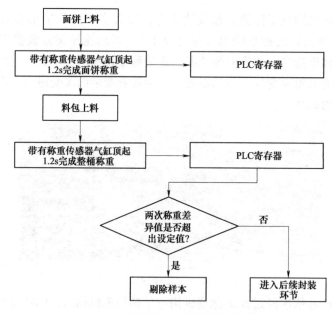

图 9-28　双排称重系统控制流程图

9.4　农业生产中的机电一体化产品

9.4.1　林果作业机器人

猕猴桃花的充分授粉对于确保猕猴桃数量和质量至关重要。常见的授粉方法包括：手工授粉、手持吹花粉器和花粉除尘器等。这些方法不仅无法实现精确授粉，还不可持续。此外劳动力成本和花粉价格的上涨，给猕猴桃授粉成本控制带来了挑战。在这种情况下，将机器人应用于该领域，不仅使人们免于繁重的劳动，还可以减少果园中不精确授粉造成的损失。

猕猴桃花授粉机器人包含视觉系统、气液喷雾系统、机械臂、履带式底盘和控制系统五个部分。授粉机器人选择合适的花朵，然后瞄准雌蕊利用空气辅助液体授粉方法实现授粉。该授粉机器人的组成如图 9-29 所示。

图 9-29　猕猴桃授粉机器人
1—气液喷嘴　2—气泵　3—成像模块　4—履带式底盘
5—机械臂　6—控制单元　7—电动花粉液罐

1. 视觉系统

视觉系统包括一个 RGB-D（红、绿、蓝-深度）相机，用于猕猴桃树冠图像采集和图像处理。相机获取的图像帧速率为每秒 30 帧。由于猕猴桃的花期不同步，采用基于 YOLOv5l（You Only Look Once version 5 large）的多类花朵（见图 9-30）检测方法来检测和确定树冠上哪些花朵处于最佳授粉期。

以猕猴桃花芽判别为例，阐述多类花朵检测方法模型建立。首先获得猕猴桃花和芽的图像，在采集时将一台普通的单镜头反光相机置于"自动"模式下，其分辨率为 4608×3456 像素，放置在花蕾下方约 50cm 处，向上拍摄花蕾，所有图像都是在自然日光条件下拍摄的，包括遮挡和重叠的干扰，这些图像以可移植网络图形（PNG）格式保存。获取图像的一些示例，如图 9-31 所示。

模型选择参考 Li 等人研究，不同判别模型识别效果如图 9-32 所示，对于相同的图像，当猕猴桃花朵相互重叠时，检测矩形的边缘略有重叠。尽管使用了相同的数据集，如图 9-32a 所示，YOLOv3 在手动绘制的矩形中检测到两个芽作为三个芽（见图 9-32d）。YOLOv4 在手动绘制的矩形中检测到相同的两个芽（见图 9-32e）。YOLOv4 获得了更好的芽检测性能，这有助于更好地估计授粉和开花峰值。

在实现猕猴桃花朵的判别后，采用基于欧氏距离匹配法的进一步选择策略，获得其在冠层中的分布，结合猕猴桃生长的农艺特征，在保证质量和产量的前提下进行最优养分分配，进行适宜的花选择。进一步，基于 RGB-D 相机从彩色图像和对齐的深度图中对选定的合适猕猴桃花进行空间定位。首先，获得深度图中检测到的和选择的猕猴桃花的相应深度信息。其次，根据包括焦距（fx，fy）和主点（cx，cy）在内的相机内部参数来计算相机坐标，进而获得选定猕猴桃花检测矩形中的所有像素的对应坐标，并将其平均值设定为猕猴桃花的相机坐标，然后根据相机与机械臂的位置关系，相机的外部参数，进而得到猕猴桃花的世界坐标。并将平均值计算为猕猴桃花的相机坐标。最后，将获得的坐标发送到控制系统，控制系统用于机械臂瞄准选定的合适花朵。

图 9-30　视觉系统采集的猕猴桃花朵图像

图 9-31　猕猴桃花和芽的图像

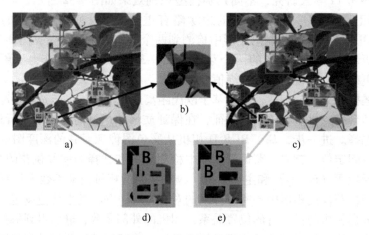

图 9-32　花芽检测结果

2. 气液喷雾系统

气液喷雾系统由气液喷嘴、气路和液路模块组成。气液喷雾系统的总体结构如图 9-33 所示，液体路径模块包括液体电磁阀、节流阀和电动花粉液罐。气路模块由空气电磁阀、节流阀和空气泵组成。此外，还采用了浮子流量计和压力变送器分别测量流速和气压。

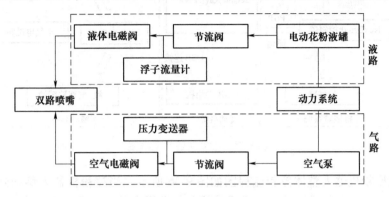

图 9-33 气液喷雾系统框图

3. 机械臂

该授粉机器人用于瞄准选定目标花朵的机械臂是一个具有三个自由度的平行四连杆机构，满足授粉的需要。机械臂由三个伺服电动机和三个谐波减速齿轮构成，结构简单，易于控制。其三维示意图和工作空间示意图如图 9-34 所示。除实现精确授粉外，机器人还需要一个移动平台来携带并自主移动机械臂穿过果园。

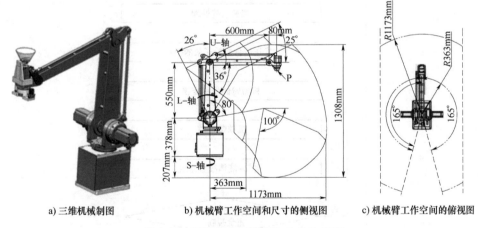

a) 三维机械制图   b) 机械臂工作空间和尺寸的侧视图   c) 机械臂工作空间的俯视图

图 9-34 机械臂的三维图和工作空间图

机器人通过 RGB-D 相机接收猕猴桃冠层信息，并协调控制气液喷雾系统和机械臂，以精确瞄准选定的花朵。图 9-35 显示了控制系统的总体结构。当前系统中控制系统所选用编程环境为 Python，使用的主控制器是 JetsonXavier NX 模块，该模块通过 USB 接口与 RGB-D 摄像机相连，用于采集树冠图像，并通过传输控制协议/互联网协议 TCP/IP 与 NexDroid 控制器通信，用于发送选定的合适花朵坐标信息。机械臂的动作信号由主控制器产生，发送至 R4 EtherCAT 进行机械臂的运动控制。此外，气液系统还采用了双向继电器，实现了气液电磁阀的开关控制。

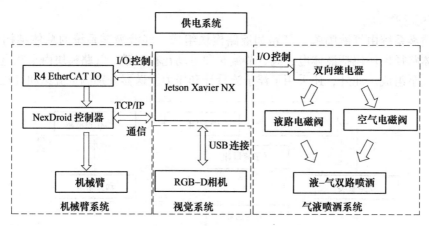

图 9-35　控制系统功能框图

　　猕猴桃花授粉机器人整体控制流程图如图 9-36 所示。当授粉机器人移动到所需的授粉区时，摄像头实时获取树冠图像，视觉系统检测并选择合适的花朵，所选花朵的三维坐标被发送到控制系统，控制系统将其转换为机械臂的坐标。然后，气液喷射系统接收信号进行喷射，同时完成机械臂的运动。如果当前区域完全授粉，履带式底盘将移动到下一个授粉区。

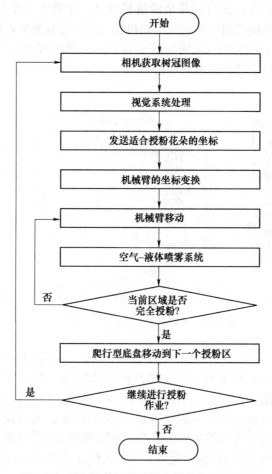

图 9-36　猕猴桃花授粉机器人整体控制流程图

9.4.2　水培精准智能调控系统

垂直农业是一种现代多技术集成创新的农业生产形态，因其高度的集约化、信息化和智能化，可实现一、二、三产业的无缝融合，发展为一种新型的农业产业化联合体，具有资源利用率高、建筑成本低和易于全程智能化作业管理的特点。在无土栽培中的水培种植模式，是将植物栽培在营养液中，这种营养液可以代替天然土壤为植物提供水分、养分，使植物能够正常生长并完成其整个生命周期。水培植物具有生长周期短、周转快，能够充分利用种植空间，可以避免土壤连作灾害，复种指数较高等优点。对于某些特殊作物，则可以任意高度的多茬栽培、立体栽培，不仅提高了土地利用率，降低了人力成本，提高了生产效率；同时在种植过程中避免使用有害农药化肥，显著降低农药与重金属污染，大大提高了植物的安全系数。

基于物联网的垂直农业智能栽培系统，将物联网等技术融入栽培系统中，实现对植物生长状况的检测、植物生长环境的多模式选择调节，智能调控植物生长过程中幼苗、成苗、结果等阶段的环境。如图 9-37 所示为一个小型垂直农业智能栽培系统。

图 9-37　垂直农业智能栽培系统

垂直农业智能栽培系统主要有植物智能补光模块、精准营养液配比与智能循环灌溉模块、传感器设备组网、PC 端上位机界面、深度学习模型五大部分，如图 9-38 所示。

传感器数据采集模块：传感器数据采集模块示意图如图 9-39 所示，用于营养液的酸碱度检测、电导率检测、环境光照强度检测和空气温湿度检测。酸碱度和电导率模块，用于控制配母液、酸、水的电磁阀的工作；光照传感器模块，用于植物所在光强环境的检测；空气温湿度模块，用于植物生长环境的检测工作。对于传感器数据的采集，电导率传感器和酸碱度传感器采用 485 通信方式与单片机进行通信，并通过 CRC 校验保证数据的准确性；单片机利用 I^2C 协议对光照传感器进行读写操作，获得传感器的参数；采集传感器数据通过无线 WiFi 模块与 PC 端上位机进行数据的交换。

营养液配比与循环灌溉模块：主要分为灌溉主回路管、供水管、供肥管和供酸液管。其中，供水管、供肥管和供酸液管上各设置有小量程泵、比例电磁阀和流量计，灌溉主回路管

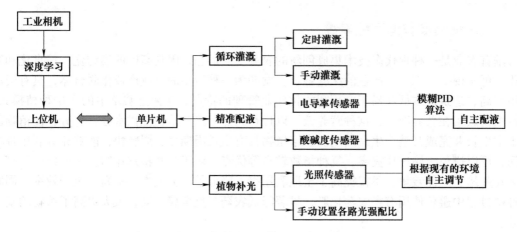

图 9-38　垂直农业智能栽培系统构成示意图

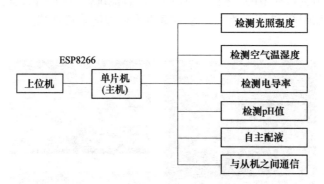

图 9-39　传感器数据采集模块示意图

中设置有大量程潜水泵、比例电磁阀和过滤器。比例电磁阀用于调节吸肥量和水流量；流量计用于监测水、母液和酸液的流量；大量程水泵则用来控制灌溉的开关。用户通过上位机设置营养液的 EC 和 pH 值的范围，并将传感器定时采样营养液的 EC 值和 pH 值作为模糊 PID 控制器的输入量，根据 EC 和 pH 实际值与设定值的偏差实现营养液配比与循环灌溉。模糊 PID 算法包括模糊化、模糊推理和解模糊三部分，其原理如图 9-40 所示。为消除环境因子之间的耦合，可根据模糊输出结果对另外的环境因子进行补偿。

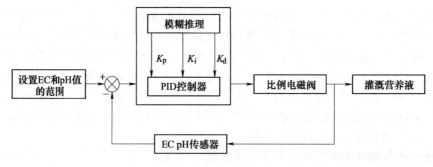

图 9-40　灌溉模块 PID 控制示意图

　　植物灯补光模块：LED 灯珠是以红、蓝、白三种颜色组成，白光灯为植物提供全光谱满足其正常生长的光照需求，红光可促进植物的开花结果，蓝光可促进植物的生长发育。如图 9-41 所示为智能栽培系统中所设计光源。

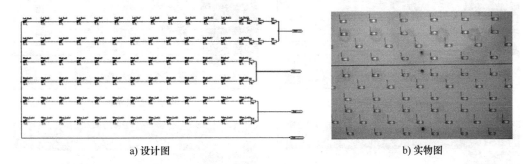

a) 设计图　　　　　　　　　　　b) 实物图

图 9-41　光源设计图与实物图

　　光源调控基于单片机实现，单片机接收上位机的信号调节 PWM 脉宽信号，将信号输入到恒流驱动芯片上，实现电流调节进一步控制植物灯光强度。智能植物补光灯主要分为两个模式调节控制，用户可通过上位机调节红、蓝、白三路灯各自的光强输出，也可根据现处的环境进行自动调节，控制示意如图 9-42 所示。

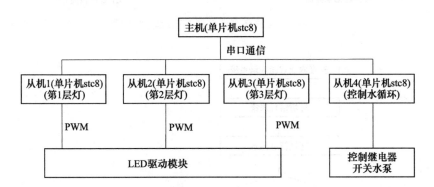

图 9-42　光源控制示意图

　　PC 端上位机软件模块：生长环境自动调控系统软件可以显示栽培系统中传感器采集到的温湿度、光照强度、电导率等数值，还具有显示组合光谱曲线、色度等指标的功能；界面友好，允许操作员对补光、配肥、灌溉等模块进行参数设置，手动和自动控制以及历史记录查询等操作，实现 24h 控制栽培室内的温湿度、植物生长灯光量及营养液的循环灌溉。同时，采集到的数据存储在数据库中，便于日后的调用研究。软件界面图如图 9-43 所示。

　　如图 9-44 所示为垂直农业智能栽培系统控制流程图。系统在运行过程中，每天在固定时间点对植物生长环境数据以及生长状态进行采集，匹配植物不同生长时期对应的温度、湿度等环境参数，实现对植物灯的光色和光强配比以及肥料酸碱度等的调节等，为植物提供最佳生长环境。除此之外，操作人员可以通过物联网对植物的生长状态、环境进行监控。

a) 循环参数设定界面

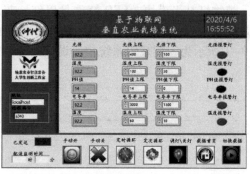

b) 参数检测界面

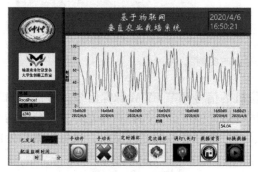

c) 生长参数记录界面

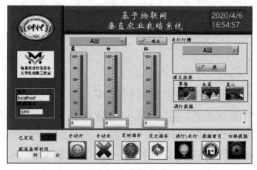

d) 光源调控界面

图 9-43　生长环境自动调控系统软件界面

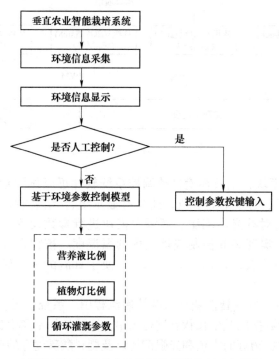

图 9-44　垂直农业智能栽培系统控制流程图

阅读材料 Ⅱ　"水稻之父"袁隆平

　　袁隆平是我国工程院院士，我国杰出的农业科学家、杂交水稻研究领域的开创者和带头人。他作为新中国培养的第一代科技工作者，立志解决人民群众的吃饭问题，全心致力于杂交水稻技术的研究、应用与推广，发明"三系法"籼型杂交水稻，成功研究出"两系法"杂交水稻，创建了超级杂交稻技术体系，提出并实施"种三产四丰产工程"，实现了水稻育种的历史性突破，使我国水稻产量不断迈上新台阶，不仅解决了我国粮食自给难题，也为世界粮食安全做出了卓越贡献。可以说，袁隆平院士是我国当代知识分子的楷模。他献身科学、顽强拼搏、勇于创新，以农业科技的重大突破和巨大成就不断造福人类。

　　袁隆平院士注重理论联系实际，他认为："成功的要诀在于知识、汗水、灵感、机遇。" 20 世纪 60 年代初，米丘林、李森科遗传学说盛行，但袁隆平院士视野开阔，通读外文资料，了解到了孟德尔、摩尔根现代遗传学理论研究的新动向，于是通过理论与实践相结合的研究，打开了杂交水稻"王国"的大门。

　　袁隆平院士顾全大局、不计名利、甘为人梯。自从事杂交水稻研究起，他都是从大处着眼，难处着手，从全局着想，每次课题的启动总能带动不同地区和单位的合作攻关。20□□□□他曾把自己研究小组发现的"野败"材料毫无保留地分送给全国 18 个研究□□□□□决了协作攻关的步伐，使得后续的配套研究得以很快实现。

　　□□□士为国、为民、为事业不畏艰难，勇于付出，对祖国和人民始终怀有深厚的感□□说："科学研究是没有国界的，但科学家是有祖国的，不爱国，就丧失了做人的基本准则，就不能成为科学家。"

思考与练习题

9-1　简述自动售票系统主要包含的模块及其功能构成原理。

9-2　若目前在自动售票机中增加语音识别功能，简述可通过什么方法及模块实现。

9-3　简述电火花数控机床的主要组成部分及工作原理。

9-4　试举出食品生产线中机电一体化技术的其他应用。

9-5　简述猕猴桃授粉机器人构成及原理。

9-6　基于猕猴桃授粉机器人，构思一个林果类采摘机器人，简述基本构成以及工作控制原理。

9-7　本章给出的垂直农业智能栽培系统中，可实现那几个参数的调控，分别是如何实现的？

9-8　介绍一种机电一体化技术在智慧农业上的应用。

参 考 文 献

[1]　郁嗣旺．城市轨道交通自动售票机支付与找零子系统的设计与开发 [J]．信息化建设，2015，(06)：32.

[2]　姜樂．城市轨道交通自动售票设备的人机工程学设计 [D]．南京：南京理工大学，2020.

[3]　张文谦．地铁售票机改良设计 [D]．南京：东南大学，2017.

[4]　张建民．机电一体化系统设计 [M]．4 版．北京：高等教育出版社，2016.

[5]　鲁亚明，陈爽，李义斌，等．地铁自动售票机票务系统结构设计 [J]．大众科技，2019，21 (08)：
　　20-23.

[6] 宋文婷. 地铁自动售票机纸币接收模块使用现状的研究与分析 [J]. 信息通信, 2015, (07): 262-263.

[7] 荣毅, 于海. 浅议地铁自动售票机硬件设计 [J]. 江苏科技信息, 2013, (08): 54-56.

[8] 张隽. 新兴支付方式影响下城市轨道交通自动售票机配置数量的研究 [C]. 智慧城市与轨道交通 2020. 北京: 中国城市出版社, 2020.

[9] 周世爽. 自动售票机中硬币模块找零箱容量的设计 [J]. 城市轨道交通研究, 2014, 17 (11): 28-31.

[10] 白玉彬. 轨道交通 AFC 系统自动售票机语音交互的研究与应用 [C]. 第三十六届中国 (天津) 2022' IT、网络、信息技术、电子、仪器仪表创新学术会议. 天津, 2022.

[11] 葛炳赫. 基于智慧地铁的自动售票机的设计与开发 [D]. 南京: 南京理工大学, 2021.

[12] 方钦朴. 基于用户体验的城市公共交通终端产品交互设计研究 [D]. 沈阳: 沈阳建筑大学, 2021.

[13] 李文双. "双碳" 导向下的变频空调节能优化设计与应用 [J]. 现代制造技术与装备, 2022, 58 (11): 4-6.

[14] 孙建平, 陈开东, 张亮. 变频空调温湿双控功能研究 [C]. 2022 年中国家用电器技术大会论文集. 北京:《电器》杂志社, 2023.

[15] 艾特贸易. 变频空调器的控制系统 [EB/OL]. [2017-06-04]. http://www.a766.com/bianpin/107697.html.

[16] 制冷百科. 变频空调器的原理及特点 [EB/OL]. [2019-04-13]. https://www.sohu 307749043_282059.

[17] 林宋, 董信昌, 王晶. 光机电一体化技术产品典型实例 [M]. 北京: 化学工业出版社

[18] 计时鸣, 段友莲. 机电一体化控制技术与系统 [M]. 西安电子科技大学出版社, 20

[19] 高安邦. 机电一体化系统设计实例精解 [M]. 北京: 机械工业出版社, 2008.

[20] 宋涛. 电火花机床控制系统及叶片边缘修整实验研究 [D]. 大连: 大连理工大学, 2021.

[21] 才群. 电火花线切割数控机床智能控制 [D]. 内蒙古: 内蒙古科技大学, 2020.

[22] 张世钦. 高精密数控电火花成型机床结构选型与优化设计 [J]. 机电工程技术, 2015, 44 (02): 84-87.

[23] 汪志鹏. 新型微能电火花加工脉冲电源研究设计 [D]. 南京: 南京理工大学, 2021.

[24] ODULIO C M F, Sison L G, Escoto M T. Energy-saving flyback converter for EDM applications [C]. IEEE, IEEE Region 10 Conference TENCON, 2005.

[25] 刘宏新, 马瑞峻, 魏东辉, 等. 机电一体化技术 [M]. 北京: 机械工业出版社, 2022.

[26] 尹润丰. 基于单片机食品动态检重秤的研究 [D]. 天津: 河北工业大学, 2016.

[27] 方原柏. 检重秤在食品生产过程的应用 [C]. 第八届云南省科协学术年会论文集——专题六: 工业与信息科技. 昆明: 云南省科学技术协会, 中共楚雄州委, 楚雄州人民政府, 2018.

[28] GAO C, He L, Fang W, et al. A novel pollination robot for kiwifruit flower based on preferential flowers selection and precisely target [J]. Computers and Electronics in Agriculture, 2023. 207: 107762. DOI: https://doi.org/10.1016/j.compag.2023.107762.

[29] LI G, SUO R, ZHAO G, et al. Real-time detection of kiwifruit flower and bud simultaneously in orchard using YOLOv4 for robotic pollination [J]. Computers and Electronics in Agriculture, 2022, 193: 106641. DOI: https://doi.org/10.1016/j.compag.2021.106641.

[30] 赵子臣. 管道式水培快菜环境调控及新型水肥一体化系统设计研究 [D]. 邯郸: 河北工程大学, 2022.

[31] 中共中央宣传部. 最美奋斗者 [Z/OL]. http://zmfdz.news.cn/50/.